Jahrbuch Nachhaltigkeit 2021

Jahrbuch Nachhaltigkeit 2021

Nachhaltig wirtschaften: Einführung, Themen, Beispiele

metropolitan.

Bibliografische Information der Deutschen Nationalbibliothek
Die Deutsche Nationalbibliothek verzeichnet diese Publikation in der Deutschen Nationalbibliografie; detaillierte bibliografische Daten sind im Internet über *https://portal.dnb.de* abrufbar.

CPI klimaneutral
Mehr Bäume.Weniger CO_2

FSC® MIX
Papier aus verantwortungsvollen Quellen
FSC® C083411
www.fsc.org

metropolitan – ein Imprint des Walhalla Fachverlags

1. Auflage 2021

Produktion: Walhalla Fachverlag, 93042 Regensburg
Printed in Germany
ISBN 978-3-96186-051-7

Inhalt

INITIATIVEN, VERBÄNDE UND ORGANISATIONEN

WETTBEWERBE & AWARDS

GLOSSAR – REGISTER

Vorwort

Der Erdüberlastungstag, der Tag, an dem alle nutzbaren Ressourcen für das Jahr erschöpft sind, verschiebt sich jedes Jahr nach vorn. 2020 war er in Deutschland bereits am 22. Mai. Wir leben auf zu großem Fuß. Und wir leben auf Kosten kommender Generationen.

Zugleich ist die deutsche Industrie auf den Import großer Rohstoffmengen angewiesen: Bauxit aus Australien, Neodym aus China, Kobalt aus dem Kongo oder Kupfer aus Chile. Zu hoher Rohstoffverbrauch bei gleichzeitiger Importabhängigkeit: Kann das gut gehen? Und was ist die Antwort?

Im effizienten Einsatz von Rohstoffen und dem Ausbau von Recycling sieht die Bundesregierung in ihrer Rohstoffstrategie 2020 zwei Lösungsansätze. Auch im europäischen Green Deal sind Ressourceneffizienz und der Übergang in eine Kreislaufwirtschaft zwei Säulen, die Wirtschaft und Gesellschaft für die Zukunft gut aufstellen sollen. „Im Rahmen des Green Deal bekommt die Kreislaufwirtschaft endlich die Aufmerksamkeit, die sie verdient", freut sich Katharina Reuter, die Geschäftsführerin von UnternehmensGrün. Das Entkoppeln von Wirtschaftsleistung und -wachstum vom Rohstoffverbrauch ist der entscheidende Systemwechsel, der aus dem EU-Aktionsplan einen Circular Economy Booster machen könnte. Her damit!

Eveline Lemke und Charlène Nessel von „Thinking Circular" wünschen sich gar einen neuen Menschen. Der „Homo Oeconomicus" müsse sich in einen „Homo Circularis" verwandeln. Dem Systemwechsel geht ein Bewusstseinswechsel voraus. Menschen sollen sich als Teil des gesamten planetaren Ökosystems – und damit eines Kreislaufs – verstehen, Zusammenhänge erkennen und verinnerlichen. Produktions- und Konsummuster müssen sich fundamental verändern, damit nicht die sogenannten „Rebound-Effekte" eintreten.

„Ein großes Ziel mit vielen Herausforderungen im Detail", so beschreibt Bernward Janzing die Kreislaufwirtschaft in seinem Artikel. Das große Ziel vollständig geschlossener Stoff- und Materialkreisläufe sei in unserer hochgradig technologisierten Industrie kaum in dieser Konsequenz umsetzbar. Aber auch realitätsnähere

Ziele wie, Abfallmengen zu reduzieren und den Lebenszyklus von Produkten zu verlängern, seien schon ein Fortschritt im Vergleich zum linearen Wirtschaftsmodell einer Wegwerfgesellschaft. Will man den Status-quo der Kreislaufwirtschaft erfassen, „muss man sich dem Thema vor allem von Seiten der Stoffklassen nähern", so Janzing weiter. „Denn mancherorts sind die Kreisläufe schon besser entwickelt, während bei anderen Stoffen noch völlig unklar ist, wie Kreisläufe überhaupt aussehen könnten." Die Recycling-Quoten bei Weißblech, Glas und Papier sind relativ hoch, beim Kunststoff hingegen sieht es ganz anders aus. Wie schwierig sich das Recycling einzelner Stoffe darstellt, zeigt Alexander Knebel von der Zuse-Forschungsgemeinschaft am Beispiel der Carbonfaser – als Wertstoff wegen ihrer Stabilität und Leichtigkeit gefragt, ist sie in Bezug auf ihre Recyclingfähigkeit und gesamte Ökobilanz alles andere als ein Leichtgewicht.

Produktinnovationen, in deren Entwicklung die Recyclingfähigkeit und ein niedriger Ressourcenverbrauch gleich mitgedacht werden, sind gefragt. Der Mittelständler edding setzt z.B. von Beginn an auf nachfüllbare Stifte, um den Lebenszyklus seiner Marker zu verlängern, und bietet ein eigenes Rücknahmesystem an. Die AfB gGmbH macht das Wiederaufbereiten zu ihrem Kerngeschäft. Sie vertreibt aufgearbeitete Laptops, Rechner und Handys. Auch die BSR hat Recycling im Blut. Mit Biogas aus dem Biomüll der Hauptstadt betankt der Entsorger seine Müllfahrzeuge und schenkt in seiner „NochMall" ausrangierten Möbeln ein zweites Leben. Zum Öko-Pionier in Bezug auf Post Consumer-Rezyklat hat sich Werner & Mertz mit seinen Marken Frosch und Erdal entwickelt. Kunststoff-Verpackungen, die im Gelben Sack landen, gelten als besonders schwer zu recyceln, ein Großteil wird verbrannt. Eine Trennung der vielfältigen Kunststoffsorten ist oft unmöglich oder unrentabel. Das Mainzer Unternehmen hat sich mit seiner „Recyclat-Initiative" dieses Wertstoffs angenommen. Es produziert nicht nur Duschgel- und Spülmittelflaschen aus Post Consumer-Rezyklat, sondern verfolgt auch eine „Open-Innovation-Strategie" und lässt andere Marktteilnehmer an seinen Erfahrungen und Innovationen teilhaben. Nachmachen ausdrücklich erwünscht!

Das zweite Schwerpunktthema dieser Ausgabe ist das Lieferkettengesetz, das noch in dieser Legislaturperiode verabschiedet werden und 2023 in Kraft treten soll. Kurz vor Drucklegung dieses Jahrbuchs einigten sich die drei Bundesminister Peter Altmaier, Hubertus Heil und Gerd Müller nach zähen Verhandlungen auf einen Referentenentwurf. Dem war ein zweijähriges Monitoring vorausgegangen, das überprüfen sollte, wie viele Unternehmen sich bisher freiwillig an die im „Nationalen Aktionsplan Wirtschaft und Menschenrechte" vereinbarten Sorgfaltspflichten innerhalb ihrer Wertschöpfungskette halten. Das Ergebnis fiel ernüchternd aus: unter 20 Prozent. Viele NGOs, Bürgerinnen und Bürger sowie Unternehmen forderten daher einen verbindlichen Rechtsrahmen. Streitpunkt war vor allem die Frage, inwiefern Unternehmen für Menschenrechtsverletzungen innerhalb ihrer Lieferketten haften sollen. Der Entwurf, der jetzt vorliegt (Stand: 12. Februar 2021), sieht keine zivilrechtliche Haftung von Unternehmen vor. Bereits Ende Januar hat hingegen der EU-Rechtsausschuss seinen Vorschlag eines „Europäischen Lieferkettengesetzes“ vorgestellt. Sowohl in Bezug auf Haftungsfragen als auch bei der Frage, ab welcher Unternehmensgröße das Gesetz wirksam werden soll, geht die europäische Version weiter als der deutsche Entwurf. Klar ist, ein „Weiter so“, das die verheerenden Auswirkungen unternehmerischen Handelns auf die Umwelt ignoriert, aber vor allem ausbeuterische Arbeitsverhältnisse bis hin zur Kinderarbeit duldet, wird es nicht geben. Auch KMU, die nicht unmittelbar vom Lieferkettengesetz betroffen sind, werden als Zulieferbetriebe nach ihren Arbeits-, Sozial- und Umweltstandards gefragt.

Die Dibella GmbH hat sich für ihre Hotelwäsche einen verlässlichen Geschäftspartner in Indien gesucht. Ökologische Anbaumethoden der Baumwolle und faire Handelsbeziehungen sind nicht nur im Code of Conduct verankert, sondern werden auch kontrolliert. So kann das Unternehmen von sich behaupten: „Wir kennen unsere Partner vom Rohstoff bis zum Endprodukt.“ Ein Vorteil auch in der Coronakrise! Das Familienunternehmen ASSMANN Büromöbel hat ein mehrstufiges Lieferantenmanagement aufgebaut. Alle Zulieferbetriebe werden aufgefordert, den Verhaltenskodex zu den Themen Compliance, Menschenrechte, Gesundheitsschutz, Arbeitssicherheit und Umweltschutz zu unterschreiben. Auch hier wird kontrolliert, nachgebessert und sogar ausgezeichnet.

Die Leuchtturmprojekte, die in diesem Buch vorgestellt werden, zeigen viele nachahmungswerte Wege auf, die großen gesellschaftlichen Herausforderungen für die eigene Aufgabenstellung zu fassen. Zumeist beginnt es mit einer Idee und persönlichem Engagement. Es ist nicht entscheidend, womit Sie beginnen, nur, dass Sie beginnen. Die zahlreichen Initiativen helfen, sich zu organisieren und zu vernetzen.

Ich wünsche Ihnen eine erkenntnisreiche Lektüre.
Nikoline Kullmann

Programmbereich Nachhaltigkeit im metropolitan Verlag
www.nachhaltigkeit-wissen.de Twitter: @N_Wissen

Hinweis: Der Verlag bemüht sich um eine geschlechtsneutrale, gendergerechte Bezeichnung einzelner Personen, Gruppen – wie Handels- und Geschäftspartner, Dienstleister, Hersteller, etc. – sind davon ausgenommen, da es sich nicht im eigentlichen Sinne um Personen handelt. Die verkürzte Sprachform hat nur redaktionelle Gründe und beinhaltet keine Wertung.

[17 ZIELE FÜR NACHHALTIGE ENTWICKLUNG DER UN]

Quelle: https://sustainabledevelopment.un.org

Aspekte der Nachhaltigkeit

Ein großes Ziel mit vielen Herausforderungen im Detail

BERNWARD JANZING

Die Kreislaufwirtschaft hat viele Facetten. Diese reichen vom Reparieren und der gemeinschaftlichen Nutzung von Gütern über das Recyceln bis zu biologischen Kreisläufen – und mitunter ist auch ein Verbot schädlicher Substanzen nötig.

Selten kommt Kreislaufwirtschaft so anschaulich daher, wie bei Michael Braungart. Im Abspann eines seiner Bücher ist nachzulesen, dieses könne „bedenkenlos“ im Kompost entsorgt werden, denn es sei „das erste Buch in der Menschheitsgeschichte, welches gezielt für biologische Kreisläufe entwickelt wurde”.

Von der Wiege zur Wiege

Wenn man jemandem eine solche Aussage abnimmt, dann ist es Braungart. Der Hamburger Chemiker ist der Begründer des Konzeptes „Cradle to Cradle“, was auf Deutsch „Von der Wiege zur Wiege“ heißt. Damit ist gemeint, dass Produkte ohne Gifte hergestellt werden, und sich somit die eingesetzten Stoffe am Ende der Nutzung wieder problemlos in natürliche Stoffkreisläufe einfügen. Dass er mit seinem Buch „Intelligente Verschwendung“ im Jahr 2013 ein entsprechendes Exempel statuierte, kann also nicht überraschen.

Braungart ist der Gründer und wissenschaftliche Geschäftsführer von EPEA, einem internationalen Umweltforschungs- und Beratungsinstitut mit Gründungssitz in Hamburg. Er verfolgt damit ein im Grundsatz sehr anschauliches Prinzip: Jedes Produkt ist zugleich Rohstoff für Neues, wie es die Natur über Millionen von

Jahren vorgemacht hat. Die Natur kennt schließlich keinen Müll. Also schreibt auch Braungart in seinem Buch: „Sie haben keinen Mülleimer. Sie haben ein Zwischenlager für Nährstoffe." Oder auch: „Hören Sie auf, Abwasser zu denken, denken Sie stattdessen Nährstoffmanagement."

So banal der Grundgedanke ist, im Alltag von Produktentwickler*innen ist er oft nur mühsam umzusetzen. Zum einen, weil viele Erzeugnisse unserer technisierten Welt von diesem Idealbild der Kreislaufwirtschaft Lichtjahre entfernt sind; zum Beispiel der Fernseher mit seinen – laut Braungart – 4.360 verschiedenen Substanzen. Zum anderen aber auch, weil in vielen Chefetagen und Entwicklungsabteilungen das Bewusstsein für Stoffkreisläufe noch wenig ausgeprägt ist.

Während nun das Idealbild der Kreislaufwirtschaft bei einem Buch offenbar schon heute erfüllbar ist – Papier ist ohnehin in Reinform ein Naturprodukt, Druckfarben lassen sich ohne Gifte herstellen, der Kleber für die Bindung auch – so ist das Prinzip in einer hochgradig technisierten Gesellschaft in Gänze in solcher Konsequenz bislang schwer vorstellbar.

Teilen und leasen, reparieren und aufarbeiten, wiederverwerten und recyceln

Deswegen definiert das Europäische Parlament die politisch angestrebte Kreislaufwirtschaft auch ein gutes Stück moderater. Diese sei „ein Modell der Produktion und des Verbrauchs, bei dem bestehende Materialien und Produkte so lange wie möglich geteilt, geleast, wiederverwendet, repariert, aufgearbeitet und recycelt werden". So wird der Lebenszyklus der Produkte verlängert und es werden die Abfallmengen immerhin deutlich reduziert.

Aber auch dieses realitätsnähere Leitbild ist aus Sicht des über Jahrzehnte hinweg praktizierten linearen Wirtschaftsmodells („Wegwerfgesellschaft") bereits ein großer Fortschritt. Bisher basieren die Industriegesellschaften auf großen Mengen billiger, leicht zugänglicher Rohstoffe und Energie – was mitunter so dekadente Auswüchse zeigt, wie die „geplante Obsoleszenz", bei der ein Hersteller das Veralten oder gar den Ausfall seines Produktes bereits bei der Entwicklung vorsieht.

Und so tauchte in den frühen 1980er Jahren das Wort Kreislaufwirtschaft auf. Erstmals 1982 fiel es im Deutschen Bundestag. Ein Kreislaufwirtschaftsgesetz wurde zehn Jahre später erstmals zum Thema; im Oktober 1996 trat es in Deutschland in Kraft.

Dessen Zweck, so erklärt heute das Bundesumweltministerium, sei es, die „Schonung der natürlichen Ressourcen zu fördern und den Schutz von Mensch und Umwelt bei der Erzeugung und Bewirtschaftung von Abfällen sicherzustellen". Das bedeutet Rohstoffe in Kreisläufen zu nutzen und damit sowohl die Ausbeutung der globalen Ressourcen wie die Produktion von Müll und den Eintrag schädlicher Stoffe in die Biosphäre zu vermeiden.

Das betrifft natürlich auch ganz erheblich die Energiepolitik. Dass eine Kreislaufwirtschaft nur mit erneuerbaren Energien wirklich ihren Namen verdient, versteht sich von selbst. Denn wo Kohle und Uran abgebaut werden, wo anschließend einst fossil gebundener Kohlenstoff als CO_2 in die Atmosphäre gelangt und sich dort langfristig akkumuliert, wo strahlender Atommüll über Jahrmillionen verbleibt, kann man schwerlich von Kreisläufen sprechen.

Langlebige Produkte machen den Standort Deutschland attraktiv

Längst gibt es zahlreiche positive Ansätze in Richtung Kreislaufwirtschaft in der deutschen Wirtschaft, speziell auch im Mittelstand. Es sind Beispiele, die zumindest einzelne Aspekte der Kreislaufwirtschaft in der täglichen Praxis umsetzen. Vorreiter wurden schon mit Umweltpreisen bedacht.

Ein solches Unternehmen ist etwa die Lorenz GmbH & Co. KG im württembergischen Schelklingen. Die Firma stellt Wasserzähler her, für die sie eine 100-prozentige Wiederverwendung über mindestens zwei Produktlebenszyklen hinweg sicherstellt. Dafür erhielt das Unternehmen jüngst vom Bundesumweltministerium und dem Bundesverband der Deutschen Industrie den Deutschen Innovationspreis für Klima und Umwelt (IKU) in der Kategorie „Umweltfreundliche Produkte und Dienstleistungen".

Auch unternehmerisch ist das Konzept attraktiv. Da die Wasserzähler aus hochwertigen Materialien bestünden und in der gesamten Entwicklung und Produktion auf Langlebigkeit und Wiederverwertbarkeit geachtet werde, könne man sie nach Nutzung und dem eichbedingten Austausch zurücknehmen und ganz oder komponentenweise wiederverwerten, erklärt das Unternehmen. Dadurch würden jedes Jahr hunderte Tonnen an Rohstoffen und Millionen Kilowattstunden elektrischer Energie gespart. Durch die Materialkosteneinsparungen bleibe „die Produktion am Standort Deutschland wettbewerbsfähig gegenüber low-cost Fabrikaten aus Niedriglohnländern".

Und so bemühen sich viele Unternehmen in Deutschland, die eigene Umweltbilanz zu verbessern – bei gleichzeitig betriebswirtschaftlichen Vorteilen. Ein Beispiel dafür liefert auch der B.A.U.M. Umwelt- und Nachhaltigkeitspreis 2020 in der Kategorie „Kleine und mittelständische Unternehmen". Dieser ging an Alexander Hofmann, Verwaltungsrat und Gesellschafter der Wiegel-Gruppe. Hofmann entwickelte mit seinem Team Ende der 1980er Jahre einen völlig neuen Anlagentyp einer Feuerverzinkerei mit komplett eingehauster Verzinkungs- und Vorbehandlungslinie. Dadurch sei es gelungen, „alle dringenden Luftreinigungsprobleme der damals stark umweltbelastenden Branche zu lösen", erklärt B.A.U.M.

Einen großen Schritt in Richtung Kreislaufwirtschaft geht auch die Firma Biovegan im rheinland-pfälzischen Bonefeld; das Unternehmen will nämlich plastikfrei werden. Man verfolge das „hochgesteckte Ziel, komplett auf Plastik jeglicher Art im Unternehmen zu verzichten", betont das Unternehmen. Denn bei Kunststoffen liegt eine Kreislaufwirtschaft – über Pilotprojekte hinaus – noch fern.

Die Firma Biovegan betont nun, sie wolle „den Meilenstein des ersten plastikfreien Unternehmens in Deutschland" setzen. Sowohl die Produktverpackungen als auch alle im Unternehmen verwendeten Gebrauchs- und Verbrauchsgüter würden geprüft und falls möglich durch eine nachhaltige Alternative ersetzt. Bis September 2020 seien bereits mehr als 35 Tonnen Plastik im gesamten Unternehmen eingespart worden.

Im nächsten Schritt über Firmengrenzen hinaus

Kreislaufwirtschaft aber kann in einer gesamten Industrie nur funktionieren, wenn man auch über die Unternehmensgrenzen hinaus Synergien sucht. Ein entsprechendes Forschungsprojekt läuft derzeit am Fraunhofer-Institut für Produktionstechnik und Automatisierung (IPA) in Stuttgart. Dessen Ziel ist es, im badischen Rheinfelden am Hochrhein das „weltweit erste stadtnahe, ultraeffiziente Gewerbegebiet" zu entwickeln.

Die Vision klingt unglaublich: „ein Gewerbegebiet ohne Abfall, Abwasser und Abluft". Baden-Württembergs Umweltministerium fördert das Projekt mit 1,3 Millionen Euro. Ziel der Fraunhofer-Forscher ist es, Planungswerkzeuge zu entwickeln, um Stoffkreisläufe aufzubauen und auf diese Weise so viele Reststoffe wie möglich weiter zu verwerten.

Zum Start des Projektes wurden Daten aus den unterschiedlichen Fabriken zusammengetragen – was in der Praxis nicht immer einfach ist, weil die Höhe des Rohstoffverbrauchs sensible Einblicke in Produktionsprozesse gewähren kann. Und doch kamen aus den zehn beteiligten Unternehmen einige Informationen zusammen. Es ist die Hoffnung aller Beteiligten, dass ein Akteur etwas brauchen kann, was der andere zu viel hat. So könnten künftig Stoffströme auch über die Firmengrenzen hinweg ohne lange Transportwege optimiert werden – zum Beispiel, indem ein Betrieb einen Kunststoff brauchen kann, der beim anderen als Abfall anfällt.

Aber es ist eben bislang nur ein Planspiel, eine rein technische Betrachtung des Standorts Rheinfelden. Was die betreffenden Firmen am Ende tatsächlich umsetzen werden, liegt nicht in der Hand der IPA-Wissenschaftler*innen.

Welche Stoffe schaffen bereits die Kreislaufwirtschaft – und welche nicht?

Sieht man die Kreislaufwirtschaft noch umfassender, betrachtet also nicht mehr einzelne Firmen oder Firmenverbünde, sondern die gesamte Volkswirtschaft, muss man sich dem Thema vor allem von Seiten der Stoffklassen nähern. Denn mancherorts sind die Kreisläufe schon besser entwickelt, während bei anderen Stoffen noch völlig unklar ist, wie Kreisläufe überhaupt aussehen könnten.

Am besten funktioniert die Kreislaufwirtschaft bei Massenmetallen. Zu diesen zählen speziell Eisen und Stahl, Kupfer und Aluminium. Sie werden in vergleichsweise großen Mengen gefördert und angewendet. Und vor allem: Das Recycling ist wirtschaftlich attraktiv.

Hohe Recyclingquoten werden in Deutschland auch beim Glas (2018: 83 Prozent) und beim Papier (2018: 76 Prozent) erzielt. Der Altpapieranteil an der gesamten inländischen Papierproduktion stieg nach Zahlen des Umweltbundesamtes (UBA) seit dem Jahr 2000 um 15 Prozentpunkte. Damit lasse sich die Quote allerdings „kaum noch erhöhen".

Zu den ressourcenintensivsten Wirtschaftssektoren gehört der Bausektor. Somit sei der Bestand an Gebäuden und Infrastrukturen „mit rund 28 Milliarden Tonnen inzwischen ein bedeutendes, menschengemachtes Rohstofflager, das nach Nutzungsende wieder dem Recycling zugeführt werden kann" erklärt das UBA.

Baustoffrecycling findet zwar bereits in großem Stil statt, doch auch hier wird bislang allzu oft bestenfalls Downcycling betrieben. Bauschutt, Straßenaufbruch, Baustellenabfälle sowie Bauabfälle auf Gipsbasis wiesen zwar „überwiegend hohe Verwertungsquoten von über 90 Prozent auf", erklärt das UBA – schiebt aber gleich hinterher, dass dazu „auch niederwertige Verwertungsmaßnahmen wie der Deponiebau oder die Verfüllung von Abgrabungen" zählen. Der Bedarf an Gesteinskörnungen sei zuletzt nur zu 12,7 Prozent aus recycelten Baustoffen gedeckt worden, rechnet die Fachbehörde vor. Da ist der Weg zur Kreislaufwirtschaft also noch weit.

Vielfalt der Kunststoffe erschwert Kreislaufwirtschaft

Schwierig ist die Welt der Kunststoffe, vor allem ihrer Vielfalt wegen. Knapp 70 Prozent der verarbeiteten Kunststoffe werden durch fünf Thermoplaste abgedeckt, nämlich Polyethylen (PE), Polypropylen (PP), Polyvinylchlorid (PVC), Polyethylenterephthalat (PET) sowie Polystyrol und expandiertes Polystyrol (PS/PS-E).

Nun schreibt zwar das UBA, es seien zuletzt von den Kunststoffabfällen „46,7 Prozent werk- und rohstofflich genutzt" worden. Aber von einer wirklichen Kreislaufwirtschaft ist man auch in diesen Fällen noch weit entfernt, weil auch hier allzu oft schlichtes Downcycling erfolgt: Aus einem einst hochwertigen spezifischen Kunststoff wird später ein minderwertiger Mischkunststoff, weil eine Trennung der vielen Kunststoffsorten in den meisten Fällen nicht möglich ist. Zum hässlichen Symbol des Downcyclings schlechthin sind längst Parkbänke geworden, die aus alten Mischkunststoffen gefertigt wurden.

Versuche, durch eine sortenreine Trennung echtes Recycling zu ermöglichen, gibt es längst auf vielfältige Art. Ein Konzept, das nicht erst in der Sortieranlage ansetzt, wird gerade vom Freiburger Start-up Polysecure entwickelt. Verpackungen sollen bereits mit dem Aufdruck eine winzige Markierung mit einem fluoreszierenden Stoff erhalten, der später eine schnelle und zuverlässige Trennung aus dem Abfallstrom ermöglicht.

Zwar gelingt es heute immerhin mit anderen Verfahren, verschiedene Kunststoffarten, wie Polyethylen und Polypropylen zu trennen. Doch das kann nur ein erster Schritt sein, denn es gibt aufgrund unterschiedlicher Weichmacher oder Stabilisatoren so viele verschiedene Sorten von Polyethylen, dass hochwertige Recyclingkunststoffe aus einer Mischung dieser Sorten noch immer nicht zu produzieren sind.

Polysecure setzt auf einen mineralähnlichen Marker, einen Stoff auf Basis des Elementes Yttrium. Eine spezifische Dotierung mit einem Fremdatom in der Kristallstruktur sorgt für eine individuelle Fluoreszenz, was man sich bei der Trennung zunutze machen kann. Dann steht ein helles Grün für eine spezielle Art von Kunststoff, bläulich-violett für eine andere. Laut Firma schaffe man inzwischen 45 eindeutig erfassbare Farbcodes.

Es bleiben weitere Baustellen: Schwierig sind vor allem Verbundwerkstoffe, wie etwa Glasfaserverstärkter Kunststoff (GFK), auch Fiberglas genannt. Im Verkehrssektor, in der Elektronik- und Sportgeräteindustrie sowie der Windindustrie werden sie in jeweils etwa gleichen Mengen eingesetzt.

Bislang enden die GFK-Abfälle vor allem in der Zementindustrie. Sie werden geschreddert und ersetzen dann in Zementfabriken Energieträger und Zuschlagstoffe wie Kohle, Kreide, Sand und Aluminiumoxid. Ein Kreislauf ist auch das natürlich nicht.

Heikler Fall: Carbonfaser-Recycling

Viel heikler noch ist der Kohlefaserverbund, also das CFK. Das liegt vor allem daran, dass die Verbrennung der Carbonfasern kritisch ist. Zum einen ist CFK ein erheblicher Störfaktor in den Müllöfen, weil das Material Strom leitet und so zum Ausfall der Elektrofilter führen kann. Zum anderen können die CFK-Fasern bei der Verbrennung so klein werden, dass sie lungengängig und damit krebserregend werden. Mit Pyrolyseverfahren versucht man die Fasern zwar zurückzugewinnen, was aber teuer ist und auch auf Kosten der Faserqualität geht (und bei den üblicherweise starken Lasten, die auf CFK-Werkstoffe wirken, kein echtes Recycling ermöglicht).

Recycling in der Elektronik-Branche

Bei vielen anderen Stoffen ist das Recycling aus einem anderen Grund nicht praktikabel: Sie werden sehr kleinteilig eingesetzt oder verteilen sich entsprechend kleinteilig in der Umwelt. Sie lassen sich daher kaum durch Rücknahmesysteme erfassen. Sind die Substanzen in der Biosphäre kritisch, braucht eine Kreislaufwirtschaft also auch bestimmte Ausschlusslisten. Eine solche hat man im Sektor der Elektro- und Elektronikgeräte mit der europäischen RoHS-Richtlinie (Restriction of Hazardous Substances) geschaffen. Eine Positivliste hat die EU unterdessen mit REACH definiert (Registration, Evaluation, Authorisation and Restriction of Chemicals). Danach dürfen nur noch chemische Stoffe in Verkehr gebracht werden, die vorher registriert wurden.

Das Thema ist zum Beispiel für die Elektronik sehr relevant, die eine Vielzahl von Stoffen nutzt – es sei dabei nochmal an die 4.360 verschiedenen Substanzen erinnert, die Wissenschaftler Braungart im Fernsehgerät ermittelt hat.

In der Elektronik liegt eine echte Kreislaufwirtschaft entsprechend noch fern. Zum einen kehren Elektroaltgeräte nach wie vor nur teilweise zu den Annahmestellen zurück. Die seit 2016 gültige Mindestsammelquote von 45 Prozent der Masse an Elektroaltgeräten wurde 2018 knapp verfehlt. Die ab 2019 geltende Quote von 65 Prozent wird umso herausfordernder.

Und selbst von den erfassten Elektroaltgeräten werden nur einige Teile recycelt, nämlich jene Stoffgruppen, die leicht zurückzugewinnen sind, wie die Massenmetalle Eisen, Stahl, Kupfer, Aluminium und Edelmetalle. Die Seltenen Erden, wie Tantal, Gallium und Indium kämen weltweit nur auf Recyclingraten von unter einem Prozent, mahnt der Naturschutzbund NABU. Diese Stoffe, die beispielsweise in Smartphones in geringen Mengen vorkommen, sind darin so komplex verbaut, dass eine Rückgewinnung sehr aufwändig wäre.

Mikroplastik in der Atmosphäre

Eine besondere Herausforderung sind außerdem solche Anwendungen, bei denen es in der Natur der Dinge liegt, dass die eingesetzten Stoffe feinstverteilt in der Umwelt landen. Typisches und brisantestes Beispiel ist der Reifenabrieb. Ein Autoreifen verliert in seinem Lebenszyklus durch den Abrieb etwa 1 bis 1,5 Kilogramm an Gewicht. Feinste Plastikteilchen, die teils hochgiftige, krebserregende Substanzen enthalten – etwa Zink, Blei, Cadmium und Weichmacher –, gelangen auf diese Weise zwangsläufig in die Umwelt. Nach einer Studie des Fraunhofer-Instituts für Umwelt-, Sicherheits- und Energietechnik ist der Reifenabrieb die Hauptquelle von Mikroplastik in Deutschland – mit fast 1.230 Gramm pro Kopf und Jahr.

Altreifen können zwar recycelt werden, der Reifenabrieb jedoch kann erst dann als Teil einer Kreislaufwirtschaft gelten, wenn die freigesetzten Partikel in der Natur biologisch abgebaut werden. Denn anders fängt man die Stoffe nie wieder ein. Im Rahmen des Tire Industry Projects, einer Initiative von elf führenden Reifenherstellern, sollen solche Konzepte zwar entwickelt werden, doch noch sind entsprechende Lösungswege nur Zukunftsperspektiven.

Reparaturrevolution gegen den „Peak everything"

Damit wird deutlich, wie vielseitig die Baustellen sind auf dem Weg in eine Kreislaufwirtschaft, die ihren Namen verdient: Die Aspekte reichen von harten Ausschlusskriterien bestimmter Stoffe (wofür als ein markantes Beispiel das Verbot von FCKW nach dem Montrealer Protokoll 1987 in die Geschichte einging) bis zu Verfahren des Recyclings.

Darüber hinaus ist das Thema ein ganz grundsätzliches, das auch immer die Frage stellt: Wie wollen wir leben? Den entsprechenden ganzheitlichen theoretischen Unterbau der Kreislaufwirtschaft liefert auf die konsequenteste Weise Niko Paech; er lehrte früher in Oldenburg und inzwischen an der Universität Siegen „Plurale Ökonomik". „Wir stehen vor dem Peak everything", sagte er schon vor einigen Jahren. Es gehe nämlich nicht mehr alleine um den Peak Oil, jenen Punkt, an dem die weltweite Ölförderung unerbittlich zurückgeht, weil der Stoff nicht mehr mit vertretbarem Aufwand der Erde zu entlocken ist. Es gehe auch um die vielen anderen Rohstoffe, die bald an die Grenzen ihrer Verfügbarkeit kämen.

Der Ökonom fällt stets durch deutliche Worte auf. „Es gibt keine per se nachhaltigen Produkte und Technologien, sondern nur nachhaltige Lebensstile", lautet Paechs Ansage. Und so gehe Nachhaltigkeit zwingend mit weniger Konsum einher.

Das gelte auch für die Energiepolitik. Erneuerbare Energien gehörten zwar genutzt, wo immer sinnvoll möglich und ökologisch vertretbar. Zugleich aber müsse der Energieverbrauch der Volkswirtschaften massiv gesenkt werden. Anders sei das Ziel der Nachhaltigkeit nicht erreichbar.

Als interdisziplinärer Denker erkennt Paech nicht nur die ökologischen Grenzen des Wachstums, sondern auch die sozialen. „Unsere Gesellschaft steuert auf psychische Grenzen zu", sagt er, „wir leiden an einer Konsumverstopfung". Der Mensch könne all das, was ihn an Angeboten umgibt, längst nicht mehr verarbeiten – und deswegen gebe es immer mehr Fälle von „burn out".

Dagegen helfe eine „Reparaturrevolution". Denn, wer Produkte länger nutzt, spart Geld und reduziert den Verbrauch von Ressourcen. Weil man dann naturgemäß weniger Geld benötigt, könne man seine Erwerbsarbeit deutlich reduzieren und damit auch seine eigenen körperlichen Ressourcen schonen, statt sie auszubeuten. Somit sinke die psychische Belastung der Menschen und es entstehe eine neue Art von Wohlstand.

Für Paech gehen damit ökologisch verträgliches Handeln und persönliches Wohlbefinden Hand in Hand. Er selbst lebt dieses Prinzip konsequent, bastelt in seiner Freizeit an Fahrrädern und hat einst in Oldenburg ein „Reparaturcafé" gegründet. Diese in vielen großeren Städten inzwischen bestehenden Einrichtungen sind Orte der Hilfe-zur-Selbsthilfe. Ehrenamtliche Reparateur*innen unterstützen Interessierte beim Reparieren unterschiedlichster Gegenstände – denn Recycling und Langlebigkeit, gepaart mit der gemeinschaftlichen Nutzung langlebiger Güter sind unabdingbarer Teil der Kreislaufwirtschaft.

Wie Gesetze den Kreislauf behindern

Doch aller vielfältigen Ansätze zum Trotz – manchmal geht es in den Industriegesellschaften nur reichlich zäh voran. Oft sind es Kleinigkeiten in der Gesetzgebung, die einer Kreislaufwirtschaft entgegenstehen. Darauf machte kürzlich der Bund für Umwelt und Naturschutz anhand eines konkreten Beispiels – des Umgangs mit Lebensmittelabfällen aus Supermärkten und der Großgastronomie – aufmerksam. Grundsätzlich sei der Kompost aus organischen Reststoffen „der ideale Humusförderer und eines der wenigen Beispiele, bei denen Kreislaufwirtschaft zum Upcycling führt, also zur stofflichen Aufwertung", erklärt der BUND. Bioabfälle würden in Form von Kompost zu wertvollen Düngern und bodenverbessernden Substraten.

Nach der Gewerbeabfallverordnung und dem Kreislaufwirtschaftsgesetz seien daher Bioabfälle getrennt zu sammeln und auch zu entpacken, erklärt der BUND.

Es gebe jedoch ein Schlupfloch für die Wirtschaft: Die Pflicht zur Entpackung müsse nur erfüllt werden, wenn dies „technisch möglich und wirtschaftlich zumutbar“ sei. Damit freilich lässt man viel Interpretationsspielraum. Und weil ein sorgfältiges Entpacken Aufwand bedeutet, werden die Lebensmittelabfälle dann eben doch häufig mitsamt ihrer Verpackung geschreddert. Was dann übrig bleibt, ist für die Kreislaufwirtschaft verloren – denn den Müll will in seinem Garten natürlich niemand haben.

Womit sich in diesem Fall eine bizarre Konstellation ergibt: Verdorbene Lebensmittel – eigentlich ein prototypischer Rohstoff, um im Stoffkreislauf zu münden – lassen sich schlechter kompostieren als ein Buch. Zumindest, wenn dieses Werk „Intelligente Verschwendung“ heißt.

Über den Autor

BERNWARD JANZING
arbeitet seit Mitte der 1990er Jahre als freier Journalist und Buchautor in Freiburg. Er hat Geographie, Geologie und Biologie in Freiburg und Glasgow studiert und sich mit diesem Fachhintergrund früh auf das Thema Umwelt und Nachhaltigkeit spezialisiert. Heute nehmen Themen aus der Energiewirtschaft und der Energietechnik in seinem Spektrum den größten Raum ein. Er schreibt für Tageszeitungen, Fachzeitschriften und Publikumszeitschriften. Seine jüngsten Bücher handeln von der Historie der modernen Solarenergie sowie vom Aufstieg und Niedergang der Atomkraft im deutschsprachigen Raum.

Homo Circularis

Von Zirkularität und Realität. Und was das alles mit Bananenbrot zu tun hat.

EVELINE LEMKE, CHARLÉNE NESSEL

Welche Aussage beschreibt die Zukunft der Circular Economy am ehesten? Die Realität wird zirkulär? Oder wird Zirkularität real? Besteht da ein Unterschied? Und stimmt das überhaupt? Sind wir nicht noch Meilen entfernt von einer Circular Economy?

Die Circular Economy und der Green Deal sind das von Ursula von der Leyen gewählte große Thema der EU. Es stößt bisher auch kaum auf Kritik, denn es verspricht grüne Wachstumsmöglichkeiten und erreicht neue Zielgruppen. Zudem liefert es Antworten, wie wir vielleicht doch auf diesem Planeten überleben können. Die Nachhaltigkeitsbewegung hat jedoch in den letzten 35 Jahren erfahren, dass die Entkopplung des Wachstums vom Ressourcenverbrauch eine schwierige Sache ist. Zudem ist die Gefahr, im Green Deal vor lauter Green Buzzwords und Green Washing verloren zu gehen, sehr groß. Kann die Circular Economy Antworten liefern, die Orientierung im grünen Dschungel bieten?

Warum wir die Circular Economy neu beschreiben müssen: Verwirrung in der Neo-Ökologie

Aktuell liegt eine Darstellung des Zukunftsinstituts auf dem Tisch, welche sogenannte Buzz-Words und Trends auf einer Karte darstellt, die wie eine Karte der Berliner U-Bahn aussieht: Bio Boom, Sharing Economy, Lebensqualität, Achtsam-

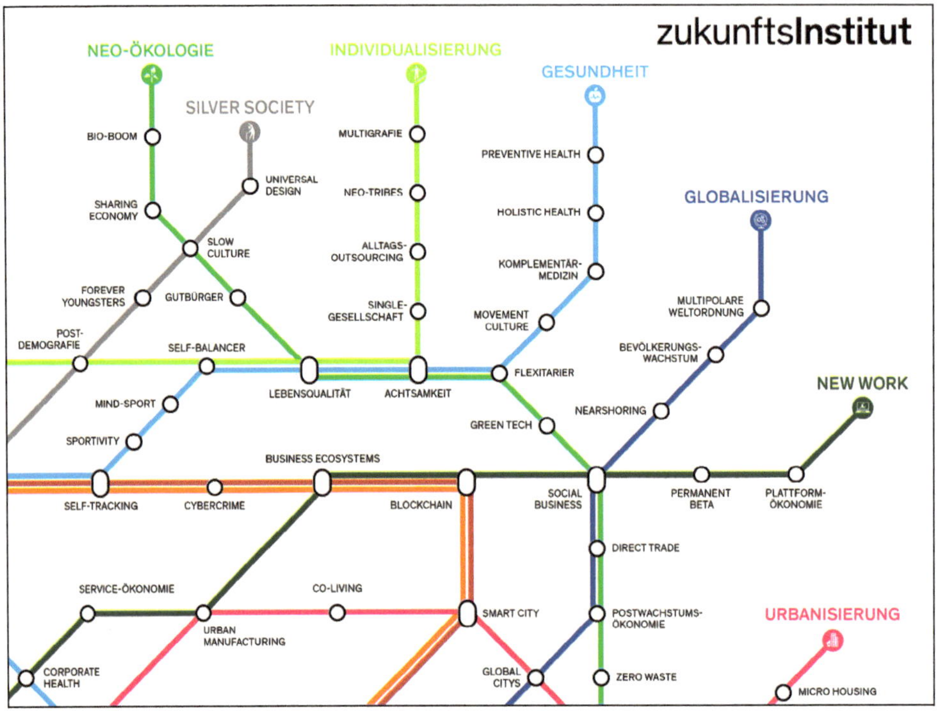

Ausschnitt Megatrend-Map. Quelle: Megatrend Map / Megatrend Dokumentation 2018 / Zukunftsinstitut GmbH.

keit, Green Tech, Social Business, Post-Wachstumsökonomie, Sinn-Ökonomie, Post-Carbon-Gesellschaft, Circular Economy, Zero Waste u.v.a. Die Zukunftsforscher haben diese Megatrends der Neo-Ökologie als Haltestellen auf die Karte gebracht. Jede Umstiegsoption ist eine Schnittstelle zwischen zwei Trendbegriffen. Wer in die U-Bahn-Linie Neo-Ökologie einsteigt, fährt an Buzz-Word-Stationen vorbei.

Es entsteht der Eindruck, dass die Neo-Ökologie eine Einbahnlinie sei. Wer umsteigt, verlässt die Nachhaltigkeit. Aber Nachhaltigkeit umfasst 17 Ziele und damit mehr als nur einen Zukunftstrend. In der Karte mehrere grüne Ideen und andere wichtige systemische Trends gleichzeitig zu erreichen, ist aber unmöglich. Wozu dient eine Karte? Karten sollen Orientierung geben. Sie sollen uns Menschen helfen, ans Ziel zu kommen. Aber die Karte verwirrt. Zugleich spiegelt die Karte des Zukunftsinstituts die öffentliche Wahrnehmung wider. Ist die Karte nur die verzerrte Wahrnehmung der Öffentlichkeit oder drückt genau diese Verwirrung die Notwendigkeit aus, Klarheit in die Diskussion um Zukunftsbegriffe und die Einbettung von nachhaltigen Begriffen zu erlangen?

Vom Homo Oeconomicus zum Homo Circularis

Deshalb ist gerade jetzt die Zeit, ein paar Klarstellungen zur Philosophie der Circular Economy vorzunehmen und es ist gleichzeitig eine gute Gelegenheit, einige Voraussetzungen für einen Homo Circularis in einer Circular Society zu beschreiben, die als Begriffe noch gänzlich auf der Karte fehlen. Es ergibt Sinn, sich erst wesentliche Unterschiede der Circular Economy zu klassischen Wirtschaftsphilosophien in Erinnerung zu rufen und dann auf politische Maßnahmen und Ziele der EU einzugehen.

Die bisherigen Wirtschaftsphilosophien waren allesamt nicht nur naturvergessen, sie haben auch den Menschen in seinem Wesen auf wenige Motivationstreiber reduziert. Es wurde angenommen, der Mensch sei ein *Homo Oeconomicus.* Aus der oft Darwin zugeschriebenen Aussage „Survival of the Fittest" (eigentlich von Herbert Spencer) wurde abgeleitet, dass nur der „Stärkere" überlebe. Mit *Geiz und Gier* seine ureigenen Überlebensinteressen durchzusetzen – was durchaus auch menschlich ist –, rechtfertigte in den klassischen ökonomischen Wissenschaften die Verfeinerung der Instrumente zur Ausbeutung des Planeten und auch der eigenen Spezies. Jede Managementtechnik kann zum Guten und zum Bösen angewendet werden. Ziel und Kontext sowie die gefassten Entscheidungen bestimmen, ob das Ergebnis ein Gutes oder ein Schlechtes ist. Das setzt aber voraus, dass jeder Technik auch eine Ethik mitgegeben wird. Es setzt auch voraus, dass wir lernen in Systemen zu denken und uns trauen systemische Szenarien als Entscheidungsgrundlagen heranzuziehen. Die Circular Economy eröffnet die Möglichkeit, hier eine Brücke zu bauen.

Der Spiegel des Unmenschlichen kann uns Erkenntnis darüber bringen, wie wir uns aus innerem Antrieb verhalten wollen. Wenn unser innerer Antrieb nicht durch ethische, emotionale, empathische Grundsätze gespeist wird, sondern aus dem Anspruch höher, schneller, weiter zu kommen, zeichnen sich die Konsequenzen ab: Der Klimawandel als Spiegel unserer Naturvergessenheit; steigende Ansprüche, mangelndes Selbstbewusstsein und vermehrte Depressionen als Spiegel unseres sozialen Dilemmas durch Social Media und Co.; industrielle Schlachtanlagen als Spiegel unserer Entfremdung von Empathie und Gefühlen zwischen Mensch und Tier. Die Aufzählung könnte hier weiter gehen und lang werden.

Damit wir im Einklang mit der Natur auf diesem Planeten existieren können, müssen wir unsere Technik mit Ethik kombinieren. Nur so entsteht eine neue gesellschaftliche Utopie, die uns einen anderen Spiegel vorhält: Wirtschaften ohne die Grenzen des Wachstums zu sprengen. Social Media Influencer, die ihre Reichweite nicht nutzen, um ihr tolles Leben zur Schau zu stellen und zu zeigen, was höher, schneller, weiter heute bedeutet, sondern um *Positive Impact* für den Planeten und uns Menschen zu erzeugen. Eine Ernährung, die nicht Leid und Krankheit unterstützt, sondern andere Lebewesen und diesen Planeten mit Respekt behandelt. Zum Beispiel, indem wir Blaubeerkuchen statt Bananenbrot backen. Das ist genauso lecker, regional und verbraucht weniger Ressourcen.

Alle Debatten zu einer nachhaltigen Wirtschaftsweise drehen sich im Kern darum, der wirtschaftlichen Technik eine Moral zu verleihen, also Abstand zu nehmen von Ausbeutung, Naturvergessenheit und Unmenschlichkeit. Die Philosophie der Circular Economy unterscheidet sich deshalb von bisherigen Wirtschaftsphilosophien, da sie der Natur eine eigene Rolle zuschreibt, die einen eigenen Wert besitzt. Sie geht von der Annahme eines emotionalen Menschen aus, der sich auch rational, intelligent und lernend verhält. Sie geht nicht nur davon aus, dass wir als Homo Sapiens durch unseren IQ geprägt sind, sondern auch durch unseren EQ, also unsere emotionale Intelligenz. Der *Homo Circularis* wird damit zu einem Element im natürlichen System und ist nur eine von vielen Spezies dieser Zeit.

In einer Circular Society werden die Menschen befähigt, sich in Systeme einer Welt gegenseitiger Abhängigkeiten, Beziehungsgeflechte, natürlicher Regeln und Besonderheiten einzuordnen. Die Menschen in dieser zirkulären Utopie stellen sich nicht auf eine hierarchisch höhere Stufe als alle anderen Spezies dieser Welt. Sie spielen nicht ständig *Blame Game*. Sie haben Respekt und übernehmen Verantwortung für Fehler. Sie sind darauf trainiert, resiliente Überlebensmechanismen zu erwerben. Und sie wissen, sie sind Gleiche unter Gleichen. Sie fühlen sich als Teil eines Ganzen. So praktizieren sie respektvollen Umgang mit dem Leben auf diesem Planeten.

Viele Menschen der grünen Bewegung würden jetzt vielleicht schon zustimmen und für sich in Anspruch nehmen, ein *Homo Circularis* zu sein. Schließlich trennen sie Müll, tragen zur Energiewende bei, sparen Strom, ändern ihr Mobilitätsverhalten und steigen vom Diesel auf ein E-Auto um oder treten sogar zum Veganismus über. Das sind alles gute Schritte für den Eintritt in eine Circular Society. Denn damit erweitern wir unser Verständnis für die Kreislaufwirtschaft. Was noch fehlt, ist ein emotionales Grundverständnis. Wir müssen begreifen, dass eine solche Gesellschaft nur existieren kann, wenn wir verstehen, dass wir eben nicht rein rational ticken, so wie wir als *Homo Oeconomicus* beschrieben werden, sondern dass wir Menschen sind, die nicht nur Fleisch und Blut, sondern auch Bauchgefühl, Unterbewusstsein und Energie sind. Keine lineare Einbahnstraße, sondern vielmehr ein Netzwerk, in dem Natur und die Lebewesen auf diesem Planeten miteinander verbunden sind.

Unsere Aufgabe ist es, die Circular Economy nicht weiter von hinten aufzuzäumen, indem wir erst die Technik, dann die Gesellschaft und dann den Einzelnen betrachten. Sondern mit dem zu beginnen, was uns selbst betrifft, also auch mit und bei uns selbst. Wie sollen wir sonst ein System verändern, in dem wir uns selbst gefangen halten? Das hat schon Gandhi erkannt: „Verändere dich und du veränderst die Welt.“ Aber eben nicht, indem wir zuhause (zwar auch, aber nicht nur) den Müll richtig trennen, sondern, indem wir uns auf die Suche nach unserer Naturverbundenheit machen. Jeder *Homo Circularis,* der Antworten darauf findet, bildet den Grundstein für eine funktionierende Circular Society, in der eine Circular Economy funktionieren kann.

Wie die neue Beschreibung gelingen kann: Herausforderungen

Am Anfang der neuen Beschreibung einer Circular Economy steht der Homo Circularis, der sich beim Aufbau der neuen Utopie einige Mindset-Fragen stellen muss: Wie gelingt der sozial-ökologische Umbau? Was bedeutet Circular Economy? Wie soll die Zukunft eines guten Lebens aussehen? Auf der Suche nach Antworten muss er sich sowohl traditionell verankerten als auch radikalen Glaubenssätzen stellen. Auf der einen Seite stehen die Kritiker der ökologischen Modernisierung. Sie glauben nicht an den Klimawandel und haben Angst vor Veränderungen. Eine ökologische Transformation sei weder notwendig noch möglich, sagen sie. „Wir können doch nicht zurück unter den Stein kriechen.“ Auf der anderen Seite stehen die Technologie-Kritiker. Eine Circular Economy sei nicht genug, denn wir wären ja immer noch abhängig von Technik, die uns immer wieder in Rebound-Fallen lockt: „Grüne Technologien können nicht funktionieren, wir technologisieren uns nur noch tiefer in die Misere.“ Beide Stimmen sind berechtigt.

Die Wahrheit liegt irgendwo in der Mitte. Fortschritt bedeutet, aus Fehlern zu lernen. Die Circular Economy ist eine Weiterentwicklung ökonomischer Philosophie, die eine Brücke bauen soll, zwischen einer hoch-technokratischen Welt voller Abhängigkeiten und Empathiemangel hin zu den Gesetzen der Natur.

Die noch zu lösenden Aufgaben am Beispiel der Energiewende zeigen das Dilemma der Rebound-Effekte: Auch, wenn Verbrauchsstoffe regenerativ sind und zur Minderung des Treibhauseffektes beitragen, sind die Energieerzeugungsanlagen noch lange nicht naturverträglich. Auch sie müssen technisch kreislauffähig werden. Das heißt Windkraft- und Solaranlagen müssen recyclingfähig sein. Nur so können sie dauerhaft in der wirtschaftlichen Nutzung belassen werden. Denn gerade die seltenen Erden und Metalle, die in Windkraftanlagen, PV-Modulen oder E-Autos stecken, werden bald so nachgefragt sein, wie Öl es einmal war. Wir müssen sie auch aus Produkten zurückholen können. Wir müssen nutzen statt zu verbrauchen.

Im Spiegel der menschlichen Grausamkeit unseres Wirtschaftens sehen wir, wie jährlich fast 100 Milliarden Tonnen Rohstoffe aus diesem Planeten gegraben werden. Nicht einmal 9 Prozent davon bleiben im wirtschaftlichen Kreislauf. Die unvorstellbare Dimension von über 90 Milliarden Tonnen Rohstoffen pro Jahr verschwinden in unbekannten Nutzungen, als Abfall in der Landschaft oder als verbrannte Emissionen in der Luft. Kupfer- oder Titanminen in Chile oder China machen uns extrem deutlich, wie die Grünen Technologien den Tribut an der Natur fordern. Hier liegen Aufgaben vor uns, sonst werden wir die Vision einer Welt ohne Abfall im Green Deal nicht erreichen. Dann machen wir weiter, was Generationen vor uns bereits nicht lösen konnten – nur ein wenig anders, indem wir die Naturzerstörung auf gute moralische Grundsätze bauen.

Europas Green Deal

Die Europäische Kommission ist bei der Definition der Circular Economy sehr konkret geworden, das hat überrascht. Ihre Definition stammt aus dem Jahr 2017. Sie schreibt uns das Lösen der o.g. Aufgabe damit ins Pflichtenheft. Und sie entspricht dem Denkmodell der Philosophie fast gänzlich.

Danach soll in einer Ökonomie der Wert von Produkten und Materialien so lange wie möglich erhalten bleiben. Abfall und Ressourceneinsatz müssen minimiert werden. Der Stoffkreislauf soll innerhalb des ökonomischen Systems geschlossen werden, so dass Produkte, welche das Ende ihrer Nutzungsphase erreicht haben, wieder als Ressource dienen, um auch in der Zukunft Werte zu schaffen. Was in der Definition zwar fehlt, aber die EU eingeleitet hat, ist, dass es zukünftig keine gefährlichen Substanzen mehr geben darf, die im Umlauf sind. Alle giftigen Stoffe sollen aus dem Wirtschaftskreislauf ausgeschleust und vernichtet werden. Die Vision einer Welt ohne Abfall ist damit zwar nicht deutlich formuliert, aber ausgeschlossen ist sie nicht. Vor allem gehen die Schritte in die richtige Richtung. Ein Schritt wäre das Ende der Müllverbrennung, sobald alle gefährlichen Substanzen ausgeschleust wurden. Damit schließt sich die Frage an, ob der strategische Ausstieg aus der Müllverbrennung nicht schon heute verhandelt werden müsste?

Die EU hat noch viel zu tun, um das Ziel zu erreichen. Und die Entscheider wissen das auch, denn Europa hat einige Erfahrung und auch schon viel Zeit für die Entwicklung der Circular Economy aufgewendet. Bereits 1975 hat die EU die erste Richtlinie zum Abfallmanagement herausgegeben und 1996 weitreichende Kreislauf-Richtlinien. 2005 ist dann die Schließung der Deponien in Europa verkündet worden. Seit 2017 gibt es eine EU-Plastik-Strategie und 2019 trat das EU-Circular Economy Package in Kraft. Das ist Grund zur Freude für die Community der C2C-Innovatoren. Sie können Hoffnung schöpfen, dass endlich auch die Öko-Design-Richtlinien angepasst werden und vor allem in den Mitgliedsstaaten greifen.

Cradle to Cradle und RESOLVE

Das C2C nach dem Designprinzip von Prof. Dr. Michael Braungart gibt vor, wie optimale Produkte für eine Circular Economy kreiert werden sollen, damit eine saubere und endlose Nutzbarkeit gewährleistet ist. Wer sich mit C2C auseinandersetzt, findet schnell das einfache Prinzip eines biologischen und eines technischen Kreislaufes heraus, wonach Verbrauchsmaterialien dem biologischen und Nutzungsgüter dem technischen Kreislauf zugeordnet werden dürfen. Beispiel ist hier wieder die Energiewende. Wenn erneuerbare Energie aus Wind, Wasser, Sonne oder Biomasse hergestellt wird und als Verbrauchsgut zum Einsatz kommt, so sollten die technischen Anlagen zur Erzeugung nicht toxisch sein, aber langlebig, zerlegbar, reparierbar und recycelbar. Deshalb finden in der C2C-Welt vor allem Monomaterialien Verwendung, die nicht geklebt, sondern nur geschraubt werden, damit vom Design her alles reparierbar bleibt. Schließlich bietet das RESOLVE-Prinzip eine gute theoretische Grundlage, die wie ein ökonomisches Werkzeug funktioniert. RESOLVE steht für **RE**new, **RE**use, **RE**pair, **RE**furbish, **RE**cycle, **S**hare, **O**ptimize, Close the **L**oop, **V**irtualize, **E**xchange.

Eine Hauptaufgabe der Circular Economy ist die Überwindung des Rebound-Effektes. Hierbei ist Ökoeffektivität das Schlagwort. Der Rebound-Effekt entsteht unbeabsichtigt. Als im Zuge der ersten industriellen Entwicklungsphase die Kohle das Fällen von Bäumen zur Energiegewinnung ablöste und man sich erhoffte, dass sich die Wälder Europas erholen würden, drohten in London die Menschen bereits durch die Emissionen der Kohle zu ersticken. Also löste das Erdöl die Kohle ab, später die Atomenergie. Was aber folgte, war die immer schnellere Entwicklung und das Verschlingen von mehr und mehr Ressourcen. Von der Entkopplung von Ressourcen ist nicht viel zu spüren. Und genau das gefährdet unsere eigene Existenz. Jetzt ist es Zeit, dass der *Homo Circularis* seinen IQ, seinen EQ und seine Lernfähigkeit unter Beweis stellt!

Plastik-Steuer oder Recyclingquoten?

Was wir tun müssen, um die Circular Economy real werden zu lassen: Recyclingquoten oder EU-Plastik-Steuer – was wirkt besser? Eine Debatte, die sich im Kreis dreht, wenn Politik nicht entscheidet.

Anfang November konnten sich die Organe der EU auf den nächsten langfristigen Haushalt 2021–2027 einigen – ein Bestandteil ist eine Plastiksteuer, die zum 1. Januar 2021 greifen soll. Da schien es noch, als würde die chinesische Green

Fence-Politik Europa in Bewegung setzen. Aber der Schein trügt: Die deutsche Debatte zieht ihre Kreise langsam und die Bundesregierung ignoriert das Thema. Einzig der Umgang mit Plastiktüten wurde gerade im Bundestag beraten und entschieden – es sollen weniger davon im Umlauf sein. Aber das reicht nicht aus!

Wer jetzt auch noch daran denkt, dass Konsument*innen die Steuer wahrnehmen würden, und sie deshalb eine Lenkungswirkung entfalten könnte, der irrt. Denn im Rahmen des am 10. November 2020 beschlossenen Multiannual Financial Framework der EU (kurz: MFF) werden Beiträge der EU-Mitgliedstaaten auf Basis der Menge nicht recycelter Kunststoffverpackungsabfälle berechnet. Das macht klar, dass es sich nicht um eine Steuer handeln kann, sondern dass sie eine Berechnungsmethode ist, die den EU-Haushalt und deren nationale Beiträge dazu regelt. Nennen wir sie also Abgabe. Sie wird ca. 800 Euro pro Tonne nicht recycelter Kunststoffverpackungen kosten und soll die Sammel- und Recyclingmaßnahmen erhöhen. Die aktuelle Debatte der Industrie darüber, ob Produktpolitik hier besser greifen würde als materialspezifische Quoten, scheint in eine Scheindebatte zu mutieren.

Es ist offensichtlich, dass die Bundesregierung nicht entschieden genug voran geht. Vor dem Hintergrund der Corona-Krise könnte sie die gebeutelte Recyclingindustrie durch Zuschüsse für Investitionen in Sortieranlagen oder die Hersteller für die Einführung von Produktpässen zur Nachverfolgung von Produkten und Material unterstützen. Hier können Potenziale direkt gehoben werden. Wir werden uns des gesamten Instrumentarienkastens der Regulatorik bedienen müssen, um weiter zu kommen. Dazu zählt nicht nur eine ambitionierte Erhöhung von Sammel- und Recyclingquoten, auch Produktverbote von Einwegproduktverpackungen (die immerhin 40 Prozent des Anteils an Kunststoffabfällen ausmachen) und eine Ökodesignrichtlinie, die hält, was der Name verspricht, müssen kommen.

Bis 2050 eine Industrie zu entwickeln, die im Kreislauf funktioniert, ist keine Utopie. Das ist eine realistische Vision. Aber es braucht viele, die das verstanden haben und daran mitwirken.

Circular Economy bis 2050 – was bedeutet das noch?

Jüngste Studien zum Verbrauch von Ressourcen auf unserem Planeten zeigen, dass bis zu 100 Milliarden Tonnen Material, Flüssigkeiten oder Stoffe von diesem Planeten entnommen werden, um unsere industriellen Bedürfnisse zu befriedigen. Natürlich sind Trink- und Industriewasser sowie Biomasse die Materialien, die wir heute als am ehesten zirkuläre bezeichnen können. Erst ab Platz drei folgen dann verschiedene Metalle, Papier oder etwa Asphalt. Insgesamt fließen nicht einmal 9 Prozent aller Produkte in einem Kreislauf. Und die Wissenschaft hat nur unzureichend Informationen darüber, wo jährlich 90 Milliarden Tonnen Stoffe und Materialien verblieben sind. Wie kann das sein?

Anlässlich des 5. Europäischen Ressourcenforums 2020 wird deshalb der Ruf nach einem „Intergovernmental Panel for Resources“ immer lauter. Ähnlich der Forschungsarbeit für das Klima durch das IPCC (Intergovernmental Panel for Climate Change) könnte dann die Wissensarbeit auf diesem Planeten dazu beitragen, die Circular Economy zu entwickeln. Hoffnung macht, dass jüngst die Anzahl der beobachteten Forschungsarbeiten gestiegen ist. Wenn noch vor wenigen Jahren nur ca. 300 Veröffentlichungen zu Kreislaufthemen erschienen, so waren es im letzten Jahr rund 3.000. Immerhin ein Anfang. Aber das wird nicht reichen, um das Thema adäquat zu beschreiben oder gar zu lösen.

Die ökonomische Dimension der Lenkungsmechanismen birgt Kommunikationsbedarf. Walter Stahel lehrt als Baustein der Circular Economy die „Perfomance Economy“. Er beschreibt, wie in einer Ökonomie, die wieder mehr repariert, umbaut und ausbaut als in einer Wegwerfgesellschaft, auch höhere Löhne und Gehälter für eben diese Dienstleistungen, also die Performance, gezahlt werden müssen. Die Senkung oder sogar Abschaffung von Steuern auf Arbeit ergibt als Lenkungsinstrumentarium vor diesem Hintergrund plötzlich richtig viel Sinn. Die zirkulären Business-Cases um Sharingmodelle, benutzen statt besitzen und „product as a service“, passen hier gut hinein. Die Besteuerung von CO_2 oder treibhausschädlichen Gasen ergänzt das Lenkungsinstrument. So wird die Circular Economy konkret. Und wie sollte eine Zukunft ohne Circular Economy überhaupt aussehen?

Am Ende ist die Realität, dass es ohne Zirkularität nicht geht. Und dass eine Zirkularität nicht existieren kann, ohne sich in die Realität einzubetten. Ein *Business-As-Usual* wird nicht funktionieren, genauso wenig wie die Vorstellung, wir könnten uns gänzlich von bisherigen Annehmlichkeiten verabschieden. Wir brauchen eine Brücke. Die Circular Economy kann diese Brücke bilden. Aber eine ökonomische Theorie der Zirkularität wird erst Realität, wenn wir als Mensch ins Handeln kommen. Wie handelt ein *Homo Circularis?* Er repariert, statt wegzuwerfen. Er baut Gemüse an, statt zu importieren. Er spricht über Themen der Selbstverwaltung. Hier ist Raum für Diskussion, wie wir uns als *Homo Circularis* in eine Circular Society einbringen, um gemeinsam die Brücke in eine enkeltaugliche Zukunft zu bauen.

So, was hat das alles jetzt nochmal mit Bananenbrot zu tun? Eigentlich nichts. Aber irgendwie auch alles. Es geht um die kleinen Dinge im Leben und die Frage, wie gutes Leben aussehen kann. Und wie schön wäre eine Circular Society, in der wir gelernt haben, mehr auf unser „Bauch"-Gefühl zu hören und *Circular Impact* direkt selbst zu kreieren? Und Bananenbrot klang halt einfach saftiger als „eine philosophische Abhandlung über die Grenzen der Circular Economy".

Über die Autorinnen

EVELINE LEMKE
Gründerin von Thinking Circular®, Beraterin, Expertin und Guide in der Circular Economy und Systems Thinking. Thinking Circular® wird als Thinktank auf der Seite des United Nation Sustainability Help Desk geführt. Nach fast 40 Jahren Erfahrungen aus der Energie- und Rohstoffwende, u. a. als erste grüne Wirtschaftsministerin und stellv. Ministerpräsidentin in Rheinland-Pfalz bis 2016 verfügt sie über ein weltweites Netzwerk. Sie ist Mitglied im Aufsichtsrat der Abo Wind AG und im Kuratorium von CARE Deutschland e.V. sowie Vorsitzende von FAST e.V. „Friends' Association for the Advancement of Systems Thinking". Sie trägt den B.Sc. Economics and Management und ist ausgebildete Kauffrau im Groß- und Außenhandel (Stahl).

CHARLÉNE NESSEL
Projektmanagerin bei Thinking Circular®. Für die junge Ökonomin ist das Engagement für eine enkeltaugliche Zukunft und einen grünen Wandel in Wirtschaft und Gesellschaft selbstverständlich. Nach dem Studium von International Economics and Trade in Hangzhou, China und an der Hochschule Hannover hat sie ihren Master in Strategische Unternehmensentwicklung erworben. Für sie ist die Circular Economy ein Modell, Nachhaltigkeit praktisch umzusetzen.

Kontakt

Thinking Circular®
Im Schülert 13
56651 Niederzissen
Tel.: 02636/9691795
info@thinking-circular.com
https://thinking-circular.com

Her mit dem Circular Economy Booster!

DR. KATHARINA REUTER, UNTERNEHMENSGRÜN

Derzeit blockiert das lineare Wirtschaftssystem kohlenstoffarme zirkuläre Innovationen. Tausende Unternehmen in Europa setzen trotzdem schon heute auf kreislauffähige Geschäftsmodelle und Produktionsprozesse – sie müssen allerdings auf unfairen Märkten agieren. Umso erfreulicher, dass die Kreislaufwirtschaft im European Green Deal ein wesentlicher Bestandteil ist, um Wirtschaftswachstum und Ressourcenverbrauch zu entkoppeln und die Dekarbonisierung zu erreichen.

Im Rahmen des Green Deal bekommt die Kreislaufwirtschaft (Circular Economy) endlich die Aufmerksamkeit, die sie verdient. Leitmärkte für klimaneutrale und kreislauffähige Produkte sollen entwickelt werden – der Circular Economy Action Plan der EU[1] soll den politischen Rahmen schaffen. Dass dies bitter nötig ist, zeigt u.a. der in Davos vorgestellte Bericht „The Circularity Gap report 2020". Der Anteil der in die Kreislaufwirtschaft zurückgeführten Materialien liegt bei nur 8,6 Prozent. Die Industrie ist mit Blick auf Klimaneutralität 2030 nur noch ein bis zwei Investitionszyklen entfernt – hier müssen jetzt Investitionen in kohlenstoffarme und zirkuläre Produktionsprozesse getätigt werden.

Bisher werden in der Logik von „Take – Make – Use – Lose" große Mengen Abfall produziert, dessen Entsorgung zunehmend Probleme bereitet. Eine intelligente Kreislaufwirtschaft schließt Müll und Schadstoffbelastungen aus, hält Produkte und Materialien möglichst lange in Nutzung und trägt zur Regenerierung der natürlichen Systeme bei. Eine Studie der Ellen MacArthur Foundation aus dem Jahr 2019 belegt, dass durch konsequent umgesetzte Kreislaufwirtschaft etwa 45 Prozent der menschengemachten CO_2-Emmissionen vermieden werden können[2]. „Vermeiden, verringern, verwerten" – was einfach klingt, erfordert häufig ein enormes Umdenken, einen kompletten Systemwechsel.

Die zunehmende Digitalisierung und stetige Weiterentwicklung der Informationstechnologie schafft Innovationen, um Materialien effektiv zu verfolgen (Stichwort: Materialbanken), was die Weiternutzung erleichtert. Auch die Erwartungen von Konsument*innen an Produkte und Dienstleistungen verändern sich. Nicht nur die FridaysForFuture-Bewegung hat für ein stärkeres Umweltbewusstsein gesorgt. Die Gesellschaft für Konsumforschung hat wiederholt ermittelt, dass Verbraucher*innen zunehmend Umweltaspekte in ihre Kaufentscheidung aufnehmen. Plastik und Klima werden als größte Bedrohungen genannt – und zwar europaweit. Für mehr und mehr Menschen wird der Zugang zu Produkten wichtiger als der Besitz von Dingen („as a service"-Ansatz, Sharing).

Kreislaufwirtschaft ist mehr als Recycling

Dr. Henning Wilts (Abteilungsleiter Kreislaufwirtschaft am Wuppertal Institut) betrachtet die Kreislaufwirtschaft vor allem aus der Perspektive der Ressourceneffizienz. Recycling sei kein Selbstzweck und für sich allein genommen kein zufriedenstellendes Ziel, solange dadurch keine echte Entlastung der Umwelt geleistet würde. Der größte Entlastungseffekt kann durch geschlossene Stoffkreisläufe erzielt werden. Kreislaufwirtschaft erfordert dabei neue Formen der Kooperation zwischen Abfallwirtschaft und Industrie, Politik und Konsument*innen. Es dürfe für Unternehmen allerdings kein höheres Risiko sein, in die Kreislaufwirtschaft zu investieren als in die lineare. Für Dr. Wilts sind wichtige Umsetzungshebel für die Kreislaufwirtschaft in Deutschland:

- Kreislauffähige Produkte
- Erhöhung des Rezyklateinsatzes
- Nutzungsdauerverlängerung / Mehrweg
- Bündelung der Stoffströme und Informationsflüsse
- Reallabore

Viele Mitgliedsunternehmen von UnternehmensGrün setzen zum Beispiel als Cradle to Cradle-zertifizierte Unternehmen zirkuläre Produktionsprozesse um – sie schaffen Innovationen zur Vermeidung von Plastik, entwickeln Unverpackt-Ansätze oder sind Pioniere in der Verwendung von Post Consumer-Rezyklaten. Arthur ten Wolde (Excecutive Director Ecopreneur.eu, Mitglied der European Circular Economy Stakeholder Plattform) vertritt die nachhaltige Wirtschaft in Brüssel: „Wir brauchen Nachhaltigkeit als Kriterium für die Vergabe des EU-Haushalts und der staatlichen Beihilfen sowie die Unterstützung des Privatsektors." Gemeinsam mit der Green Recovery Alliance wurde erreicht, dass die nachhaltige Komponente des EU-Konjunkturprogramms deutlich gesteigert wurde: Insgesamt 37 Prozent des Milliarden-Budgets werden nach nachhaltigen Kriterien und zur Bekämpfung des Klimawandels verteilt und investiert.

Plastikkrise

Der Kunststoffverbrauch steigt dramatisch. Allein in Deutschland hat sich seit 1994 der Verbrauch fast verdoppelt, wir verbrauchen 6 Millionen Tonnen Kunststoff pro Jahr. Die Europäische Kommission hat das Ziel formuliert, dass ab 2030 alle Plastikverpackungen wiederverwertbar sein sollen. Aber der Weg dorthin ist völlig unklar. Die Industrie pocht auf Freiwilligkeit, dabei sehen wir schon zu lange dabei zu, dass keine ernsthaften Anstrengungen unternommen werden. „Die fehlende Verbindlichkeit des Verpackungssystems sei beängstigend", sagt das Wuppertal Institut dazu.

Die Plastikkrise hat längst die Wirtschaft erreicht. Ob kritische Nachfragen von Kund*innen oder Forderungen von politischer Seite – Unternehmen müssen heute das Thema Verpackung ganz anders unter die Lupe nehmen. Die vorgeschlagenen Maßnahmen der EU-Kommission im Circular Economy Action Plan setzt den Rahmen: Mehr Recycling (auch von Altplastik aus dem Post Consumer-Bereich) ist eines der maßgeblichen Konzepte, um den Ressourceneinsatz zu verringern und den Wert der Materialien möglichst lange im Kreislauf zu erhalten. Eine der größten Hürden für ein hochwertiges Recycling stellen Bestandteile in Plastik-Rezepturen dar, die im Aufbereitungsprozess die Qualität des Produkts mindern. Daher muss das sogenannte „Design for Recycling" fester Bestandteil gesetzlicher Regelungen werden. Dem liegt der Cradle to Cradle-Gedanke zugrunde, wonach Abfälle in einem steten (hochwertigen) Kreislauf gehalten und dann zu neuen Produkten werden. Mit qualitativ hochwertigen Rezyklaten setzt sich Florian Hüter (cirplus) auseinander. Er benennt zwei Hauptprobleme beim Plastikrecycling: Es gibt keinen wirtschaftlichen Anreiz. Und es ist nur wenig hochwertiges Material verfügbar. Ein weiteres Problem ist, dass heute der Begriff Rezyklat uneinheitlich verwendet wird, es bleibt oftmals unklar, ob es sich tatsächlich um Wertstoffe nach der Gebrauchsphase handelt oder nur um Produktionsabfälle. Nötig ist daher auch eine juristische Definition des Begriffs „Rezyklat", damit es nicht zu Greenwashing kommt und umweltpolitische Zielsetzungen konterkariert werden.

Dort, wo sich Märkte für hochwertige Anwendungen von Rezyklaten noch nicht etabliert haben, sind spürbare Anreize sinnvoll. Derzeit liegen die Preise der Rohwaren in der Regel unter denen für Rezyklate. Kontraproduktive Subventionen müssen beendet werden, wie etwa die Befreiung der Plastikherstellung in Deutschland von der EEG-Umlage.

Kreislaufwirtschaftsaktionsplan

Künftige Maßnahmenpakete werden diese Bereiche adressieren[3]:

- Verstärkter Einsatz von Rezyklaten, EU-weite Rezyklat-Einsatzquoten für bestimmte Produkte, Beschränkung des Exports von Plastikabfällen in Drittstaaten
- Verbraucher-Recht auf Reparatur für wichtige Elektro- und IT-Geräte
- Langlebigkeit von Produkten verbessern (Ökodesign-Kriterien für stabileres und umweltfreundlicheres Geräte-Design)
- verstärkter Einsatz von Pfandsystemen
- Investitionen in hochwertige Sortier- und Recyclinganlagen in Europa
- Deponierung von unbehandelten Siedlungsabfällen in der EU beenden (mehrere Staaten wie Deutschland haben bereits seit einigen Jahren ein Deponieverbot)

Ökonomische Anreize

Was braucht es noch, damit der Circular Economy Booster seine volle Wirkung entfalten kann? Es braucht ein europaweit harmonisiertes System der erweiterten Herstellerverantwortung (EPR) mit Eco-Fee-Modulierung der Gebühren in allen abfallintensiven Sektoren. Mit einer umweltfreundlichen und zirkulären Beschaffungspolitik (Green Public Procurement), die immer auch einen Zugang für kleine und mittelständische Unternehmen sicherstellt, gehen öffentliche Institutionen mit gutem Beispiel voran. Die öffentliche Hand ist der größte Nachfrager in Deutschland. Jede Regelung, die einen sicheren Rechtsrahmen für die öffentliche Beschaffung bietet, nachhaltige Produkte oder Dienstleistungen zu präferieren, reizt den Markt für zirkuläre Produkte an.

Mit Blick auf den Mittelstand muss Green Public Procurement aber auch sicherstellen, dass die (Einstiegs-)Hürden für kleine und mittlere Unternehmen und Start-ups nicht zu hoch sind. Oftmals wird bei öffentlichen Ausschreibungen verlangt, dass bereits langjährige Erfahrung nachgewiesen werden muss oder Jahresumsätze gefordert werden, die nur große Unternehmen nachweisen können. Der Staat mit seinen Gebietskörperschaften muss künftig Nachhaltigkeitsaspekte bei seiner Vergabepolitik in den Vordergrund stellen. Die Berücksichtigung der sogenannten „vergabefremden Aspekte" scheitert in der Realität an mangelnder Qualifikation und Motivation der Vergabestellen. Hier sind verbindliche Schulungsprogramme und Vergabequoten, auch für Länder, Kommunen und öffentliche Unternehmen, die sich an den Klimaschutzzielen orientieren, denkbar. Klimaschädliche Subventionen sind abzuschaffen – sie konterkarieren die Weiterentwicklung der Kreislaufwirtschaft. Die Einführung einer obligatorischen gate-to-gate Life Cycle Analysis (LCA) für alle Unternehmen sollte geprüft werden.

Wenn Investmententscheidungen zunehmend von Nachhaltigkeitskriterien und längerfristigen Investmentzielen bestimmt werden, eröffnet auch das viele Chancen für die europäische Wirtschaft und für die europäische Finanzbranche. Die benötigten Summen für den Umbau der europäischen Wirtschaft können nicht alleine von der EU oder den Mitgliedstaaten aufgebracht werden. Die EU geht nur für die Umsetzung der EU-Klimaziele von einem jährlichen Finanzierungsbedarf in Höhe 180 Milliarden Euro aus. Dazu müssen Finanzströme umgeleitet werden: raus aus nicht nachhaltigen Wirtschaftszweigen und hin zu resilienten, zirkulären Produktionsweisen. So wird die notwendige sozial-ökologische Transformation durch den Finanzmarkt unterstützt. Große private Geldmengen (von institutionellen Anlegern wie Versicherungen, Pensionskassen oder Stiftungen) werden für die Umsetzung der SDGs und der Pariser Klimaziele bereitgestellt. Durch das gemeinsame Voranschreiten von nachhaltiger Realwirtschaft und nachhaltiger Finanzwirtschaft hat die EU die Chance, Standards zu setzen als Beispiel für andere Wirtschafts- und Finanzräume.

Zirkulär und krisenfest

Dass der Wiedereinsatz von Rohstoffen Ressourcen einspart und dabei das Klima schont, ist durch eine Vielzahl von Studien belegt. Bezogen auf die Herstellung von Plastik erfolgt dies in doppelter Hinsicht: Zum einen werden Grundstoffe eingespart (Rohöl) und zum anderen erfordert das Recycling weniger Energie als die Herstellung von Neuware. Die positiven Einspareffekte durch eine hochwertige Circular Economy können wesentlich dazu beitragen, die Ziele des Pariser Klimavertrages zu erfüllen. Des Weiteren verringert Kreislaufwirtschaft die Abhängigkeit Deutschlands und Europas von der Rohstoffversorgung aus anderen Ländern. Schließlich schafft die hochwertige Aufbereitung von Sekundärrohstoffen Wertschöpfung, Innovation und damit nachhaltige Arbeitsplätze. Mit dem Blick in die Zukunft, leistet der Circular Economy Booster einen wichtigen Beitrag zu nachhaltigeren und damit krisenresilienteren Wirtschaftsstrukturen.

Über UnternehmensGrün

UnternehmensGrün ist seit 1992 die politische Stimme für eine nachhaltige Wirtschaft. Der parteipolitisch unabhängige Unternehmensverband setzt sich für Umwelt- und Klimaschutz ein, ist als gemeinnützig anerkannt und führt eine Reihe von Bildungsprojekten durch. UnternehmensGrün und seine mehr als 400 Mitgliedsunternehmen zeigen: Wirtschaft, Soziales und Ökologie gehören zusammen. Immer wieder initiiert und koordiniert UnternehmensGrün Bewegungen, so beispielsweise die Wirtschaftsinitiative „Entrepreneurs For Future". Über seinen europäischen Dachverband Ecopreneur.eu bezieht der Verein auch in Brüssel Stellung.

Die Verbandsmitglieder sind vor allem kleine und mittelständische Unternehmen und oft Pioniere in ihrer Branche. Von der Brauerei und dem Maschinenbau-Betrieb, der Bank bis zum Sterne-Restaurant und dem Bio-Lebensmittelhersteller, von Wind- und Solarunternehmen bis zur Kreativwirtschaft – die Mitgliedsunternehmen sind so vielfältig wie die nachhaltige Wirtschaft selbst. Bei UnternehmensGrün ist der Handel ebenso vertreten wie Dienstleistungen oder das produzierende Gewerbe.

Das gemeinsame Ziel ist ein wirklich zukunftsfähiges Wirtschaftssystem. Um das zu erreichen, setzt sich UnternehmensGrün für politische Rahmenbedingungen ein, die den Weg dorthin ebnen: https://wertschaften.org

---

[1] European Commission (2020): Circular Economy Action Plan – For a cleaner and more competitive Europe, S. 38 (zuletzt abgerufen am 02.12.20 über https://ec.europa.eu/environment/circular-economy/pdf/new_circular_economy_action_plan.pdf)

[2] Ellen MacArthur Foundation (2019): Completing the Picture: How the Circular Economy Tackles Climate Change, https://www.ellenmacarthurfoundation.org/our-work/activities/climate-change

[3] https://www.bmu.de/pressemitteilung/eu-umweltrat-fuer-eu-weites-recht-auf-reparatur-und-laengere-haltbarkeit-von-produkten/

Über die Autorin

DR. KATHARINA REUTER
ist Geschäftsführerin von UnternehmensGrün. Die promovierte Agrarökonomin engagiert sich seit zwanzig Jahren für ein ökologisches und nachhaltiges Wirtschaften. Sie hat fünf Jahre an der Humboldt-Universität zu Berlin in Forschung und Lehre gearbeitet, war als Unternehmensberaterin für Nachhaltigkeit tätig und verfügt über ein breites Netzwerk zu Unternehmen, Politik und Verbänden. Foto: Caro Hoene.

Kontakt

UnternehmensGrün e.V.
Bundesverband der grünen Wirtschaft
Unterbaumstraße 4
10117 Berlin
Tel.: 030/325 99 683
info@unternehmensgruen.de
www.unternehmensgruen.org

Lippe zirkulär: „Wir wollen als Verwaltung Best Practice sein“

TIM BARTELS IM INTERVIEW MIT UTE RÖDER, FACHBEREICHSLEITERIN UMWELT UND ENERGIE KREIS LIPPE

Eine Gesellschaft, in der alle Materialien in Kreisläufen geführt werden – ohne Schadstoffe, ohne Abfall, ohne Gesundheitsgefahren. Zirkuläre Wertschöpfung schont Ressourcen und bewahrt sie für kommende Generationen. Bisher nutzen wir diese Potenziale nicht mal annähernd aus. Das zu ändern, haben sich zwanzig Partner des Konsortiums „Lippe zirkulär“ aufgemacht. Ihr Ziel: die Verbesserung der Kreislaufwirtschaft in ihrer Region. Wie kann zirkuläre Wertschöpfung Standorte attraktiver machen? Wann wird nachhaltiges Wirtschaften auch für eine Kommune zum Wettbewerbsvorteil? „Gewerbegebiete im Sinne der Kreislaufwirtschaft und der Nachhaltigkeit werden eines der ganz großen Projekte dieses Jahr sein“, sagte Lippes Umweltleiterin Ute Röder im Frühjahr 2020.

Frau Röder, ist die Initiative „Lippe zirkulär“ von Ihnen ausgegangen?

Es war schon auch mit meine Idee. Doch ich will mich nicht mit fremden Federn schmücken, denn angeschoben hat das die Bertelsmann Stiftung zusammen mit der Unternehmensberatung Kienbaum und unserer Fachhochschule des Mittelstandes in Bielefeld und Detmold. Die haben sich erst mal rein theoretisch damit beschäftigt und dann eine Umfrage gemacht unter den KMU.

Wer hat die beauftragt?

Das waren wir als Kreis, aber die Fachhochschule des Mittelstandes hat das aus eigenem Forschungsinteresse mitgenommen, das war so eine Art Modellstudie. Als in der Studie herauskam, dass ein Potenzial für eine zirkuläre Wertschöpfung in KMU besteht, habe ich gesagt: Mensch, da müssen wir doch was tun! Um diese Hemmnisse in den Unternehmen abzubauen und umzusetzen in konkrete Projekte. Denn, wenn die Bedingungen schon so gut sind, es also ein Potenzial dafür gibt, ressourcenarm zu wirtschaften, dann, sagten wir uns, müssen wir das Thema angehen. Und da war dann die Effizienz-Agentur NRW sehr hilfreich, die uns ein bisschen an die Hand genommen hat und uns auf Veranstaltungen unterstützt. Die ist auch im Fördermittelmanagement gut unterwegs, so dass wir wissen, da und da kriegt man was.

Kamen die von sich aus zu Ihnen?

Nein, die habe ich angesprochen. Denn ich brauche einen, der mich da ein bisschen durchführt. Sie kennen ja die Situation in den Kommunen: Die sind alle zu mit Arbeit. Da ist so ein Add-on immer ganz schwierig; ist ja schließlich nicht das Einzige, was zu tun ist. Und da ist das sehr hilfreich, dass die Effizienzagentur uns entlastet.

Die Studie hat im Kreis Lippe alle KMU befragt, wo ihnen der Schuh drückt?

Die haben Interviews gemacht. Das ist jetzt nicht wissenschaftlich repräsentativ. Es antworten ja nicht immer alle. Letztendlich haben aber alle Befragten gesagt: ja, Nachhaltigkeit ist uns wichtig, und Energieeffizienz ist bei uns auch ein Thema, weil: kostensparend, klar, keine Frage. Aber zur Kreislaufwirtschaft haben sie gesagt: nein, nicht mit uns, weil sie da keine Rendite erwarten, der Kunde wolle es nicht oder es sei schwierig, ihn da mitzunehmen, man habe andere Probleme.

Nun ist „Lippe zirkulär" ein beachtliches Konsortium aus schon zwanzig Partnern. Wie haben Sie die gefunden?

Zum einen war es hilfreich zu gucken, was die Nachbarn machen: Was macht Bielefeld? Wir wussten, dass der VDI bereits zu dem Thema unterwegs ist. Wir hatten da keine Berührungsängste und haben die erst mal angesprochen. Zum anderen war das so ein bisschen ein Schneeballsystem, der Schneeball wurde immer größer, und so ist jetzt diese Gruppe entstanden. Auch, dass die Hochschulen da in Sachen Materialeffizienz im eigenen Kreis so aktiv sind, wusste ich vorher nicht. Und die wussten nicht, dass wir da aktiv sind. Also diese Netzwerkbildung war dann das Auslösende. Eine hoch motivierte Gruppe, da sind Architekten und Professoren mit drin, die Bauwirtschaft lehren, aber auch Materialeffizienz im Kunststoffbereich.

Sie meinen R-Beton, also Recyclingbeton?

Ja, oder auch andere Stoffe, die man in nachhaltiger Bauweise nutzen kann. Es kamen dann Interessierte auf uns zu und sagten: ja, das ist mein Thema, aber ich bin allein. Und da ist der Kreis dann ein idealer Vermittler und Dienstleister. Wir sind schließlich neutral, wir wollen nichts Wirtschaftliches damit erzielen, wir wollen nicht für ein bestimmtes Siegel werben, an dem wir vielleicht verdienen könnten. Nein, wir gehen da ganz neutral ran. Und wir machen jetzt eine gewisse Dienstleistung: Wir organisieren Treffen, wir unterstützen Veranstaltungen und werben Gelder ein. Wir investieren auch selber Geld und haben das im Haushalt eingestellt, letztes Jahr waren es 40.000 Euro, dieses Jahr 20.000 Euro. Also, wir investieren auch Geld als Kreis.

Das Geld stecken Sie in dieses Konsortium?

Ja, wir hatten zum Beispiel 2019 im September diese Veranstaltung mit 160 Teilnehmern – was in Lippe wirklich viel ist. Wir hatten eine sehr gute Presseresonanz, und es waren auch Unternehmer da, die schon mal davon gehört hatten und nun sagten: Aha, könnte glatt ein Thema auch für mich sein. Jetzt müssen wir mal abwarten, ob die mitmachen.

Das Konsortium wirbt also darum, noch viel mehr Mitglieder zu bekommen?

Ja, absolut.

Und die Rechtsform, was ist das für ein Gebilde, eine GmbH?

Erst mal noch gar nichts, es ist erst mal eine Gruppe engagierter Leute.

Aber Sie haben immerhin schon eine Geschäftsführerin, Frau Essling.

Ja, der Kreis hat die Geschäftsführung übernommen, wir haben auch eine Geschäftsstelle. Die Frau Essling arbeitet bei mir, die ist als Geschäftsführerin gesetzt, auch von der Arbeitsplatzbeschreibung her, damit wir dafür auch Kontingente haben. Dass es also überhaupt erlaubt wird, daran zu arbeiten.

In diesem Konsortium ist also der VDI mit drin und die Effizienz-Aagentur NRW. Wer noch?

Die Industrie- und Handelskammer, die beiden Hochschulen Ostwestfalen und Lippe.

Welche Unternehmen?

Wir haben die Firma Oskar Lehmann, einen Kunststoffverarbeiter; dann das Logistikunternehmen Prezero, dessen Vertreter auch mit in der Steuerungsgruppe ganz aktiv ist. Die sind wirklich aktiv und machen was, haben das Thema für sich erkannt. Prezero sortiert auch Leichtverpackungen und führt sie der Wiederverwertung zu. Früher war es die Tönsmeier-Gruppe, jetzt ist sie aufgekauft worden von der Schwarz-Gruppe, dahinter stecken Lidl und Kaufland, und die wollen mit Prezero eine eigene Abfallwirtschaft etablieren. Dann gibt es bei uns auch eine Tischlerei, ein Eine-Frau-Betrieb. Und wir haben den ersten Unverpackt-Laden mit im Boot. Wir haben also von ganz groß, mit der Schwarz-Gruppe im Hintergrund, bis zur kleinen Tischlerei ein breites Spektrum im Konsortium.

Und die müssen kein Geld mitbringen?

Nein, nein, nur Know-how, wenn man so will, Ideen. Die sind Multiplikatoren, bringen aber auch ihre Arbeitsleistung mit ein. Und durch diese gewisse Institutionalisierung „Lippe zirkulär", mit einer Geschäftsstelle, werden wir natürlich auch ernster wahrgenommen von anderen Unternehmen. Für die IHK kann das dann auch verstärkt in die eigenen Häuser ausstrahlen.

Da werden also Hemmschwellen in Richtung Kreislaufwirtschaft abgebaut?

Ja, aber was für uns auch wichtig ist: Die sind selber auch Veranstalter. Wir haben das Auftakttreffen gemacht, und die IHK macht dann eigene Workshops. Da steht dann „IHK" als Veranstalter. Ich glaube, dass die Zugänge dann andere sind, die Schwellen sind niedriger, als wenn sie zu einer Verwaltung kommen müssen. Interessierte kommen zur IHK eher als zu einer Kreisverwaltung. Und Prezero macht das Gleiche auch für sich. Jeder soll in seinem Dunstkreis selber auch aktiv werden und den Hut aufhaben. Und wir unterstützen die dann mit Geld oder Logistik. Das ist dann unsere Stärke, dass wir eben nicht ein geschlossener Kreis mit zwanzig Akteuren sind, die schauen müssen, wie sie das Thema gesetzt kriegen. Das sind alles exponierte Personen in ihrem jeweiligen Dunstkreis.

Die also in ihrer eigenen Szene rühren und wirken ...

Nur so kriegt man auch die Akzeptanz. Als Verwaltung hätte man es da schwer.

Als Verwaltung würde man ja als Behörde kommen.

Genau, wir sind ja Ordnungsbehörde und in den Betrieben zur Umweltinspektion unterwegs, gerade im Immissionsschutz.

Bei der Auftaktveranstaltung zu „Lippe zirkulär" präsentieren Sie sich dem Fotografen mit viel Recyclingpapier vor der Tür – ein gutes und leicht verständliches Beispiel. Sind Sie als Kreis auch Vorbild und nutzen es in der Verwaltung?

Ja, wir nutzen zumindest fast zu 100 Prozent Recyclingpapier, aber wir müssen im eigenen Haus noch ganz viel machen. Thema: Beschaffung. Das ist im eigenen Haus noch ganz schwierig, weil man anders erzogen worden ist. Wer schon 30, 40

Jahre hier in der Verwaltung arbeitet, für die oder den ist nachhaltige Beschaffung schon schwer. Die Angst ist groß, dass man da Vergabefehler macht, gerade, wenn es um sehr große Summen geht.

Das Beispiel mit dem Recyclingpapier, Kreislaufwirtschaft im besten Sinne, sollte mittlerweile jeder Kommune einleuchten. Nun sind Sie ja sicherlich auf der Suche nach weiteren Best-Practice-Beispielen. Ein wunderbar ressourcenschonendes Exempel ist das Unternehmen ZF Friedrichshafen, das seit 1963 (!) Antriebsteile wie zum Beispiel Kupplungsscheiben wiederaufarbeitet und rund 95 Prozent der Materialien wiederverwendet. Die Firma erhielt 2018 den Umwelt- und Klimaschutzpreis der Stadt Bielefeld. Sind die auch im Konsortium?

Nein, die sitzen ja nicht in Lippe, sondern in Bielefeld. Aber dessen Standortleiter Jörg Witthöft wird bei uns referieren und versuchen, weitere Unternehmen mit einzuwerben. Das ist praktisch schon ein Best-Practice-Beispiel, das wir haben. Die Firma Oskar Lehmann ist erst seit ein paar Jahren dabei, Material wiederaufzuarbeiten.

Haben Sie neben Oskar Lehmann noch ein paar Unternehmen parat, die mittlerweile nachhaltig ticken?

Wir haben einige noch nicht im Konsortium mit dabei, weil wir einfach noch nicht zusammengekommen sind. Ein gutes Beispiel, das auch bei der Effizienz-Agentur immer wieder hervorgehoben wird, ist ein kleines Unternehmen, das Klavierhocker herstellt, die man komplett wieder recyceln kann.

Ist so ein Hocker nicht allein aus Holz?

Nein, das ist eine Mischung: Holz und Metall und ein Sitzpolster. Dieses Beispiel ist auf der Website der Effizienz-Agentur mal richtig mit Einspar-Ergebnissen aufgeführt.

Wir versuchen übrigens, auch als Verwaltung Best Practice zu sein, auch bei der Sanierung unserer Häuser. In Sachen nachhaltige Beschaffung werden wir jetzt auch in unserem Haus das Kriterium „Entfernungen" in die Wertigkeit mit reinnehmen. Dass wir da die Stellschrauben selber drehen. Beispielsweise, wenn es um die Kantinenbewirtung geht.

Was noch im Gespräch ist, da darf ich die Stadt aber nicht nennen, die sehr aufgeschlossen ist, ist das Thema Gewerbegebiet. Da sind wir als Kreis ja raus, weil wir die Flächennutzung ja nicht planen dürfen, das ist eine kommunale Aufgabe. Aber es gibt eine Stadt, wo es mit dem Gewerbegebiet Probleme gibt, auch in der dortigen Bevölkerung. Und da möchten wir, der Dezernent dort und ich, jetzt gerne versuchen, das Thema nachhaltige Gewerbegebiete im Zuge der Kreislaufwirtschaft und des Cradle to Cradle-Gedankens zu etablieren. Da geht ja auch das Thema Biodiversität mit rein, die davon profitieren kann, der ganze Wasserhaushalt, Entwässerung, Regenrückhaltung. In einem Gewerbegebiet spielen ja eigentlich alle Umweltmedien eine Rolle.

Dass also eine Firma, will sie sich in dem Gewerbegebiet niederlassen, auf einen Unternehmensstandort Wert legen muss, bei dem das Thema Nachhaltigkeit ernstgenommen wird.

Der Flächennutzungsplan gibt dann beispielsweise vor, dass so und so viel Prozent der Baustoffe wieder recycelbar sein müssen. Man muss also so bauen, dass man auch eine entsprechende Energieeffizienz erzielt, nur wenig Platz verbraucht und sein Abwasser wieder gereinigt zurückführt. Wir haben ein Unternehmen im Kreis Lippe, das kann ich auch ruhig öffentlich sagen, es heißt Phoenix Contact, ist ein Weltunternehmen in Sachen elektrische Steckverbindungen, ein Global Player, der in der kleinen Stadt Blomberg sitzt.

Blomberg, das ist die Stadt, in der auch Oskar Lehmann sitzt ...

Ja, genau. Phoenix Contact möchte seinen Standort gerne erweitern. Das Unternehmen sitzt an der Peripherie und hat eine sehr starke Verbundenheit in der Region als familiengeführtes Unternehmen. Es hat natürlich wie viele andere Firmen auch viel Parkplatzfläche dort. Weil: Im ländlichen Raum sind alle mit Autos da. So. Und das tut dem Unternehmen in der Seele weh und uns auch. Für den Außenbereich sind wir ja wieder zuständig und sagen: Mensch, da ist so viel wertvolle Fläche, wie kriegen wir das hin, dass du diese Fläche lieber für deine Unternehmenserweiterung nutzt? Und nicht verschwendest für einen versiegelten Parkplatz, der sowieso ab 18, 19 Uhr bis zum nächsten Morgen leer steht. Also der Unternehmer hat großes Interesse daran, für die Erweiterung ein anderes Mobilitätskonzept zu entwickeln. Unser erster Schritt: Unsere Verkehrsgesellschaft wir eine Schnellbuslinie einrichten, die seine Standorte miteinander verbindet. Dann prüfen wir das Thema Jobticket, diese ganzen Sachen, da sind wir jetzt mit der Firma dran. Damit Flächen nicht für Parkplätze verschwendet werden, sondern für Erweiterungen. Auch Parkpaletten werden geprüft oder Tiefgaragen, da gibt es schon Alternativen zum flächigen Parkplatz. Dass man zum Beispiel bereits im Bus, wenn WLAN vorhanden ist, anfängt zu arbeiten und das als Arbeitszeit anerkannt wird. Das sind jetzt alles erst mal nur Gedankenspiele, wobei: Die Schnellbuslinie ist jetzt schon im Entstehen.

Ist Phoenix Contact mit im Konsortium?

Nein, wir haben die Firma noch nicht gefragt, aber da bestehen bereits enge Kontakte mit uns. Gewerbegebiete im Sinne der Kreislaufwirtschaft und Nachhaltigkeit im Sinne der Biodiversität vorzugeben, wird eines der großen Projekte dieses Jahr sein. Wir haben schon damit angefangen und wollen das irgendwann auch ganz konkret verwirklichen.

War das auch ein Thema der Auftaktveranstaltung?

Es ging in der Auftaktveranstaltung darum, ob man „Lippe zirkulär" im Sinne der reinen Lehre angeht, also nach dem Cradle to Cradle-Prinzip. Oder ob wir lieber etwas niederschwelliger beginnen. Darüber wurde diskutiert. Ich plädiere für eine eher etwas niederschwelligere Herangehensweise.

Damit überhaupt mal begonnen wird?

Genau. Cradle to Cradle hat ja einen sehr hohen Standard. Das finde ich auch gut, das sollte auch das Ziel sein. Wir wollen die Schwelle aber niedriger, um überhaupt erstmal Unternehmen ins Boot zu holen und für das Thema zu begeistern, auch Kommunen, Stichwort Beschaffung und Bauleistung.

Meinen Sie mit niederschwellig, dass durchaus noch Abfall entstehen darf, aber eben viel weniger als vorher?

Zum Beispiel. Oder dass man im Fall der Wiederverwertung den Kreislauf nicht in der ursprünglichen Qualität schließen muss, sondern auch eine Qualitätsstufe darunter erlaubt ist.

Also Downcycling.

Dass wir ein Unternehmen, das zu uns kommt, trotzdem unterstützen und versuchen, ein Projekt daraus zu machen, entweder durch Akquise von Fördermittel oder indem wir sagen: Du kannst damit erst mal auch niederschwellig beginnen.

Sie wollen nun Pilotprojekte initiieren und Fördermittel einwerben. Wo holen Sie sich das Geld? Vom Bund, von den Ländern? EU?

Was heute gang und gäbe ist im Fördermittelbereich, dass nämlich immer weniger Einzelprojekte gefördert werden, sondern die alle eine Strategie dahinter haben. Ich glaube, dass wir durch unsere Player bei „Lippe zirkulär", mit der Hochschule, den Unternehmen, mit der IHK, dem VDI, den Verwaltungen in der Kommune und im Kreis demonstrieren können: Das ist jetzt nicht eine Frau Röder oder ein Herr Meier, die das zu ihrem Hobby gemacht haben, sondern da stehen wirklich Institutionen dahinter. Und das muss auch in der Bildung greifen: Die Hochschulen nehmen das Thema jetzt verstärkt für angehende Architekten und Bauingenieure mit auf. Sie wollen über Bachelorarbeiten das Konsortium oder auch ein konkretes

Projekt beim Unternehmen unterstützen. Da ist ein Netzwerk entstanden, das schon eine gewisse Stabilität hat. Das ist das, worauf der Kreis Lippe auch ein bisschen stolz ist: Wir haben uns jetzt auf den Weg gemacht und wir unterstützen auch finanziell. Das heißt: Da ist jetzt ein Kümmerer. So.

*Über die Gesprächspartner*innen*

UTE RÖDER
leitet den Fachbereich für Umwelt und Energie des Kreises Lippe und ist Geschäftsführerin des Abfallwirtschaftsverbands Lippe, der die Abfallentsorgung für alle 16 Städte und Kommunen leistet.
Foto: Cyrano Kommunikation GmbH

TIM BARTELS
ist Chefredakteur der Zeitschrift „UmweltBriefe“. Foto: Oliver Hums

Kontakt

Kreis Lippe
Sonderprojekte Fachbereich 4 – Umwelt und Energie
Geschäftsstelle Lippe Zirkulär
Felix-Fechenbach-Straße 5
32756 Detmold
Tel.: 05231/62-4001
info@lippe-zirkulaer.de
www.lippe-zirkulaer.de

Carbonfaser-Recycling: Wenn Hightech zur Kreislaufwirtschaft verpflichtet

ALEXANDER KNEBEL, ZUSE-GEMEINSCHAFT

Anwendungsnahe Forschung aus der Zuse-Gemeinschaft bietet Lösungen für ein langes Leben wertvoller Werkstoffe.

Keine E-Mobilität ohne Carbonfaser

Geht es um die Zukunft der motorisierten Mobilität, reden alle vom Antrieb: Wie viel E-Auto, wie viel Verbrenner verträgt die Umwelt und braucht der Mensch? Zugleich stellen neue Antriebe erhöhte Anforderungen nicht nur an den Motor, sondern auch an dessen Gehäuse und die Karosse: Für solch anspruchsvolle Anwendungen kommen häufig Carbonfasern zum Einsatz. Wie der Antrieb der Zukunft sollten auch die Werkstoffe am Fahrzeug umweltfreundlich sein. Deshalb ist Recycling von Carbonfasern gefragt. Lösungen dafür haben Institute der Zuse-Gemeinschaft entwickelt.

Carbonfasern, auch als Kohlenstofffasern oder verkürzt als Kohlefasern bekannt, bestehen fast vollständig aus reinem Kohlenstoff. Sehr energieaufwändig wird die Faser bei 1.300 Grad Celsius aus dem Kunststoff Polyacrylnitril gewonnen. Die Vorteile der Carbonfasern: Sie sind sehr stabil und leicht, bezogen auf die Kräfte, die sie aufnehmen können. Solche Eigenschaften benötigt man z.B. am Batteriekasten von E-Mobilen oder in Strukturbauteilen der Karosserie. So arbeitet das Sächsische Textilforschungsinstitut e.V. (STFI) aktuell gemeinsam mit Industriepartnern daran, statisch-mechanische Stärken der Carbonfasern mit Eigenschaften zur Schwingungs-

Anlagentechnik zum Carbonfaser-Recycling im Zentrum für Textilen Leichtbau am STFI.
Bildquelle: Dirk Hanus

dämpfung zu verknüpfen, um die Gehäuse von E-Motoren im Auto zu verbessern. Angedacht ist in dem vom Bundeswirtschaftsministerium geförderten Projekt die Entwicklung sogenannter Hybridvliesstoffe, die neben der Carbonfaser als Verstärkung weitere Faserstoffe enthalten. „Wir wollen, die Vorteile unterschiedlicher Faserstoffe verbinden und so ein optimal auf die Anforderungen abgestimmtes Produkt entwickeln", erläutert Marcel Hofmann, STFI-Abteilungsleiter Textiler Leichtbau.

Damit würden die Chemnitzer Forschenden bisherige Vliesstoff-Lösungen ergänzen. Sie blicken auf eine 15-jährige Geschichte in der Arbeit mit recycelten Carbonfasern zurück. Der globale Jahresbedarf der hochwertigen Fasern hat sich im vergangenen Jahrzehnt fast vervierfacht, laut Angaben der Industrievereinigung AVK auf zuletzt rund 112.000 Tonnen. „Die steigende Nachfrage hat das Recycling immer stärker in den Fokus gerückt", betont Hofmann. Carbonfaserabfälle sind ihm zufolge für etwa ein Zehntel bis ein Fünftel des Preises von Primärfasern erhältlich, müssen aber noch aufbereitet werden.

Recyclingfrage stellt sich künftig verschärft

Wie zentral die Recyclingfrage ist, machen Branchenschätzungen deutlich, wonach die Abfallmenge an Carbonfasern bereits etwa 17 Prozent der weltweiten Jahresproduktion entspricht. Ein erheblicher Teil der Abfälle entsteht im Übrigen nicht erst als ausgediente Ware (End of Life-Abfälle), sondern intern in der Industrie bei der Verarbeitung. Das liegt momentan auch daran, dass z.B. Pkw, in denen Carbonfasern verbaut werden, noch auf den Straßen unterwegs sind und die Recyclingfrage sich für die Verbundwerkstoffe in diesen Fahrzeugen noch nicht stellt. Umso wichtiger ist es, für die Zukunft funktionierende Stoffströme für das Recycling aufzubauen, wie Tim Rademacker, General Manager – Carbon Fiber Recycling der Mitsubishi Chemical Advanced Materials, erklärt. Diese Tochtergesellschaft des japanischen Großunternehmens hat im Sommer 2020 das Recycling-Geschäft der CFK Valley Stade Recycling GmbH & Co. KG und carboNXT GmbH und deren Kapazitäten zum Carbonfaser-Recycling am Standort an der Elbe übernommen. Rademacker rechnet künftig mit einem stark steigenden Bedarf an Carbonfaser-Recycling. Um Stoffströme zu lenken, kann er sich vorstellen, dass über eine Quote ein bestimmter Anteil an Rezyklaten von Carbonfasern verpflichtend in Neuprodukten verarbeitet werden sollte.

Eine im Zuge einer Quotenregelung steigende Nachfrage wiederum sollte dazu führen, dass recycelte Carbonfasern zunehmend einen Marktwert erlangen. Intelligente Rücknahmekonzepte – ganz ohne Quote – hat bereits die Fahrradbranche etabliert, die je nach Fahrrad Carbonfasern nutzt. Wie Rademacker erläutert, bietet die Fahrradbranche den Kunden bei der Rückgabe solcher Räder auch Vorteile beim Neukauf.

Erfolgreiche Kooperation von Wissenschaft und Wirtschaft

Die Konkurrenzfähigkeit der aufbereiteten Recyclingprodukte steigt, wenn diese möglichst nah an die Eigenschaften von Primärfasern herankommen. Für die Steifigkeit von unidirektional verstärkten Bauteilen sowie für ihre Zugfestigkeit, zwei zentrale Parameter, habe man Werte von 90 Prozent bzw. 60 bis 70 Prozent, jeweils bezogen auf die Leistungsfähigkeit von Bauteilen aus Primärfasern erreicht, schildert Stephan Baz von den Deutschen Instituten für Textil- und Faserforschung in Denkendorf (DITF) mit Blick auf erzeugte Garne die Erfolge in der Kooperation von Wissenschaft und Wirtschaft. Als Einsatzbereiche kommen neben dem Mobilitätssektor nicht zuletzt auch der Maschinenbau infrage.

Dreh- und Angelpunkt für den Forschungserfolg der recycelten Fasern sind daher konkurrenzfähige Anwendungen. Das STFI hat diese auch im Sport-Freizeitsektor sowie in der Medizintechnik gefunden, so in Komponenten für Computertomographen. „Während Metalle oder Glasfasern als potenzielle Konkurrenzprodukte Schatten werfen, stört Carbon die Bilddarstellung nicht und kann seine Vorteile voll ausspielen", erläutert Hofmann.

Papier-Know-how nutzen

Können recycelte Carbonfasern nochmals den Produktkreislauf durchlaufen, verbessert das ihre CO_2-Bilanz deutlich. Zugleich gilt: Je kürzer die Carbonfasern, desto unattraktiver sind sie für die weitere Verwertung. Vor diesem Hintergrund entwickelten das Forschungsinstitut Cetex und die Papiertechnische Stiftung (PTS), beide ebenfalls Mitglieder der Zuse-Gemeinschaft, im Rahmen eines Forschungsvorhabens ein neues Verfahren, das bislang wenig geeignet erscheinenden recycelten Carbonfasern ein zweites Produktleben gibt. „Während klassische Textilverfahren die ohnehin sehr spröden Recycling-Carbonfasern in Faserlängen von mind. 80 mm trocken verarbeiten, beschäftigten wir uns mit einem Verfahren aus der Papierindustrie, welches die Materialien nass verarbeitet", erläutert Cetex-Projektingenieur Johannes Tietze.

Vom Teebeutel abgeschaut

In dem vom Bundeswirtschaftsministerium über die AiF geförderten Projekt machten sich die sächsischen Wissenschaftler erfolgreich das sogenannte Nassvliesverfahren zu eigen, das u.a. in der Papierindustrie für Spezialprodukte zum Einsatz

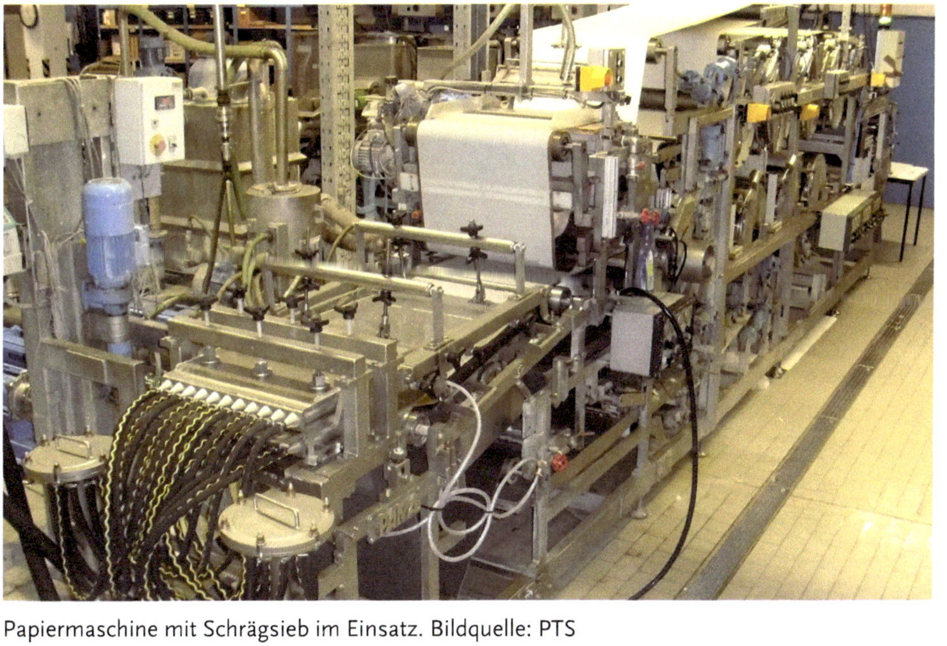

Papiermaschine mit Schrägsieb im Einsatz. Bildquelle: PTS

kommt, wie Steffen Schramm, PTS-Geschäftsbereichsleiter Pilotanlagen erklärt. Überall, wo kurze Fasern eine Rolle spielen, kann auch das Nassvliesverfahren eine Rolle spielen. Zum Einsatz kommt es z.B. bei der Produktion von Teebeuteln. Ihr Papier wird mit Hilfe eines Schrägsiebs erzeugt und wiegt nur etwa 10 g pro Quadratmeter (qm). Damit sind Teebeutel ein Leichtgewicht – selbst im Vergleich zu Carbonfasern. Diese starten zwar auch schon bei Werten von 30g/qm, im Projekt von Cetex und PTS war aber eine Spanne von 100g bis 200g/qm gefragt. „Mit Produktionsverfahren auf Basis von Cellulose – wie eben bei der Herstellung von Teebeuteln – hat unsere Lösung für die kurzen Carbonfasern auch gemeinsam, dass beide mit sehr hohen Verdünnungen arbeiten", so Schramm. Ein spezielles Sieb soll dafür sorgen, dass Carbonfasern nicht außerhalb der Produktionsanlage gelangen. „Faserbruchstücke sollten nicht in das Abwasser gelangen", erläutert der PTS-Experte.

Glasfasern Konkurrenz machen

Cetex-Projektingenieur Johannes Tietze erklärt das Verfahren, mit dem auch 40 mm kurze Carbonfasern zu attraktiven Zwischenprodukten recycelt werden können, so: „Am Ende des Prozesses erhielten wir, stark vereinfacht gesprochen, eine flächige Matte aus recycelten Carbonfasern und Kunststofffasern." Das danach in einem Heißpressprozess entstandene Erzeugnis dient als Grundmaterial für hochbelastbare Strukturbauteile. Zusätzlich wurden die mechanischen Eigenschaften der Halbzeuge durch die Kombination mit endlosfaserverstärkten Tapes verbessert. Das Recyclingprodukt soll, so die Erwartung der Forschenden, glasfaserverstärkten Kunststoffen Konkurrenz machen, z.B. bei Anwendungen im Schienen- und Fahrzeugbau. Die Ergebnisse fließen nun in weiterführende Forschung und Entwicklung im ZIM-Kooperationsnetzwerk Ressourcetex ein, einem geförderten Verbund von 18 Partnern aus Industrie und Wissenschaft.

Das Recycling von Carbonfasern stellt besondere Ansprüche nicht nur an die Verarbeiter und Anbieter von Kunststoffen, eine nach wie vor stark mittelständisch geprägte Branche, sondern auch an die Maschinenhersteller. Diese beiden Glieder in der Wertschöpfungskette hat das Südddeutsche Kunststoff-Zentrum in Würzburg (SKZ) in einem anwendungsorientierten Forschungsprojekt mit dem Fokus auf Carbonfasern im Längenbereich von 0,1 bis 10 mm betrachtet.

Diese Fasern sind aufgrund ihrer geringen Dichte und gewölleartigen Struktur zwar einerseits schwer zu verarbeiten, andererseits aber preislich attraktiv und verfügen über interessante Werkstoffeigenschaften. SKZ-Forscher Johannes Rudloff erklärt es so: „Wenn Neuware für 10 Euro/kg erhältlich ist, dann bewegt sich der Preis

Von der Recyclingfaser über das faserverstärkte Kunststoffgranulat zum Leichtbauteil.
Bildquelle: SKZ

für Rezyklat-Carbonfaser mit einer Länge von 0,1 mm bis 10 mm bei etwa einem Zehntel dieses Preises." Gleichzeitig sei selbst Rezyklat-Carbonfaser dieser Beschaffenheit der Glasfaser als Konkurrenzprodukt immer noch deutlich überlegen. „Gibt man ungefüllten Materialien wie Polyamid oder Polypropylen rund 30 Gewichtsprozent Glasfaser bei, so erhöht sich die Zugfestigkeit des Endprodukts ca. um den Faktor 3 und die Steifigkeit um den Faktor 5. Bei Zugabe von 15 Prozent der kurzen recycelten Carbonfaser – also halb so viel wie bei der Glasfaser als Vergleichsprodukt – ist die absolute Festigkeitssteigerung des erzeugten Granulats vergleichbar und die Steifigkeitszunahme sogar noch höher als bei der Zugabe von 30 Prozent Glasfasermaterial", sagt Rudloff. Dies birgt aufgrund der um 10 bis 15 Prozent reduzierten Dichte des Carbonfasermaterials somit ein hohes Leichtbaupotenzial.

Staubsauger und Sieb sorgen für sichere Verarbeitung

Vor dem Hintergrund solcher Preis- und Mischungsverhältnisse nahm das Forscherteam um Johannes Rudloff und Lars Helmlinger mit seinen Kollegen vom KTP der Universität Paderborn den Compoundierextruder in den Blick. Das ist die Maschine, die aus Rohpolymeren das Kunststoffgranulat als Vorprodukt für konkrete Produkte in der Industrie herstellt. Die Herausforderung für die angewandte Forschung: Die recycelten Carbonfasern mit ihrer geringen Schüttdichte so in den Extruder mit seinen Schnecken einbringen, dass das Material möglichst sicher, schonend und verlustarm zur Verarbeitung kommt. Das ist deshalb so schwierig, weil das Plus der Carbonfasern – ihr geringes Gewicht – in den Maschinen schnell Fluch statt Segen werden kann, da sich die Fasern schlecht transportieren lassen.

Forschende unterstützen Maschinenbau und Verarbeiter

Die Lösung der Forscher: Die Carbonfasern nehmen einen „Seiteneingang" in den Extruder und werden auf ihrem Weg in die Kunststoff-Mischung von einer Art Staubsauger angezogen. Der Luftstrom sorgt dabei dafür, dass die Fasern von den Schnecken erfasst und sicher eingezogen werden. „Die Carbonfasern geben wir so spät wie möglich in den Extruder, damit die Faser so wenig wie möglich geschädigt wird", erläutert Rudloff. Mit einem speziellen Filter und einem dahinterliegenden Auffangsieb, das sich die Forschenden patentieren ließen, erreichten sie, dass mehr als 95 Prozent der Fasern tatsächlich im Extruder in die Kunststoffmischung gelangen. Der Rest, vorwiegend Fasern unter 0,1 mm, wird in einem Filterbeutel aufgefangen. Hier soll zukünftig erforscht werden, ob dieser erneut über den „Seiteneingang" zugeführt oder über alternative Wege verwertet werden kann.

Dass Compoundierextruder Öffnungen für Zusatzstoffe haben, ist nichts Ungewöhnliches, sondern z.B. für Additive und Glasfasern schon Standard. Dies ermöglicht ein einfaches Nachrüsten der Ansaug- und Filtertechnologie. Die neue Entwicklung für die Zuführung der leichten Carbonfasern hat sich in der Praxis bewährt, wie eine Demonstrator-Anlage in Würzburg zeigt. Gerade für die Maschinenbauer und für die Verarbeiter ist diese Kooperation mit der anwendungsorientierten Forschung am SKZ daher so wertvoll. Gefördert wurde das Projekt von SKZ und KTP vom Bundeswirtschaftsministerium über die AiF im Rahmen der industriellen Gemeinschaftsforschung.

Denkendorfer Forscher: Kurze Fasern wieder endlos machen

Arbeiten SKZ, Cetex und PTS daran, auch kurze recycelte Carbonfasern als Vliesstoff wieder in attraktive Anwendungen zu bringen, geht es den Deutschen Instituten für Textil- und Faserforschung (DITF) in ihrer Forschung neben Vliesstoffen auch darum, wieder endlose Strukturen in Form von Garnen aus den recycelten Fasern zu erzeugen. Dazu mischen die Denkendorfer Forscher die spröden Carbonfasern mit einem Matrixwerkstoff in Faserform und umwinden die verarbeitete Fasermischung mit einem Matrixfilament zu einem Garn. Polyamid ist als thermoplastische Matrix das Mittel der Wahl, denn es ist dafür aufgrund der Gebrauchseigenschaften im Bauteil (z.B. Temperaturbeständigkeit) sowie des textilen Charakters in Faser oder Filamentform besonders geeignet. „Mit der Technik haben wir zunächst einen Faservolumenanteil der recycelten Carbonfasern von 40 Prozent erreicht, können diesen Anteil aber mittlerweile für thermoplastische Anwendungen auf über 50 Prozent steigern", sagt Stephan Baz, Abteilungsleiter Stapelfasertechnologien an den DITF. Stapelfasern, das sind Fasern unterschiedlicher Länge, seien sie aus natürlichen oder synthetisch hergestellten Materialien wie z.B. Baumwolle oder eben auch Abfälle oder wiederverwertbare Fasern aus Kunststoffen.

Von der Flocke bis zum Garn

Baz arbeitet an den DITF seit seiner Masterarbeit und seit nunmehr bald zehn Jahren am Thema Carbonfaser-Recycling. „Das übergeordnete Ziel unserer Forschung ist darauf gerichtet, das ‚Downcycling' wertvoller Produkte wie Carbonfasern so lange

Durch Umwinden mit Polyamid erzeugen DITF-Forschende ein Garn, das etwa zur Hälfte aus recycelten Carbonfasern bestehen kann. Es lässt sich wie endlose Primärfasern weiterverarbeiten. Bildquelle: DITF

wie möglich zu vermeiden und für die Fasern so lange wie möglich hochwertige Verarbeitungsmöglichkeiten im Idealfall auf dem Niveau der Neuware anzubieten", betont Baz. Der Ingenieur hat es mit seinem Team und der Kooperation mit Industriepartnern aus Mittelstand und Großunternehmen geschafft, aus den Stapelfasern weiterverarbeitbare Garne zu erzeugen. „Von der Flocke bis zum Garn haben wir die Prozesskette aufgebaut", sagt Baz. Die Vorteile der Garne sieht er nicht zuletzt in dem, was in der Fachbranche „hoch orientierte Halbzeuge" genannt wird und die Ausrichtung der Carbonfasern innerhalb der Garne in eine Richtung beschreibt. Eine hohe Orientierung wiederum ist günstig, um einen hohen Faservolumenanteil aber auch hohe Zugkräfte in den fertigen Faserverbundbauteilen zu erreichen.

Nach den ersten Erfolgen bei der Garnherstellung haben die DITF gemeinsam mit Partnern nachgewiesen, dass die Garne zu Flächen wie Gelegen oder Geweben verarbeitet werden können und daraus als Zwischenprodukt für die Industrie sogenannte Organobleche, auf die Automobilsektor und Luftfahrtbranche sowie der Maschinenbau zurückgreifen. Das Besondere an Organoblechen aus recycelten Carbonfasern ist, dass diese im Gegensatz zu Organoblechen aus Neuware thermoformbar oder auch tiefziehbar sind. Tiefziehen ist ein wichtiges Umformverfahren, das in der Auto- genauso wie in der Verpackungsindustrie zum Einsatz kommt, z.B. bei der Herstellung von Joghurtbechern. Mit der neuen im Projekt erzielten Qualität können die Bleche durchs Tiefziehen mit Metallen oder Kunststoffen mithalten. Ermöglicht wird diese einzigartige Eigenschaft durch die recycelten Carbonfasern, die sobald die Matrix schmelzflüssig ist, auseinandergleiten können. Den Forschern in Denkendorf ist es damit gemeinsam mit den Partnern gelungen, neben der hochwertigen Rückführung von recycelten Fasern dem erzeugten Zwischenprodukt einen zusätzlichen Mehrwert zu verleihen, um z.B. in einem Schritt aus einer Platte komplexe Geometrien abzuformen.

Erfolgreiche Umsetzung in der Autoindustrie

Industriereife Lösungen für die Verwertung von Carbonfaser-Produktionsabfällen werden im Thüringischen Institut für Textil- und Kunststoff-Forschung Rudolstadt (TITK) entwickelt. Mehrere dieser Entwicklungen wurden mit Partnern beim Unternehmen SGL Composites in Wackersdorf industriell umgesetzt. Die Aufbereitung der so genannten trockenen Abfälle, hauptsächlich aus Verschnittresten, erfolgt nach einem eigenen Verfahren. „Dabei führen wir die geöffneten Fasern verschiedenen Prozessen zur Vliesherstellung zu", sagt die zuständige Abteilungsleiterin im TITK, Dr. Renate Lützkendorf.

Neben den Entwicklungen für den Einsatz z.B. im BMW i3 in Dach oder Hintersitzschale wurden im TITK spezielle Vliesstoffe und Verfahren für die Herstellung von Sheet Molding Compounds (SMC) etabliert, das sind duroplastische Werkstoffe, die aus Reaktionsharzen und Verstärkungsfasern bestehen und zum Pressen von Faser-Kunststoff-Verbunden verwendet werden. Eingang fand dies z.B. in einem Bauteil für die C-Säule des 7er BMW. „In seinen Projekten setzt das TITK vor allem auf die Entwicklung leistungsfähigerer Prozesse und kombinierter Verfahren, um den Carbonfaser-Recyclingmaterialien auch von den Kosten her bessere Chancen in Leichtbauanwendungen einzuräumen“, betont Lützkendorf. So liege der Fokus gegenwärtig auf dem Einsatz von CF-Recyclingfasern in thermoplastischen Prozessen zur Platten- und Profilextrusion. „Ziel ist es, die Kombination von Kurz- und Endlosfaserverstärkung in einem einzigen, leistungsfähigen Prozess-Schritt zu realisieren.“

Prototyp für Fahrradsattel

Für motorisierte Mobilität auf der Straße kommen recycelte Carbonfasern schon zum Einsatz, für Mobilität mit Muskelkraft gibt es zumindest Prototypen. So hat das STFI zusammen mit Industriepartnern im Forschungsprojekt Recycarb erfolgreich an einer Schale für einen Fahrradsattel aus recycelten Carbonfasern gearbeitet. Der Vliesstoff-Hersteller TENOWO, Teil der Hoftex Group AG, hat die Entwicklung des Materials, einen Vliesstoff, zur Marktreife gebracht. Dieser Stoff besteht aus einem Gemisch recycelter Carbonfasern und Polypropylen (PP). „Die von uns entwickelten Vliesstoffe aus Recyclingmaterial sind die Träger, auf die Faserstränge aus Carbon, so genannte Rovings, aufgestickt werden“, erläutert Michael Bernegg, der im Vertrieb von TENOWO für das innovative Hybridmaterial zuständig ist. Die genutzte Kombination von Vliesstoff und Aufstick-Technologie heißt in der Fachwelt Tailored Fiber Placement (TFP). Aufgestickt werden die Carbonfäden beim TFP dort, wo die strukturellen Vorzüge der Carbonfaser für extrem stabile Werkstücke am dringendsten benötigt werden. Das britische Unternehmen Shape Group machte sich das bei der Weiterentwicklung der Recycarb-Forschungsergebnisse für den Fahrradsattel zunutze. „Der Charme der TFP-Technologie liegt in der Leistungsfähigkeit bei gerundeten Richtungen. Wir entwickelten ein Press-Verfahren, mit dem sich die Sattel in nur zwei Minuten fertigen ließen“, erklärt Ryan Muller von der Shape Group, die den Prototyp des Fahrradsattels mit dem TENOWO-Material herstellte. Allerdings kam der Sattel nicht über dieses Stadium hinaus. Hürden für die erfolgreiche Kommerzialisierung verortet Muller bei einem für viele Innovationen typischen Problem. „Es ist noch eine relativ neue Technologie. Unternehmen sind beim Wechsel zu etwas Neuem immer vorsichtig, solange etwas Erprobtes und Getestetes schon vorhanden ist. Ein Thermoplast ist natürlich nicht so strukturiert wie ein Epoxidharz, doch hatten wir mit Blick auf Flexibilität und Belastbarkeit sehr gute Ergebnisse“, schildert Muller.

Rohstoffwende auch mit schwierigen Verbundmaterialien

Für die im Projekt Recycarb entwickelten Hybridvliesstoffe lag der Thermoplastfaser-Anteil über dem Anteil an recycelten Carbonfasern, jedoch sind laut Bernegg auch höhere Carbonfaseranteile denkbar. „Der Sattel war ein Vorversuch, um zu testen, wie gut sich der neue Verbund-Werkstoff für innovative Produkte eignet, gerade auch für Anwendungen im Bereich der Mobilität“, erklärt Bernegg. Der Hybridvliesstoff aus recycelten Carbonfasern und Thermoplastfasern ist im Prinzip abermals recycelbar. „Der Anteil an Thermoplastfasern kann aus dem Verbund wieder herausgeschmolzen werden“, wie der TENOWO-Experte erläutert.

Spinnt man diesen Faden weiter, so können Verbundmaterialen wie die carbonfaserverstärkten Kunststoffe für eine Rohstoffwende zum Einsatz kommen, die Spitzentechnologie und Umweltschonung verbindet.

Die Zuse-Gemeinschaft

Die Zuse-Gemeinschaft vertritt die Interessen unabhängiger privatwirtschaftlich organisierter Forschungseinrichtungen. Dem technologie- und branchenoffenen Verband gehören bundesweit mehr als 70 gemeinnützige Forschungsinstitute an. Die 2015 gegründete Zuse-Gemeinschaft versteht sich neben den Großforschungsverbünden und den Hochschulen als dritte Säule in der deutschen Forschungslandschaft. Im 18-köpfigen Senat, dem zentralen Beratungsgremium des Verbandes, sitzen Vertreter aus Wirtschaft, Wissenschaft und Politik, darunter Prof. Dr. Peter Bofinger, Prof. Dr. Horst Zuse sowie die fünf Bundestagsabgeordneten Dr. Matthias Heider (CDU), Yasmin Fahimi (SPD), Nicola Beer (FDP), Dr. Petra Sitte (Die Linke) und Claudia Müller (Bündnis 90/Die Grünen). Als praxisnahe und kreative Ideengeber des deutschen Mittelstandes übersetzen die Institute der Zuse-Gemeinschaft mit ihren rund 6.000 Mitarbeitern die Erkenntnisse der Wissenschaft in anwendbare Technologien.

Über den Autor

ALEXANDER KNEBEL
ist Sprecher der Zuse-Gemeinschaft. In der PR wie auch als Journalist hat er sich langjährig mit Themen rund um Forschung, Umwelt, Energie, Welthandel und Landwirtschaft befasst. Er wohnt und arbeitet in Berlin.

Kontakt

ZUSE-GEMEINSCHAFT
FORSCHUNG, DIE ANKOMMT.

Deutsche Industrieforschungsgemeinschaft Konrad Zuse e.V.
Geschäftsstelle
Invalidenstraße 34
10115 Berlin
Tel.: 030/55573698
knebel@zuse-gemeinschaft.de
www.zuse-gemeinschaft.de

Hätte, hätte Lieferkette

TIM BARTELS

Gefordert von NGOs, gefürchtet von Unternehmen: Um ein sogenanntes Lieferkettengesetz (eigentlich Sorgfaltspflichtengesetz) ringen Bundesentwicklungshilfeminister Gerd Müller (CSU) und Bundesarbeitsminister Hubertus Heil (SPD) seit fast einem Jahr. Mit dem Gesetz sollen deutsche Unternehmen ab einer gewissen Größe Verantwortung dafür übernehmen, wenn in ihrer Lieferkette im Ausland gegen Menschenrechte verstoßen wird. Löhne unterhalb der Armutsgrenze, unsichere Arbeitsverhältnisse, Gefährdungen am Arbeitsplatz, mangelhafte Gesundheitsversorgung, fehlender Zugang zu Trinkwasser und Sanitäranlagen, desolate Wohnsituation, kaum Zugang zu Bildung, Kinderarbeit – von solcherart Missständen in Entwicklungs- und Zuliefererländern profitieren auch deutsche Unternehmen, sie wollen in der Regel davon aber nichts wissen.

Darüber kann der Minister für wirtschaftliche Zusammenarbeit und Entwicklung Bände erzählen, insbesondere von den Arbeitsverhältnissen in Afrika. Auf diesem Kontinent hat Gerd Müller im Laufe seiner siebenjährigen Amtszeit im BMZ 42 Staaten besucht. „Ich war auf den Plantagen und habe mir die Arbeits- und Lebensbedingungen genau erklären lassen", schreibt Müller in seinem Buch „Umdenken". Bei herkömmlichem Kaffee, wie man ihn in Deutschland kaufen könne, kämen nur zirka fünf bis acht Prozent des Endpreises beim Bauern vor Ort an – nur ein Beispiel einer unfair gestalteten Lieferkette. Davon hat Müller unzählige parat. Als „Schlüsselerlebnis" im Hamburger Hafen berichtet er von einem 25.000 Container tragenden Schiff, auf dem 150 Millionen Paar Schuhe aus Asien importiert wurden, mit dreckigstem Schweröl als Treibstoff. Die Lederherstellung für diese

Schuhe hat sich Müller in Äthiopien angesehen. Er sei „schockiert" gewesen, sagt er. Die Frauen in der Gerberei arbeiteten „neben einer stinkenden Chemiebrühe, aus der giftige Dämpfe“ entwichen. Es sei unerträglich, schimpft Müller, „dass wir, die reichen Industriestaaten, solche Zustände dulden und erlauben in unseren globalen Lieferketten“. Was also tun dagegen?

Laut den UN-Leitprinzipien für Wirtschaft und Menschenrechte und den OECD-Leitsätzen für multinationale Unternehmen werden Firmen dazu aufgefordert, das Risiko für Menschenrechtsverletzungen in ihrer gesamten Wertschöpfungskette zu ermitteln, zu bewerten und darüber zu berichten, was sie getan haben, „um negativen Auswirkungen vorzubeugen, sie zu minimieren und zu beheben“. Die Leitlinien der Vereinten Nationen und der OECD gibt es bereits seit mehr als zehn Jahren, sie sind allerdings nur Empfehlungen. Zur Pflicht würden diese Vorgaben durch ein nationales Gesetz.

Wer macht es freiwillig?

Im Koalitionsvertrag von Schwarz-Rot heißt es: „Falls die wirksame und umfassende Überprüfung des NAP 2020 zu dem Ergebnis kommt, dass die freiwillige Selbstverpflichtung der Unternehmen nicht ausreicht, werden wir national gesetzlich tätig und uns für eine EU-weite Regelung einsetzen.“ Mit NAP ist der „Nationale Aktionsplan Wirtschaft und Menschenrechte“ gemeint, der die Leitprinzipien der Vereinten Nationen umsetzt. Die Bundesregierung hat den Aktionsplan im Dezember 2016 beschlossen und 2019 untersuchen lassen, ob die deutschen Unternehmen mit mehr als 500 Mitarbeitenden ihren menschenrechtlichen Verpflichtungen freiwillig nachkommen. Ergebnis: Sie tun es nicht. Nicht in ausreichender Zahl und nicht in ausreichendem Maße.

„In der ersten Runde des Monitorings“, heißt es aus dem Arbeitsministerium, „haben nur 465 von 3.300 angeschriebenen Unternehmen den Fragebogen ausgefüllt. Davon haben nur rund 18 Prozent die Vorgaben erfüllt.“ Diese Zahlen wurden nun von der zweiten Umfrage bestätigt. Von rund 2.250 befragten Unternehmen haben nur 455 gültige Antworten zurückgemeldet. Danach kommen nicht einmal 20 Prozent ihrer unternehmerischen Sorgfaltspflicht nach. Damit wurde der von der Bundesregierung gesetzte Zielwert von mindestens 50 Prozent „NAP-Erfüllern“ deutlich verfehlt. Die Konsequenz daraus: „Die Ergebnisse sind so ernüchternd“, sagte Arbeitsminister Heil, „dass jetzt aus dem Koalitionsvertrag folgt: Wenn zu wenig Unternehmen freiwillig diesen Weg gehen, dürfen wir über gesetzgeberische Pflichten nicht nur reden, sondern müssen noch in dieser Legislaturperiode zu einem Gesetz kommen.“

Wer sind die Vorbilder?

Es gibt sogar Unternehmen, die es begrüßen, „wenn mit einem Sorgfaltspflichten-Gesetz in Deutschland der Weg für eine anspruchsvolle europäische Regelung geebnet wird". Dieses Statement haben bislang 71 Firmen und zwei Investor-Arbeitsgruppen unterzeichnet (Stand Januar 2021), darunter auch Große wie Hapag-Lloyd, Kik, Nestlé, Primark, Rewe und Tchibo sowie Mittelständler wie Alfred Ritter und Vaude.

Unterschrieben hat auch der weltweit agierende Aromenhersteller Symrise mit Sitz in Holzminden. „Wir müssen unsere Lieferkette kennen", sagt dessen Nachhaltigkeitsmanager Helmut Frieden. Der Anbieter von Duft- und Geschmacksstoffen wirtschaftet schon länger nach Nachhaltigkeitskriterien und verarbeitet 10.000 überwiegend agrarische Rohstoffe. Mit rund 10.000 Mitarbeiterinnen und Mitarbeitern ist Symrise in mehr als 90 Standorten in 40 Ländern weltweit unterwegs. „Lieferanten durchlaufen bei uns einen Genehmigungsprozess nach unserem eigenen Code of conduct", berichtete Frieden vergangenes Jahr beim 13. Deutschen Nachhaltigkeitstag. Die Einkaufsabteilungen werden vom Unternehmen eigens ausgebildet. Sie befragten alle Zulieferer und würden daran erkennen, ob sie größere Risiken hätten. „Wo es sie gibt, haben wir die Geschäftsbeziehung unterbrochen", betonte Frieden. Man fördere und schule Kleinbauern in nachhaltigen Anbaumethoden, zum Beispiel in Madagaskar und in Brasilien, und investiere in deren lokale Infrastrukturen.

Wer kontrolliert die Sorgfaltspflicht?

Überwiegende Zustimmung für ein deutsches Lieferkettengesetz gibt es auch in der deutschen Bevölkerung. Eine repräsentative Umfrage von Infratest dimap im September 2020 ergab: 75 Prozent der Deutschen sind dafür. Nicht zuletzt haben sich auch mehr als 100 Nichtregierungsorganisationen (NGOs) einer „Initiative Lieferkettengesetz" angeschlossen. Den NGOs ist es wichtig, dass die Sorgfaltspflicht eines Unternehmens auch kontrolliert werde. „Zum Beispiel über eine Behörde, die mit einem bestimmten Mechanismus überprüft, ob Unternehmen ihre Risiken wirklich untersucht haben", sagt Initiativen-Sprecherin Johanna Kusch. Außerdem müsse es die Möglichkeit geben, einen Zusammenhang zwischen einer deutschen Firma und geschädigten Menschen beispielsweise in Bangladesch oder Brasilien zivilrechtlich zu prüfen – also ob das Unternehmen seiner Sorgfaltspflicht nicht nachgekommen ist, obwohl es das hätte können. Der geschädigten Person müsse dann ein Recht auf Schadensersatz gewährt werden können, fordert Kusch.

Vor allem an der Haftungsfrage entzündet sich die Verweigerungshaltung der Wirtschaftsverbände. Sie lehnen das geplante Gesetz als „unpraktikabel und realitätsfern" ab. Soll ein deutsches Unternehmen dafür geradestehen, wenn der ihm unbekannte Zulieferer seines direkten Lieferanten gegen Menschenrechte verstößt? Man könne unmöglich alle Stufen der Herstellung überwachen, heißt es da aus der Textilindustrie. Beispiel: Ein Herrenoberhemd durchlaufe 140 Schritte vom Baumwollfeld bis zum Bügel und den Plastikstäbchen im Kragen. Diese vielen Glieder der Lieferkette zu überblicken, sei absurd. Noch ein Beispiel: Textildiscounter Kik hat eigenen Angaben zufolge „400 direkte Lieferanten". Da jedes dieser Unternehmen weitere Zulieferer unter Vertrag habe, kämen tausende Beteiligte zusammen. Wenn auch diese Zulieferer eines Zulieferers weitere Zulieferer beanspruchen ... usw. usf. „Wir haben sehr komplexe Lieferketten in den verschiedenen Branchen", sagt die Nachhaltigkeitsexpertin des Bundesverbands der Deutschen Industrie (BDI), Anne Lauenroth. Außerdem seien die Unternehmen unterschiedlich betroffen. Mittelständler kauften beim Großhändler ein und hätten da überhaupt keine Einflussmöglichkeit. Diese Komplexität über ein nationales Lieferkettengesetz zu regeln, sei eine große Herausforderung, so Lauenroth. Sie befürchtet, dass sich deutsche Unternehmen aus Problemländern zurückzögen, weil sie die Haftungspflichten scheuen. Vielmehr müssten Menschenrechtsverletzungen international gelöst werden, findet die BDI-Vertreterin, schließlich sei der Rohstoffhandel ein globaler.

Wer muss wofür haften?

Dass man für das Verhalten Dritter in der Lieferkette haften soll, sei ein „hartnäckiger Mythos", sagt Anosha Wahidi im Interview gegenüber dem Deutschen Global Compact Netzwerk (DGCN). Frau Wahidi ist die Leiterin des Stabs für Nachhaltige Lieferketten im BMZ und kann aufgeschreckte Unternehmer beruhigen: „Es gibt keine Garantie- oder Erfolgspflicht, sondern eine Bemühungspflicht." Deshalb, so Wahidi, werde die geplante Vorschrift auch kein Lieferkettengesetz sein, sondern ein „Sorgfaltspflichtengesetz". Das bedeutet: „Ein Unternehmen muss alles in seiner Macht Stehende unternehmen, damit es nicht zu Menschenrechtsverletzungen in der Lieferkette kommt." Dazu zähle es, Risiken für Menschenrechtsverletzungen zu erkennen und Maßnahmen festzulegen, um diese zu vermeiden. „Ferner müssen Unternehmen einen Umgang für den Fall definieren, dass es trotz allem zu Menschenrechtsverstößen kommt." Da die Einflussmöglichkeit eines Unternehmens begrenzt sei, spricht Anosha Wahidi von „Angemessenheitskriterien", die ihr

Ministerium im Eckpunkte-Entwurf festgelegt habe. „Wichtig ist, dass Unternehmen ihre Einwirkungsmöglichkeit dort, wo sie besteht, nutzen.“ Es gilt: Je näher man am Zulieferer ist, desto größer sind in der Regel Einfluss und Hebel. Werde diese Möglichkeiten unterlassen, würde das Unternehmen seiner Sorgfaltspflicht nicht nachkommen. „Dann ist auch eine Haftung im Fall von Menschenrechtsverstößen denkbar“, sagt Wahidi.

Wie hält es die EU?

Für den Fall der Haftung wird derzeit auf EU-Ebene eine behördliche, zivilrechtliche und mögliche strafrechtliche Durchsetzung überprüft (letztere wird in Deutschland nicht angestrebt). Anfang Dezember 2020 hat der Rat der EU die Schlussfolgerungen zu Menschenrechten und menschenwürdiger Arbeit in globalen Lieferketten angenommen. Darin fordern die Mitgliedstaaten die EU-Kommission auf, einen Entwurf für einen Rechtsrahmen zur nachhaltigen Unternehmensführung vorzulegen. Zudem soll die Kommission einen EU-Aktionsplan auf den Weg bringen, der sich auf die nachhaltige Gestaltung globaler Lieferketten, die Förderung von Menschenrechten sowie soziale und ökologische Standards konzentriert. Ende November verabschiedete das EU-Parlament eine Entschließung zur Zukunft der europäischen Handelspolitik. Darin sprechen sich die EU-Abgeordneten für ein Importverbot von Produkten, die unter schweren Menschenrechtsverletzungen wie Zwangs- oder Kinderarbeit hergestellt wurden.

EU-Justizkommissar Didier Reynders will im Juni den Entwurf für ein europäisches Lieferkettengesetz vorlegen. Angekündigt hatte er auch eine Haftungsvorschrift. Der Rechtsausschuss des EU-Parlaments hatte Ende Januar fast einstimmig für einen starken Gesetzentwurf mit Haftung gestimmt.

In drei europäischen Ländern existieren bereits Gesetze, in denen Sorgfaltspflichten verankert sind: Im französischen *Loi sur le devoir de vigilance*, im britischen *Modern Slavery Act* und neuerdings auch im Schweizer Obligationenrecht. Darin ist allerdings nur eine Berichtspflicht festgeschrieben. Der Volksinitiative „Für verantwortungsvolle Unternehmen – zum Schutz von Mensch und Umwelt“, der Ende 2020 immerhin 50,7 Prozent zustimmten, fehlten zur Umsetzung nur wenige tausende Stimmen. Für das kommende deutsche Gesetz sagt BMZ-Referatsleiterin Anosha Wahidi: „Es braucht ein Gesetz mit Zähnen, aber natürlich auch mit Augenmaß.“

Einigung ohne Haftung, ohne Umweltschutz

Am 12. Februar 2021 gab die Bundesregierung bekannt, dass sie sich im Kabinett auf ein Lieferkettengesetz geeinigt habe. Der Kompromiss sieht vor, dass das Gesetz ab dem Jahr 2023 zunächst nur für Unternehmen mit mehr als 3.000 Mitarbeitenden bzw. für die 600 größten Firmen in Deutschland und bei denen nur für die ersten Zulieferer gilt. Von 2024 an sollen auch Unternehmen mit mehr als 1.000 Beschäftigten darunterfallen. Es fehlt eine zivilrechtliche Haftungsregelung, um Schadensansprüche von Betroffenen geltend zu machen. Dafür schlagen die drei Minister Peter Altmaier (Wirtschaft), Hubertus Heil (Arbeit) und Gerd Müller (Entwicklung) eine sogenannte Prozessstandschaft vor, nach der NGOs und Gewerkschaften für Betroffene klagen können. Eine Pflicht zur Einhaltung von Umweltstandards berücksichtigt das Gesetz nur marginal. Zumindest aber sollen Unternehmen auf Beschwerden reagieren müssen. Eine Behörde überprüft künftig, ob sich die Unternehmen an ihre Sorgfaltspflichten halten. Im schlimmsten Fall kann ein Unternehmen von öffentlichen Ausschreibungen ausgeschlossen werden und ein Bußgeld verhängt werden.

„Das Gesetz soll wohl den Schein wahren und mit einem Minimalkonsens den Koalitionsvertrag erfüllen", sagte Antje von Broock vom Umweltverband BUND. Ohne starke Haftungsregeln hätten Unternehmen wenig Anreize, ihre umweltschädliche und ausbeuterische Praxis anzugehen, so die BUND-Geschäftsführerin: „Unsere Hoffnung ruht nun auf dem Parlament, welches dringend die Haftungsregelung und eine stärkere umweltbezogene Sorgfaltspflicht für die gesamte Wertschöpfungskette ergänzen sollte."

Über den Autor

TIM BARTELS
ist Chefredakteur der UmweltBriefe. Foto: Oliver Hums

Kontakt

Walhalla Fachverlag
Redaktion UmweltBriefe
Sonnenallee 223
12059 Berlin
Tel.: 030/27572915
redaktion@umweltbriefe.de
www.umweltbriefe.de

Das Lieferkettengesetz: Eine Idee, deren Zeit gekommen ist

STEFFEN VOGEL, GERMANWATCH

Während große Unternehmen in den letzten Jahrzehnten zu den Hauptgewinnern der Globalisierung zählten, sind die Auswirkungen ihres Wirtschaftens auf Menschen und Umwelt vielerorts katastrophal. Ob ausbeuterische Kinderarbeit im Kakaoanbau in Westafrika, die Abholzung des Amazonas-Regenwaldes für Soja und Viehhaltung oder tödliche Unfälle in südasiatischen Textilfabriken – immer wieder kommt es auch in den Geschäftsbeziehungen deutscher Unternehmen zu Menschenrechtsverletzungen und Umweltzerstörung. Nur 13 bis 17 Prozent der deutschen Unternehmen mit mehr als 500 Mitarbeitenden kommen grundlegenden menschenrechtlichen Sorgfaltspflichten in ihren Lieferketten nach, das ergab 2020 das Monitoring der Bundesregierung im Rahmen des Nationalen Aktionsplans Wirtschaft und Menschenrechte.

Germanwatch setzt sich für ein zukunftsfähiges Wirtschaften innerhalb der planetaren Grenzen ein. Nach unserer Überzeugung muss die Politik wirksame Regeln schaffen, die Unternehmen zu menschenrechtlichen und ökologischen Standards weltweit verpflichten und Betroffenen ermöglichen, ihre Rechte vor deutschen Gerichten einzuklagen. Deshalb haben wir 2019 die Initiative Lieferkettengesetz als Trägerorganisation mitgegründet.

Ein gesetzlicher Rahmen gegen Gewinne ohne Gewissen

Die Initiative zählt mittlerweile über 120 zivilgesellschaftliche Organisationen aus dem Menschenrechts- und Umweltbereich, aber auch gewerkschaftliche und kirchliche Akteure. Gemeinsam fordern sie von der Bundesregierung ein Gesetz, das unternehmerische Sorgfaltspflichten im deutschen Recht festschreibt. Damit würden Unternehmen ab einer Größe von 250 Beschäftigten sowie KMUs in Risikosektoren (wie der Textil- oder Autoindustrie) zu einem mehrstufigen Management-Prozess verpflichtet: Unternehmen müssten Menschenrechts- und Umweltrisiken, die entlang ihrer gesamten Lieferkette entstehen, untersuchen, wirksame Gegenmaßnahmen ergreifen und darüber transparent berichten. Zudem wäre ein Beschwerdemechanismus einzurichten, bei dem Betroffene Missstände anzeigen könnten. Käme das Unternehmen seinen Verpflichtungen nicht nach, würden öffentlich-rechtliche Sanktionen greifen, wie Bußgelder oder der Ausschluss aus der öffentlichen Beschaffung. Missachtet das Unternehmen seine Sorgfaltspflichten und entsteht daraus ein Schaden, muss es dafür haften und Betroffenen Schadensersatz zahlen, so die Forderung der Initiative.

Ein Lieferkettengesetz würde somit präventiv wirken, also durch eine Umstellung von Geschäftspraktiken Menschenrechtsverletzungen verhüten, bevor sie geschehen. Es würde aber auch die Rechte von Betroffenen entscheidend stärken. 2015 etwa erhoben Hinterbliebene einer Brandkatastrophe in einer pakistanischen Zulieferfabrik des Textildiscounters KiK vor dem Landgericht Dortmund Zivilklage.[1] Sie forderten Schadensersatz, da die deutsche Modemarke, obwohl die Fabrik fast ausschließlich für sie produzierte, schwere Mängel beim Brandschutz ignoriert hatte:

Der gesetzliche Rahmen: das zentrale Kampagnenmotive der „Initiative Lieferkettengesetz".
Bild: Initiative Lieferkettengesetz

Fenster waren vergittert, Notausgänge verschlossen – 258 Arbeiter*innen verloren bei dem Brand ihr Leben. Anfang 2019 wies das deutsche Gericht die Schadensersatzklage ab: Es sei pakistanisches Recht anzuwenden, nach diesem war die Klage der Angehörigen bereits verjährt. Ein Lieferkettengesetz könnte sicherstellen, dass solche transnationalen Menschenrechtsfälle nach deutschem Recht beurteilt werden müssten und der Rechtszugang für Betroffene erleichtert würde.

Verpflichtungen aus dem Völkerrecht

Ein Lieferkettengesetz stellt nicht nur eine politische Notwendigkeit dar, um Menschenrechtsverletzungen in Lieferketten einzudämmen, es wäre auch die Umsetzung der völkerrechtlichen Pflichten der Bundesregierung.[2] Im Jahr 2011 hat der UN-Menschenrechtsrat die Leitprinzipien für Wirtschaft und Menschenrechte angenommen. Obgleich für Unternehmen nicht rechtlich verbindlich, stellen sie klar, dass Unternehmen in ihren Lieferketten menschenrechtliche Sorgfalt walten lassen sollen. Die Leitprinzipien konkretisieren Erwartungen an Unternehmen und fordern Staaten auf, Aktionspläne zur Umsetzung der Leitprinzipien zu erstellen. Die Bundesregierung hat 2016 ihren Nationalen Aktionsplan verabschiedet und im Koalitionsvertrag 2018 festgehalten, dass sie gesetzlich tätig wird, sollten sich die freiwilligen Selbstverpflichtungen von Unternehmen als nicht ausreichend erweisen. Mit den bereits angeführten 13 bis 17 Prozent wurde die selbstgesetzte Schwelle der Bundesregierung (50 Prozent) im Sommer 2020 so weit unterschritten, dass sich nach Bundesentwicklungsminister Müller und Bundesarbeitsminister Heil auch die Bundeskanzlerin für eine gesetzliche Regelung aussprach. Seitdem ringen die beteiligten Ministerien um Eckpunkte für das Gesetz.

Konkrete Kampagnenarbeit

Die Initiative Lieferkettengesetz wird von zahlreichen Organisationen getragen, die ein gemeinsames Ziel verfolgen und zugleich ihre individuellen Perspektiven, Stärken und Ansätze in die Kampagnenarbeit einbringen. Zudem arbeiten im ganzen Land ehrenamtliche Gruppen auf lokaler und regionaler Ebene zum Thema und tragen die Forderungen der Initiative in die Breite. Die vielen lokal Engagierten haben bundesweit Aktionen und Bildungsangebote durchgeführt, außerdem gelang es durch ein koordiniertes dezentrales Vorgehen, eine große Zahl von Mitgliedern des Bundestags und weiterer politischer Entscheidungsträger*innen direkt anzu-

Akteur*innen der Initiative Lieferkettengesetz bei der symbolischen Übergabe einer Petition mit 222.222 Unterschriften vor dem Bundeskanzleramt. Foto: © Sina Niemeyer/Greenpeace

sprechen. Unseren Aufruf an Kanzlerin Merkel, sich für ein Lieferkettengesetz einzusetzen, unterschrieben mehr als 240.000 Menschen.

Zu den Hauptaufgaben der Initiative zählt darüber hinaus eine aktive Policy- und Advocacyarbeit: Sie hat mehrere Rechtsgutachten veröffentlicht, die konkrete Vorschläge zur Umsetzung der Sorgfaltspflichten in Gesetzesform machen und die Fachdiskussion zu diesem Thema vorantreiben. Daneben arbeitet die Initiative mit konkreten Argumentationspapieren und Briefings. Diese Expertise stellt sie nicht nur der breiten Öffentlichkeit und der Fachgemeinschaft zur Verfügung, sondern versucht auch politische Entscheidungsträger*innen möglichst direkt zu erreichen.

Zunehmende Dynamik auch auf EU-Ebene

Neben der Arbeit zu einem deutschen Lieferkettengesetz bringen sich die Akteur*innen der Initiative auch in die Diskussion auf europäischer Ebene ein. Germanwatch ist über das CorA-Netzwerk, in dem ca. 60 Menschenrechtsorganisationen, Verbraucher- und Umweltverbände aus Deutschland zusammenarbeiten, auch Teil der European Coalition for Corporate Justice (ECCJ), einem europäischen Netzwerk aus Organisationen, das sich für mehr Unternehmensverantwortung auf EU-Ebene einsetzt. Die Diskussion hat dabei 2020 eine zunehmende Dynamik erfahren: Justizkommissar Didier Reynders hat noch für 2021 eine verbindliche Regelung von unternehmerischen Sorgfaltspflichten für die gesamte Lieferkette angekündigt, die explizit auch Sanktions- und Haftungsregeln enthalten soll. Nur jedes dritte Unternehmen prüft seine Lieferketten in Bezug auf Menschenrechte und Umweltstandards, das hatte eine von der Kommission in Auftrag gegebene Studie[3] ergeben. Das Vorhaben des Kommissars könnte tatsächlich eine große Wirkung auch über die Grenzen der Union hinaus entfalten, zumal nicht nur Unternehmen mit Firmensitz in der EU in den Anwendungsbereich einbezogen werden sollen, sondern alle, die in der EU geschäftstätig sind. Auch vor dem Hintergrund dieses Vorstoßes erscheint ein deutsches Lieferkettengesetz notwendig, würden doch die Normen eines ambitionierten deutschen Gesetzes den Anforderungsrahmen für die europäische Regelung entscheidend prägen.

Forderungen aus Wirtschaft und Gesellschaft

Die Initiative Lieferkettengesetz hat erreicht, dass das Thema unternehmerische Sorgfaltspflichten in einem bisher nicht gekannten Ausmaß in Politik und Öffentlichkeit diskutiert wird. Sie ist sich dabei nicht nur der Unterstützung einer organisierten Zivilgesellschaft und sozialer Bewegungen sicher, sondern des Großteils der Bevölkerung: In einer repräsentativen Umfrage im September 2020 sprachen sich 75 Prozent der Befragten für ein Lieferkettengesetz aus, ein ebenso großer Anteil befürwortete explizit Möglichkeiten für Betroffene, vor deutschen Gerichten Schadensersatz für Menschenrechtsverletzungen von Unternehmen einzuklagen. Dabei fiel auf, dass sich die Sympathisant*innen aller im Bundestag vertretenen Parteien

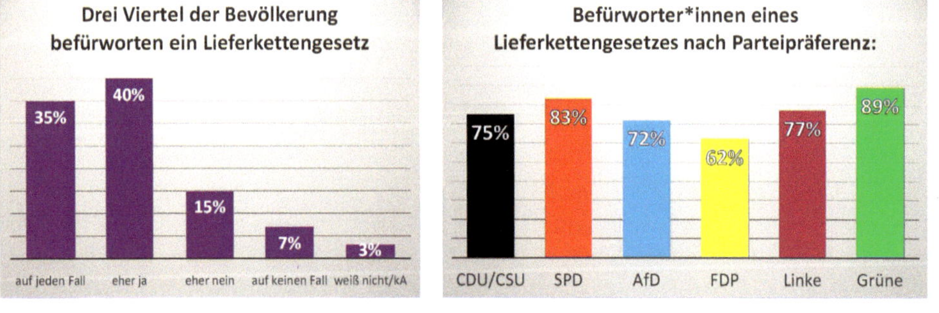

Die Ergebnisse der repräsentativen Umfrage von infratest dimap[4] im Auftrag der Initiative Lieferkettengesetz, September 2020. Grafik: Initiative Lieferkettengesetz

mehrheitlich für ein Gesetz aussprachen, unter den potenziellen CDU/CSU-Wähler*innen waren es sogar drei Viertel.

Und auch in der Wirtschaft mehren sich die Stimmen, die eine verbindliche Regelung von Sorgfaltspflichten fordern, um gleiche Wettbewerbsbedingungen für alle Marktteilnehmer zu schaffen: Zuletzt äußerte sich der europäische Markenverband AIM, der 2.500 Unternehmen der Konsumgüterbranche vertritt, unter ihnen auch viele deutsche Firmen wie Beiersdorf, Dr. Oetker und Puma, wie folgt: „Unternehmen sollten dafür haftbar gemacht werden können, dass sie keine ausreichenden Sorgfaltsverfahren eingerichtet und unterhalten haben.“ Offenbar handelt es sich beim Lieferkettengesetz um eine Idee, deren Zeit gekommen ist. Nun ist es an den politischen Entscheidungsträger*innen, sie in die Tat umzusetzen.

---

1 https://www.ecchr.eu/fall/kik-der-preis-der-arbeitsbedingungen-in-der-textilindustrie-suedasiens/

2 https://verfassungsblog.de/voelkerrechtliche-verpflichtung-der-bundesrepublik-zum-erlass-eines-lieferkettengesetzes/

3 https://ec.europa.eu/germany/news/20200224verantwortungsvolle-lieferketten-studie-untersucht-optionen-fuer-eu-gesetzgebung.de

4 Die genaue Wortlaut der Frage: „Aktuell wird über ein sogenanntes Lieferkettengesetz diskutiert. Deutsche Unternehmen müssten künftig Maßnahmen ergreifen, die vermeiden, dass aus dem Ausland eingeführte Güter dort unter Verletzung von Menschenrechten hergestellt wurden. Befürworter sagen, dass Menschenrechtsstandards im internationalen Handel sonst nicht durchgesetzt werden können. Kritiker fürchten, ein solches Gesetz würde deutsche Unternehmen im internationalen Wettbewerb zu stark benachteiligen. Unterstützen Sie ein solches Lieferkettengesetz?"

Über den Autor

STEFFEN VOGEL
ist Referent für zukunftsfähiges Wirtschaften in globalen Lieferketten bei Germanwatch und Fachpromotor im Rahmen des Berliner Eine Welt-Promotor*innenprogramms. Er studierte Internationale Beziehungen, Politikwissenschaft und Englische Philologie an der TU Dresden und der FU Berlin.

Kontakt

Germanwatch e.V.
Stresemannstraße 72
10963 Berlin
Tel.: 030/28 88 356-86
vogel@germanwatch.org
https://germanwatch.org

Nachhaltigkeit im Unternehmen messbar und erfolgreich umsetzen

Eine Studie zur Schnittstelle zwischen EMAS und DNK

PROF. DR. FRANK EBINGER, BETTINA HEIMER, FRANK KERMANN, MARIO LODIGIANI, DR. MARIANNE SCHÖNNENBECK

Eine Formel für glaubwürdig-nachhaltige Unternehmensführung

Um ökologischen und gesellschaftlichen Anforderungen zu begegnen und sich zukunftsfähig am Markt zu positionieren, richten immer mehr Unternehmen und Organisationen ihr Geschäftsmodell an den Prinzipien einer nachhaltigen Unternehmensführung aus. Zur Umsetzung stehen ihnen eine Vielzahl bestehender Standards und Angebote zur Verfügung. Soll die Umsetzung einer nachhaltigen Unternehmensführung aber einen dauerhaften Erfolg bringen, glaubwürdig und nachvollziehbar sein, so hängt dies unmittelbar vom eigenen Anspruch, der Unternehmenskultur, aber vor allem auch von den gewählten Systemen und Instrumenten ab.

Politisch verankerte Instrumente, wie das Eco-Management and Audit Scheme (EMAS) und der Deutsche Nachhaltigkeitskodex (DNK), bewirken systematische Verbesserungen und schaffen Glaubwürdigkeit und Transparenz. Wie können sie gemeinsam genutzt werden, damit Umwelt, Gesellschaft und Unternehmen gleichermaßen davon profitieren? Das untersuchte der Umweltgutachterausschuss in der Studie „Eine Formel für nachhaltigen Erfolg". Die Studie gleicht inhaltliche Anforderungen beider Systeme ab, zeigt die Unterschiede und Schnittmengen zwischen EMAS und DNK auf und arbeitet die Vorteile heraus, die bei der Kombination beider Systeme zu einem integrierten Nachhaltigkeitsmanagement generiert werden. Die Studie zeigt, dass EMAS mit seiner besonderen Systematik einen zentralen Baustein liefert, um verbunden mit anderen Nachhaltigkeitsansätzen eine glaubwürdig-nachhaltige Unternehmensführung zu fördern.

EMAS: Klima- und Umweltschutz mit System

EMAS bietet ein leistungsstarkes und glaubwürdiges Management- und Auditsystem, welches mit der Verordnung (EG) 1221/2009 (zuletzt überarbeitete Fassung von 2017/2018) einen verbindlichen europäischen Rechtsrahmen setzt, weltweit anwendbar ist und den Fokus auf die Umweltbelange seiner Anwender richtet. Dieses Premium-System der EU deckt die Anforderungen der internationalen Umweltmanagementnorm ISO 14001 vollumfänglich ab und bietet darüber hinaus weitere Mehrwerte, die eine glaubwürdig-nachhaltige Unternehmensführung unterstützen (vgl. Abb. 1):

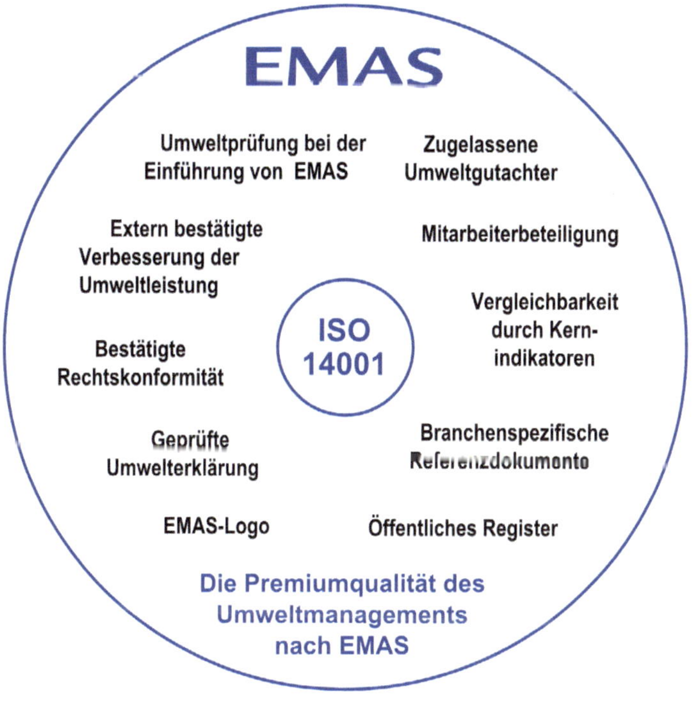

Abb. 1: Übersicht über den Mehrwert von EMAS gegenüber der ISO 14001. Ausführliche Informationen in der Broschüre „Die Stärken von EMAS gegenüber der ISO 14001". © UGA GS (emas.de)

In Deutschland obliegt die fachliche und rechtliche Rahmensetzung zu EMAS dem Bundesumweltministerium (BMU). Der Umweltgutachterausschuss (UGA) – ein Multistakeholder-Forum mit der Expertise unterschiedlicher Interessenvertretungen aus Wirtschaft, Politik, Verwaltung und Gesellschaft – unterstützt das BMU bei der Umsetzung und Förderung von EMAS.

Leistungsfähiges Verbesserungsmanagement aufbauen

EMAS versetzt die Leitungs- und Managementebene von Unternehmen und Organisationen jeder Branche und Größe in die Lage, ihre Umweltleistung systematisch zu erfassen, auszuwerten und diese nachweislich und kontinuierlich zu verbessern.

In einer Umwelterklärung berichten die Anwender regelmäßig über ihre Fortschritte. Um die Effizienzentwicklungen zu bewerten, abzubilden und vergleichbar zu machen, sieht EMAS sechs einheitliche Kernindikatoren vor, die je nach Wesentlichkeit berichtspflichtig sind (vgl. Abb. 2):

Abb. 2: Übersicht über die Kernindikatoren bei EMAS. © UGA GS (emas.de)

Umfassende Beteiligung der Beschäftigten

EMAS ist ein System, das in allen Teilen eines Unternehmens seine Wirkung entfaltet. Neben der Verantwortung des Top-Managements für EMAS und der Einbindung aller Managementebenen wird besonderer Wert darauf gelegt, dass sich alle Beschäftigten aktiv beteiligen. So können vorhandenes Know-how und neue Ideen bestmöglich genutzt und langfristige Akzeptanz gefördert werden.

Glaubwürdige Prüfung und Vor-Ort-Begutachtung

Die Überwachung des EMAS-Systems ist gesetzlich geregelt und durch staatliche und nicht staatliche Stellen mehrfach abgesichert. Das macht EMAS zu einem zuverlässigen und glaubwürdigen Garanten für einen verantwortungsvollen Umgang mit der Umwelt. Branchenspezifisch zugelassene Umweltgutachter*innen übernehmen die unabhängige Überprüfung im EMAS-System. Regelmäßig prüfen sie

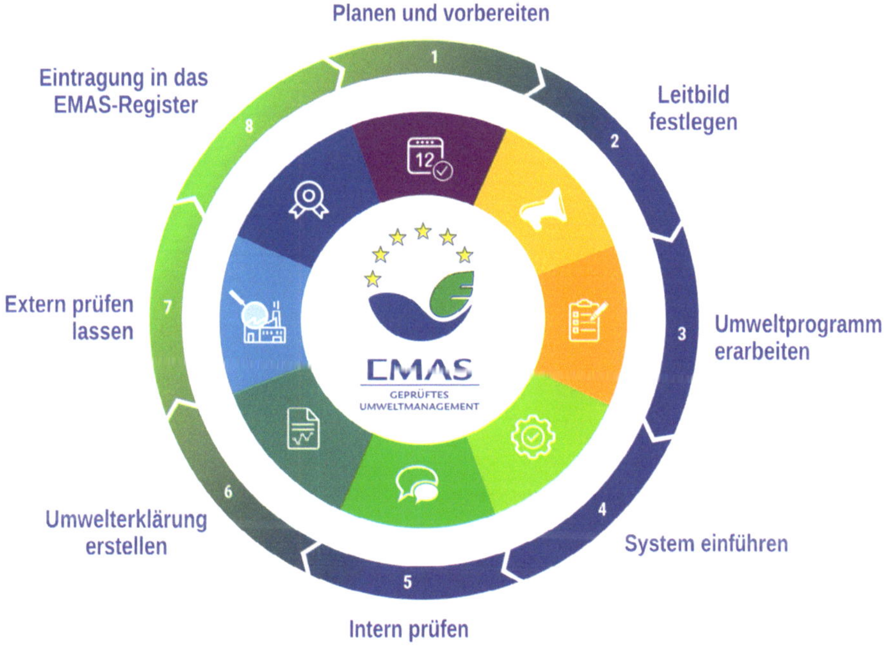

Abb. 3: Acht EMAS-Ablaufschritte in einem wiederkehrenden Zyklus gewährleisten die kontinuierliche Verbesserung der Umweltleistung im Betrieb. © UGA GS (emas.de)

vor Ort und in der Umwelterklärung, ob die Anforderungen eingehalten werden und eine Verbesserung der Umweltleistung im Betrieb stattfindet.

Die EMAS-Prüfung (Validierung) wurde mit der letzten Novellierung 2017/2018 der EMAS-Verordnung für andere prüfbare Aspekte außerhalb des Umweltbereichs geöffnet. Das Bundesumweltministerium und der Umweltgutachterausschuss arbeiten aktiv daran, die Anschlussfähigkeit von EMAS an alle Aspekte der Nachhaltigkeit zu verdeutlichen und nutzbar zu machen. Davon unbenommen gibt es schon jetzt viele Unternehmen und Organisationen, welche ihre Umwelterklärung um prüfbare Aspekte der Nachhaltigkeit erweitern oder die Umwelterklärung in einen Nachhaltigkeitsbericht integrieren.

Alle EMAS-Anwender sind über ein öffentlich zugängliches Register einsehbar (www.emas-register.de). Sie nutzen ihre Umwelterklärung und das EMAS-Logo, um ihr Engagement für Klima- und Umweltschutz aktiv in die Unternehmenskommunikation einzubinden.

DNK: umfassend über alle Bereiche der Nachhaltigkeit berichten

Der 2001 erstmals von der Bundesregierung berufene Rat für Nachhaltige Entwicklung (RNE) erarbeitete im Dialog mit der Wirtschaft 2011 den Deutschen Nachhaltigkeitskodex. Seit dem steht ein international anwendungsfähiger Berichtsstandard für Nachhaltigkeitsaspekte zur Verfügung, der das Verständnis von Nachhaltigkeit des RNE profiliert und sich beispielsweise auf die Prinzipien guter Unternehmensführung (Deutscher Corporate Governance Kodex) beruft sowie die Anforderungen an die nichtfinanziellen Berichtspflichten gemäß CSR-Richtlinie der EU abdeckt.

Nach einer Umfrage bei den DNK-Anwendern im Jahr 2018 wurde der Deutsche Nachhaltigkeitskodex überarbeitet, um das Zusammenspiel zwischen DNK-Aspekten und den Anforderungen an die nichtfinanziellen Berichtspflichten (CSR-RUG) klarer darzustellen, die Belange des Nationalen Aktionsplans Wirtschaft und Menschenrechte (NAP) einzubeziehen und die Verknüpfung zu den Sustainable Development Goals (SDG) der Vereinten Nationen zu betonen.

Eine DNK-Erklärung umfasst 20 Kriterien, welche die vier Themenfelder Strategie, Prozessmanagement, Umwelt und Gesellschaft abdecken. Leistungsindikatoren aus den internationalen Berichtsstandards der Global Reporting Initiative (GRI) oder der European Federation of Financial Analysts Societies (EFFAS) ergänzen die textlichen Anforderungen der DNK-Kriterien, wobei die Anwender sich für eines der beiden Indikatoren-Sets entscheiden (vgl. Abb. 4). Diese Indikatoren unterstützen die Mess- und Vergleichbarkeit wesentlicher Aspekte für die Berichterstattung.

Unternehmen informieren mit der DNK-Erklärung über Aktivitäten zu den betreffenden Kriterien (comply) oder erläutern, warum diese Kriterien als nicht wesentlich erachtet werden (explain).

Übersicht Kriterien, GRI- und EFFAS-Indikatoren

Bereiche	DNK-Kriterien	GRI-SRS-Indikatoren	EFFAS-Indikatoren
STRATEGIE	01. Strategische Analyse und Maßnahmen 02. Wesentlichkeit 03. Ziele 04. Tiefe der Wertschöpfungskette		
PROZESS-MANAGEMENT	05. Verantwortung 06. Regeln und Prozesse 07. Kontrolle	GRI SRS-102-16	EFFAS S06-01 EFFAS S06-02
	08. Anreizsysteme	GRI SRS-102-35 GRI SRS-102-38	
	09. Beteiligung von Anspruchsgruppen	GRI SRS-102-44	
	10. Innovations- und Produktmanagement	G4-FS11	EFFAS E13-01 EFFAS V01-12
UMWELT	11. Inanspruchnahme von natürlichen Ressourcen 12. Ressourcenmanagement	GRI SRS-301-1 GRI SRS-302-1 GRI SRS-302-4 GRI SRS-303-3 GRI SRS-306-2	EFFAS E04-01 EFFAS E05-01 EFFAS E01-01
	13. Klimarelevante Emissionen	GRI SRS-305-1 GRI SRS-305-2 GRI SRS-305-3 GRI SRS-305-5	EFFAS E02-01
GESELLSCHAFT	14. Arbeitnehmerrechte 15. Chancengerechtigkeit 16. Qualifizierung	GRI SRS-403-9 GRI SRS-403-10 GRI SRS-403-4 GRI SRS-404-1 GRI SRS-405-1 GRI SRS-406-1	EFFAS S03-01 EFFAS S10-01 EFFAS S10-02 EFFAS S02-02
	17. Menschenrechte	GRI SRS-412-3 GRI SRS-412-1 GRI SRS-414-1 GRI SRS-414-2	EFFAS S07-02 II
	18. Gemeinwesen	GRI SRS-201-1	
	19. Politische Einflussnahme	GRI SRS-415-1	EFFAS G01-01
	20. Gesetzes- und richtlinienkonformes Verhalten	GRI SRS-205-1 GRI SRS-205-3 GRI SRS-419-1	EFFAS V01-01 EFFAS V02-01

Um eine vollständige Erklärung zum Deutschen Nachhaltigkeitskodex abzugeben, berichten Anwender über die 20 DNK-Kriterien und ein ausgewähltes Set an Indikatoren (GRI oder EFFAS).

Abb. 4: Die 20 Kriterien des DNK mit Indikatorensets von GRI und EFFAS.
Quelle: DNK-Leitfaden 2020

Formelle Prüfung

Die Prüfung beim DNK erfolgt nach formellen Kriterien durch das DNK-Büro als externe Instanz. Nach erfolgreicher Prüfung können die Anwender ihre Erklärung in der DNK-Datenbank veröffentlichen lassen. Die Datenbank ist öffentlich zugänglich und zeigt DNK-Erklärungen der Teilnehmenden für alle Veröffentlichungsjahre.

Um die Prüfqualität der Erklärungen zu verbessern, hat der DNK im vergangenen Jahr seine Datenbank für die Prüfung durch Dritte geöffnet, sodass auch externe Sachverständige, wie z.B. Umweltgutachter*innen und Wirtschaftsprüfer*innen gesamte DNK-Erklärungen oder einzelne Berichtsteile prüfen können.

Schnittmengen von EMAS und DNK

Nähert man sich den Schnittmengen von EMAS und DNK, zeigt sich, dass mit Fokus auf den Bereich Umwelt EMAS bereits eine Bandbreite an DNK-Kriterien erfüllt. Insbesondere bei der Inanspruchnahme natürlicher Ressourcen, Ressourcenmanagement und klimarelevante Emissionen ist die Kriterienerfüllung erwartungsgemäß hoch. In den anderen Dimensionen der Nachhaltigkeit zeigt EMAS ebenfalls Ansätze mit unterschiedlichen Erfüllungsgraden.

Strategische Analyse

Die strategische Analyse zu einer nachhaltigen Unternehmensführung ist sowohl in EMAS als auch im DNK verankert. Mit der Betrachtung des Lebenszyklus richtet sich der Blick auf die gesamte Wertschöpfungskette und damit sind der überwiegende Teil der DNK-Anforderungen auch mit EMAS erfüllt, mindestens teilweise erfüllt und in einem Aspekt übererfüllt.

Prozessmanagement

Die DNK-Basis-Kriterien des Prozessmanagements sind durch EMAS, mit Ausnahme des Kriteriums Anreizsysteme, mindestens teilweise erfüllt. Insbesondere bei der Beteiligung von Anspruchsgruppen erfüllt EMAS die Anforderungen nahezu vollständig und zeigt beim Innovations- und Produktmanagement gute Voraussetzungen. Eine Darstellung der Ergebnisse durch messbare Indikatoren ist bei EMAS durch die auf Umweltbelange eingeschränkte Datenlage nur in Ansätzen bzw. nicht abgedeckt.

Erfüllungsgrad	nicht abgedeckt	enthält Ansätze	teilweise erfüllt	erfüllt	übererfüllt
Umwelt					
11 Inanspruchnahme natürlicher Ressourcen					
DNK-Basis				1	1
12 Ressourcenmanagement					
DNK-Basis				4	
EFFAS				3	
GRI-SRS				5	
13 Klimarelevante Emissionen					
DNK-Basis					5
EFFAS			1		
GRI-SRS	1	1	2		

Abb. 5: Die Tabelle zeigt beispielhaft jeweils die Anzahl der Anforderungen des DNK und den Erfüllungsgrad durch EMAS für den Bereich Umwelt (Kriterien 11-13). Quelle: Kriterienvergleich EMAS und DNK (UGA 2021)

Umwelt

Im Bereich Umwelt zeigt EMAS seine klare Kernkompetenz. Die Umwelt-Kriterien des DNK sind durch EMAS naturgemäß erfüllt. Teilweise formuliert hier EMAS sogar konkretere Anforderungen als der DNK („übererfüllt").

Gesellschaft

Der Bereich Gesellschaft zeigt erwartungsgemäß die größten Unterschiede zwischen beiden Systemen. Der DNK betrachtet eingehend sozioökonomische Faktoren wie Arbeitnehmer-, Menschenrechte und Antikorruption. EMAS bietet beim Thema Qualifizierung von Arbeitskräften Erfüllungsansätze, beschränkt sich aber sonst im Wesentlichen auf umweltrelevante Bezüge. Trotzdem kann die Systematik von EMAS gut genutzt werden, um auch andere gesellschaftliche Themen methodisch einzubeziehen.

Compliance

Der Bereich Compliance ist eine der Kernkompetenzen von EMAS. Gesetz- und richtlinienkonformes Verhalten schließt hier nicht nur eine umfassende Ermittlung, sondern auch die nachweisliche Erfüllung von bindenden Verpflichtungen ein. Die Erwartungen an Strategien und Ziele gehen über den Anspruch der reinen

Erfüllung bindender Verpflichtungen hinaus, wenn dies technisch machbar und wirtschaftlich zumutbar ist. Dies kann über den Ansatz der kontinuierlichen Verbesserung durch EMAS abgebildet werden. Der Compliance-Ansatz von EMAS beschränkt sich weitgehend auf umweltrelevante Aspekte und erfasst teilweise Anforderungen an Qualitäts-, Arbeits- und Gesundheitsschutz.

Um Compliance-Anforderungen des DNK vollständig zu erfüllen, kann der strategische Ansatz von EMAS über die Ermittlung des „Kontexts der Organisation" unmittelbar auf alle im DNK geforderten Bereiche der bindenden Verpflichtungen ausgedehnt werden.

Mit EMAS und DNK zu einem integrierten Nachhaltigkeitsmanagement

In Deutschland wenden aktuell 1.113 Unternehmen und Organisationen mit 2.234 Standorten EMAS an und veröffentlichten im Jahr 2020 ihre Umwelterklärung für das Berichtsjahr 2019. Für dasselbe Berichtsjahr veröffentlichten laut DNK-Datenbank 255 in Deutschland ansässige Unternehmen und Organisationen ihre DNK-Erklärung (vgl. Abb. 6).

Die DNK-Erklärung wurde seit der DNK-Gründung 2011 von 643 Organisationen veröffentlicht, die mit wenigen Ausnahmen in Deutschland ansässig sind (6 im EU-Ausland bzw. 1 außerhalb Europas). Das schließt auch Unternehmen und Orga-

	EMAS GEPRÜFTES UMWELTMANAGEMENT	Deutscher NACHHALTIGKEITS Kodex
Teilnehmende	Veröffentlichungen in 2020 für das Berichtsjahr 2019	Veröffentlichungen in 2020 für das Berichtsjahr 2019
Deutschland	1.113 Organisationen mit 2.234 Standorten*	255 Organisationen
Europa (inkl. Deutschland)	3.837 Organisationen mit 13.412 Standorten*	256 Organisationen
Weltweit (Gesamt)	3.842 Organisationen mit 13.417 Standorten	256 Organisationen

* inklusive Standorte im Ausland

Abb. 6: Aktuelle Anwenderzahlen beider Systeme, Stand: Ende Dezember 2020. Quellen: EMAS-Register und DNK-Datenbank

nisationen ein, die ihre DNK-Erklärungen nicht regelmäßig veröffentlichen. 35 aktuell in Deutschland EMAS-registrierte Unternehmen haben bisher mindestens eine DNK-Erklärung veröffentlicht (Stand: 8. Januar 2021).

Die jeweiligen Stärken von EMAS und DNK lassen sich gut zu einem umfassenden Nachhaltigkeitsinstrument kombinieren.

Mit den Kriterien des DNK erweitern EMAS-Organisationen ihr Umweltmanagement zu einem umfassenden Nachhaltigkeitsmanagement. EMAS eignet sich sehr gut dazu, über den Umweltbezug hinaus, gesellschaftliche Themen wie Arbeitnehmer- und Menschenrechte systematisch und inhaltlich zu steuern. Die Methodik zur Bestimmung des Kontexts einer Organisation bietet die inhaltlichen Anknüpfungspunkte für die Erfassung aller Aspekte von Nachhaltigkeit im Managementsystem. In eine DNK-Erklärung können die Inhalte einer Umwelterklärung direkt einfließen.

Für diejenigen Anwender, die die DNK-Erklärung als „Output" einer langfristig angelegten Nachhaltigkeitsstrategie des Unternehmensmanagements wahrnehmen, bietet sich EMAS somit als wirksames Instrument an, um Verantwortlichkeiten, Strategien, Ziele, Aktionen und Kontrollen sowie Indikatoren langfristig zu etablieren und systematisch weiterzuentwickeln. Damit gewährleisten Anwender eine kontinuierliche und messbare Verbesserung ihrer Nachhaltigkeitsleistung.

Zudem sind EMAS und DNK gesetzlich legitimierte Instrumente, die daher bereits ein hohes Ansehen und ein gutes Maß an Glaubwürdigkeit liefern.

Bei EMAS wird die Glaubwürdigkeit durch die ebenfalls gesetzlich legitimierten Umweltgutachter*innen mit einer anspruchsvollen Zulassung sowie einer regelmäßigen Überwachung nach je 36 Monaten aktiv unterstützt. Die Validierung (Gültigkeitserklärung) der Umwelterklärung durch die Umweltgutachter*innen ist vergleichbar einem Testat der Wirtschaftsprüfer für eine inhaltliche Prüfung und sorgt gleichermaßen für die Richtigkeit, Vollständigkeit und Plausibilität der veröffentlichen Daten. Die Validierung ist darüber hinaus immer mit einer Begutachtung vor Ort verbunden und erhöht damit zusätzlich die Glaubwürdigkeit.

Perspektivische Synergien

Die Studie „Eine Formel für nachhaltigen Erfolg" wurde 2019 im Auftrag des Umweltgutachterausschusses vom VNU Verband für Nachhaltigkeits- und Umweltmanagement e.V. erstellt und erscheint 2021 in überarbeiteter Fassung.

Abb. 6: Inhalte der Studie „Eine Formel für nachhaltigen Erfolg". © UGA GS (emas.de)

Neuerungen ergeben sich insbesondere durch die Integration des CSR-Richtlinie-Umsetzungsgesetzes (CSR-RUG) und des Nationalen Aktionsplans Wirtschaft und Menschenrechte (NAP) in die DNK-Kriterien, welche in der Studie nun auch mit EMAS abgeglichen werden. Hierbei zeigt sich, dass EMAS eine Reihe dieser Kriterien bereits erfüllt (Bereich Umwelt) oder teilweise erfüllt (Bereiche Strategie, Prozessmanagement und Compliance). Die wenigsten Schnittmengen ergeben sich auch in der überarbeiten Fassung weiterhin bei den sozialen Aspekten (Bereich Gesellschaft).

Aus dem inhaltlichen und systemischen Vergleich beider Instrumente leitet die Studie Handlungsempfehlungen für Wirtschaft und Politik ab. Die Ergebnisse bilden den Ausgangspunkt einer verstärkten Zusammenarbeit und Annäherung beider Instrumente seit Veröffentlichung der Studie im Jahr 2019. In diesem Zusammenhang unterschrieben DNK-Büro und UGA-Geschäftsstelle ein gemeinsames „Memorandum of Understanding" und verständigten sich auf eine Vertiefung ihrer Zusammenarbeit.

Darauf aufbauend wurde das DNK-Schulungsangebot um Materialien zu EMAS erweitert. Die DNK-Datenbank wurde für Drittprüfer geöffnet. Bei der Revision des Deutschen Nachhaltigkeitskodex im Jahr 2019 wurde der Managementsystem-Gedanke von einer allgemeinen Forderung (Strategie) auch den betreffenden inhaltlichen Kriterien zugeordnet, um die langfristige Verbesserung zu fördern.

Auf der anderen Seite wurde EMAS mit der Novelle des Umweltauditgesetzes vom 12. Dezember 2019 auf die Grundlagen einer nachhaltigen Unternehmensführung hin erweitert, was sich auch auf die Qualifikation von Umweltgutachter*innen bezieht.

Ergänzend hat der Umweltgutachterausschuss beim Bundesministerium für Umwelt, Naturschutz und nukleare Sicherheit seine „Richtlinie für die mündliche Prüfung zur Feststellung der Fachkunde von Umweltgutachtern und Inhabern von Fachkenntnisbescheinigungen" (UAG-Fachkunderichtlinie) überarbeitet und angepasst. Sie regelt, welche fachlichen Qualifikationen Umweltgutachter*innen vorweisen müssen, um ihre Zulassung ausüben zu dürfen.

Ausblick

Vor dem Hintergrund der oben eingeführten Debatte um eine glaubwürdig-nachhaltige Unternehmensführung kann EMAS mit den im letzten Abschnitt genannten Neuerungen wichtige Funktionen übernehmen. EMAS verbindet mit seinen Prinzipien eines systematischen Umweltmanagements wichtige Grundprinzipien, die auch für ein Nachhaltigkeitsmanagement immanent wichtig werden: die Rechtskonformität als Basislinie, eine zielorientierte kontinuierliche Verbesserung der betrieblichen Umweltleistung in Verbindung mit einer regelmäßigen und öffentlich zugänglichen Berichterstattung in Form einer validierten Umwelterklärung. Dies sind zentrale Ansatzpunkte für eine stärkere Verzahnung von EMAS mit anderen Instrumenten und Maßnahmen. Angelehnt an bedeutsame Nachhaltigkeitsbelange aus der europäischen sog. CSR-Richtlinie 2014/95 und § 289c des Handelsgesetzbuchs wird Organisationen die Möglichkeit geboten, ihr Umweltmanagementsystem durch die Nutzung von EMAS stärker hin zu einem geprüften Nachhaltigkeitsmanagement zu entwickeln. Hierzu zählt auch die Entwicklung eines EMAS-Bausteins für unternehmerisches Klimamanagement, mit dem Unternehmen und sonstige Organisationen Klimaneutralität glaubwürdig belegen können. Schlussendlich könnte EMAS im Zusammenhang mit einem nachhaltigen Lieferkettenmanagement seine Potenziale entfalten, die in einer Berücksichtigung produktbezogener Auswirkungen und der Rolle des Einkaufs EMAS-umsetzender Unternehmen liegen. Viele Potenziale, die EMAS künftig eine wichtige Rolle zuweisen werden.

Cover der Studie. © UGA GS (emas.de)
Zur Studie (PDF): emas.de/dnk-studie
Zum Kriterienvergleich zwischen
EMAS und DNK (Excel): t1p.de/6yus

Weiterführende Informationen

Wie funktioniert der Einstieg?

Leitfaden EMAS
emas.de/einstieg

Leitfaden DNK
t1p.de/DNK-Leitfaden

*Wer zählt zu den Anwender*innen?*

EMAS-Register
www.emas-register.de

interaktive Karte des DNK
t1p.de/ktq1

*Berichte von Anwender*innen*

Umwelterklärungen
www.emas.de/umwelterklaerungen

DNK-Erklärungen
t1p.de/n6af

Der Umweltgutachterausschuss

Als unabhängiges Beratungsgremium des Bundesumweltministeriums führt der Umweltgutachterausschuss (UGA) unterschiedliche Interessengruppen im Bereich Umwelt- und Nachhaltigkeitsmanagement zusammen und setzt sich aktiv für die Umsetzung und Verbreitung von EMAS ein. Der UGA engagiert sich mit seiner Arbeit für verantwortungsvolles Handeln von Unternehmen, Behörden und sonstigen Organisationen innerhalb der ökologischen Belastungsgrenzen und unterstützt das Ziel der Bundesregierung 5.000 EMAS-Standorte bis 2030 zu erreichen.

*Über die Autor*innen*

PROF. DR. FRANK EBINGER
Technische Hochschule Nürnberg und Vorstandsmitglied im Umweltgutachterausschuss

BETTINA HEIMER
Vorstand des VNU e.V. und Mitglied im Umweltgutachterausschuss

FRANK KERMANN
Referent in der Geschäftsstelle des Umweltgutachterausschusses

MARIO LODIGIANI
Geschäftsführer in der Geschäftsstelle des Umweltgutachterausschusses

DR. MARIANNE SCHÖNNENBECK
Abteilungsleiterin für Umweltschutz und Arbeitssicherheit bei Rheinzink und Vorsitzende des Umweltgutachterausschusses

Kontakt

Geschäftsstelle des Umweltgutachterausschusses (UGA)
Bernburger Straße 30/31
10963 Berlin
Tel.: 030/297732-34
info@uga.de
www.emas.de

Wirtschaften im Einklang mit der Natur – Handlungswege zur Sicherung der Biodiversität

MAGDALENE TRAPP, NABU

Eine neue Biodiversitäts-Bewegung

Das Thema Biodiversität – vielen bekannt auch als biologische Vielfalt – hat in den letzten Jahren an Aufmerksamkeit und Bedeutung gewonnen: Es wird immer deutlicher, dass wir uns nicht nur in einer Klimakrise, sondern auch in einer Krise des Artensterbens befinden. Die Wissenschaft warnt vor dem sechsten globalen Massensterben – verursacht durch uns Menschen. Beispielsweise hat unser Planet in den letzten 50 Jahren ganze 60 Prozent seiner Wirbeltiere und 85 Prozent der natürlichen Feuchtgebiete verloren. Diese spielen als natürliche Kohlenstoffsenken auch für den Klimaschutz eine wichtige Rolle. Anfang 2020 warnte auch das Weltwirtschaftsforum in seinem Global Risks Report, dass der Verlust der Biodiversität eines der größten Risiken unserer Zeit darstellt. Denn gesellschaftliches Wohlergehen und unser Wirtschaftssystem basieren zu großen Teilen auf den Leistungen der Natur. Wirtschaftliche Aktivitäten stecken aber leider häufig hinter den Verlusten der biologischen Vielfalt.

Dieser alarmierende Zustand bringt nicht nur die Gesellschaft insgesamt, sondern auch Unternehmen dazu, sich neben dem Klimaschutz zunehmend im Bereich der Biodiversität zu engagieren. Auch politisch ist das Thema derzeit wieder ganz oben auf der Agenda: Auf allen Ebenen werden neue, verbindlichere Biodiversitätsstrategien erarbeitet. Das neue globale Abkommen für die biologische Vielfalt, welches voraussichtlich gegen Ende 2021 im Rahmen der 15. Vertragsstaatenkonferenz der UN (CBD COP 15) fertig verhandelt wird, befindet sich in Vorbereitung.

Die EU hat ihre neue Biodiversitätsstrategie bereits 2020 veröffentlicht und arbeitet nun an einer Gesetzgebung im Bereich der Ökosystem-Renaturierung. Auch die nationale Biodiversitätsstrategie wird derzeit überarbeitet.

In einer gemeinsamen Publikation haben der Naturschutzbund Deutschland (NABU) und die Boston Consulting Group (BCG) die gesamte Thematik einmal verständlich aufbereitet. Es wurden Analysen erstellt und Handlungsempfehlungen erarbeitet, wie Unternehmen und andere Akteure ihren Beitrag zum Schutz der Biodiversität leisten können.

Was ist eigentlich Biodiversität und warum ist sie essentiell für unser Wohlergehen?

Biodiversität umfasst genetische, Arten- und Ökosystemvielfalt. *Genetische Vielfalt* ist die Variabilität und Schwankungsbreite von Genen innerhalb einer Art. *Artenvielfalt* beschreibt die Anzahl, Unterschiedlichkeit und räumliche Verteilung von Arten. Die *Vielfalt von Ökosystemen* umfasst das Wechselspiel zwischen Pflanzen, Tieren, Pilzen und Mikroorganismen und deren unbelebter Umgebung.

Viele für uns lebensnotwendige Leistungen der Natur, wie die Bestäubung von Nutzpflanzen, natürliche Schädlingsbekämpfung, Hochwasserschutz und Luftreinhaltung, hängen von funktionsfähigen Ökosystemen ab, welche wiederum von der Vielfalt an genetischen Varianten und Arten abhängig sind. Auf Ebene der einzelnen Tier- und Pflanzenarten bedroht der Verlust von Lebensräumen diese direkt und limitiert ihre Möglichkeiten zur Fortpflanzung. Mit dem Populationsschwund geht ein Verlust genetischer Vielfalt einher, der auch zum Verlust bestimmter Merkmale führen kann. Den Vereinten Nationen zufolge sind im letzten Jahrhundert bereits 75 Prozent der genetischen Vielfalt bei Pflanzen verloren gegangen. Reduzierte Genpools gehen mit einer verringerten Anpassungsfähigkeit und Resilienz gegenüber sich verändernden Umweltbedingungen einher – wie z.B. der Anpassung an den Klimawandel. Außerdem nehmen Arten Schlüsselfunktionen in Ökosystemen ein. Verschwindet eine Art, können ihre Funktionen meist zunächst noch durch eine andere ersetzt werden. Doch je mehr Arten verschwinden, desto größer wird das Risiko, dass bestimmte Funktionen ganz versagen. Diese Funktionen sind aber extrem wichtig für das Überleben der Menschheit – beispielsweise hängen mehr als 75 Prozent der weltweiten Nutzpflanzen von tierischer Bestäubung ab und die Gesundheitsversorgung von vier Milliarden Menschen basiert auf natürlicher Medizin und genetischen Ressourcen.

Welchen ökonomischen Wert bietet die Biodiversität?

Um den wirtschaftlichen Nutzen von Ökosystemleistungen zu erfassen, kann diesen ein monetärer Wert zugeordnet werden. Unabhängig von ihrem ökonomischen Wert sollte die Natur aber auch um ihrer selbst willen geschützt werden. Es kann ohnehin stets nur ein Teil des Nutzens überhaupt monetär erfasst werden: Werte wie geistige Ruhe, Wohlergehen und Freude an der Schönheit der Natur sind schwer zu quantifizieren. Für viele Ökosystemleistungen lässt sich jedoch ein monetärer Wert schätzen, etwa auf Grundlage ihres Anteils an der Entwicklung von Gütern oder Dienstleistungen oder mittels des Schadens, der ohne sie entstehen würde. In der Summe ergibt sich nach den Analysen der BCG ein wirtschaftlicher Nutzen von ungefähr 170 bis 190 Billionen US-Dollar pro Jahr (siehe Abb. 1), also etwa doppelt so viel wie das aktuelle weltweite Bruttoinlandsprodukt.

Gleichzeitig entstehen durch menschliche und wirtschaftliche Aktivitäten jährlich Verluste an Ökosystemleistungen von 6 bis 30 Billionen US-Dollar. Diese externen Kosten werden von der Allgemeinheit und privaten Akteuren gleichermaßen

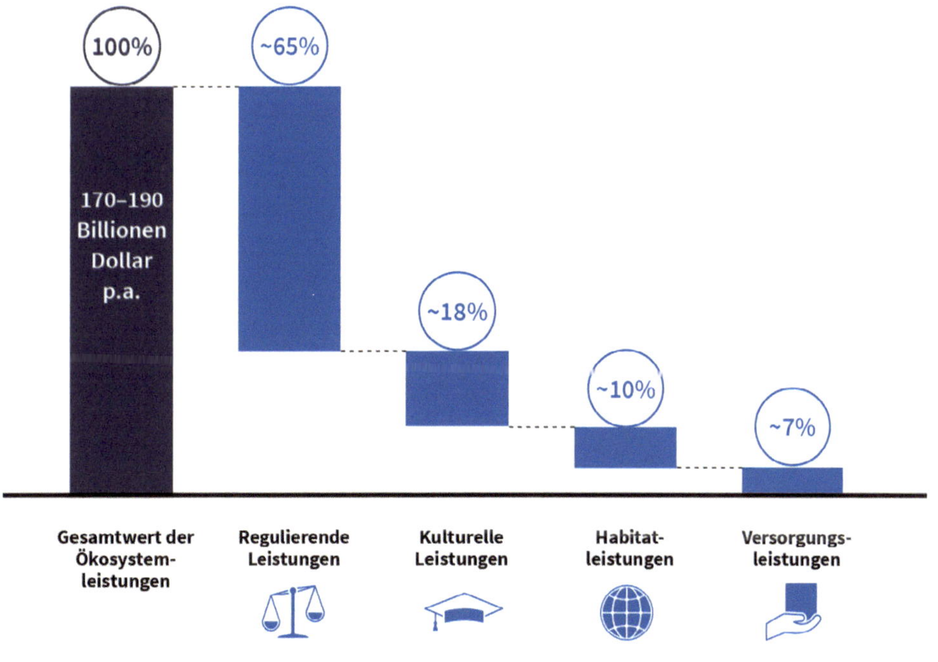

Abb. 1: Monetärer Wert verschiedener Ökosystemleistungen. Quelle: BCG-Analyse auf Grundlage von Costanza et al. (2014) und de Groot et al. (2012).

getragen. Lokale Gemeinschaften sehen sich beispielsweise mit höheren Investitionen in Wasseraufbereitung, Abfallverwertung oder Katastrophenschutz konfrontiert, wenn wichtige regulierende Ökosystemfunktionen verloren gehen.

Die Rohstoffkosten für Unternehmen können steigen, wenn sich Bestand und Zugänglichkeit verringern, oder es kann notwendig werden, Ökosystemleistungen zu ersetzen, etwa durch den Einsatz von chemischen Pflanzenschutzmitteln im Nahrungsmittelanbau. Da sich der Biodiversitätsverlust beschleunigt, ist damit zu rechnen, dass die genannten Kosten ansteigen, wenn wir nicht gegensteuern. Hinzu kommt das Risiko eines systemischen Umweltkollapses mit Katastrophen, die über die lokale Ebene hinausgehen. In diesem Fall würde der wirtschaftliche Schaden aus dem Verlust von Ökosystemleistungen ein Vielfaches der aktuellen jährlichen Kosten betragen.

Wodurch ist die Biodiversität bedroht?

Die fünf größten Treiber des Biodiversitätsverlusts sind erstens die Zerstörung und Umwandlung von Lebensräumen, z.B. indem natürliche Ökosysteme zu Acker- und Weideland gemacht werden oder eine Intensivierung der Nutzung stattfindet. Land wird immer einseitiger genutzt, beispielsweise durch den großflächigen Anbau weniger Kulturpflanzenarten. Landschaftsstrukturen verschwinden und Lebensräume werden immer weiter zerschnitten.

Der zweitgrößte Treiber ist die direkte Übernutzung von Ökosystemen, verursacht z.B. durch (illegale) Abholzung oder Überfischung. An dritter Stelle steht der menschengemachte Klimawandel, welcher die Biodiversität zunehmend bedroht. Auch die Verschmutzung von Böden, Wasser und Luft durch den Eintrag von toxischen Chemikalien und Nährstoffen schädigt viele Arten und Ökosysteme. Und nicht zuletzt ist die Ausbreitung gebietsfremder (invasiver) Arten ein großes Problem für die Biodiversität.

Wirtschaftliche Aktivitäten, bzw. unsere Produktions- und Konsummuster, befeuern den Biodiversitätsverlust, indem sie zu den o.g. Treibern beitragen. Besonders stark tragen Land- und Forstwirtschaft, Fischerei, der Ausbau von Infrastruktur, Rohstoffabbau und Industrieproduktion dazu bei (siehe Abb. 2). Beispielsweise sind Süßwasserökosysteme zu fast einem Drittel durch die Landwirtschaft bedroht. Der Industrie-, Bergbau- und Rohstoffsektor ist für ein weiteres Drittel der Bedrohung verantwortlich. Terrestrische Ökosysteme werden vor allem durch Aktivitäten der Landwirtschaft (40 Prozent), Forstwirtschaft (20 Prozent) und Infrastruktur (15 Prozent) belastet. Bei Meeresökosystemen ist insbesondere der Fischereisektor zu

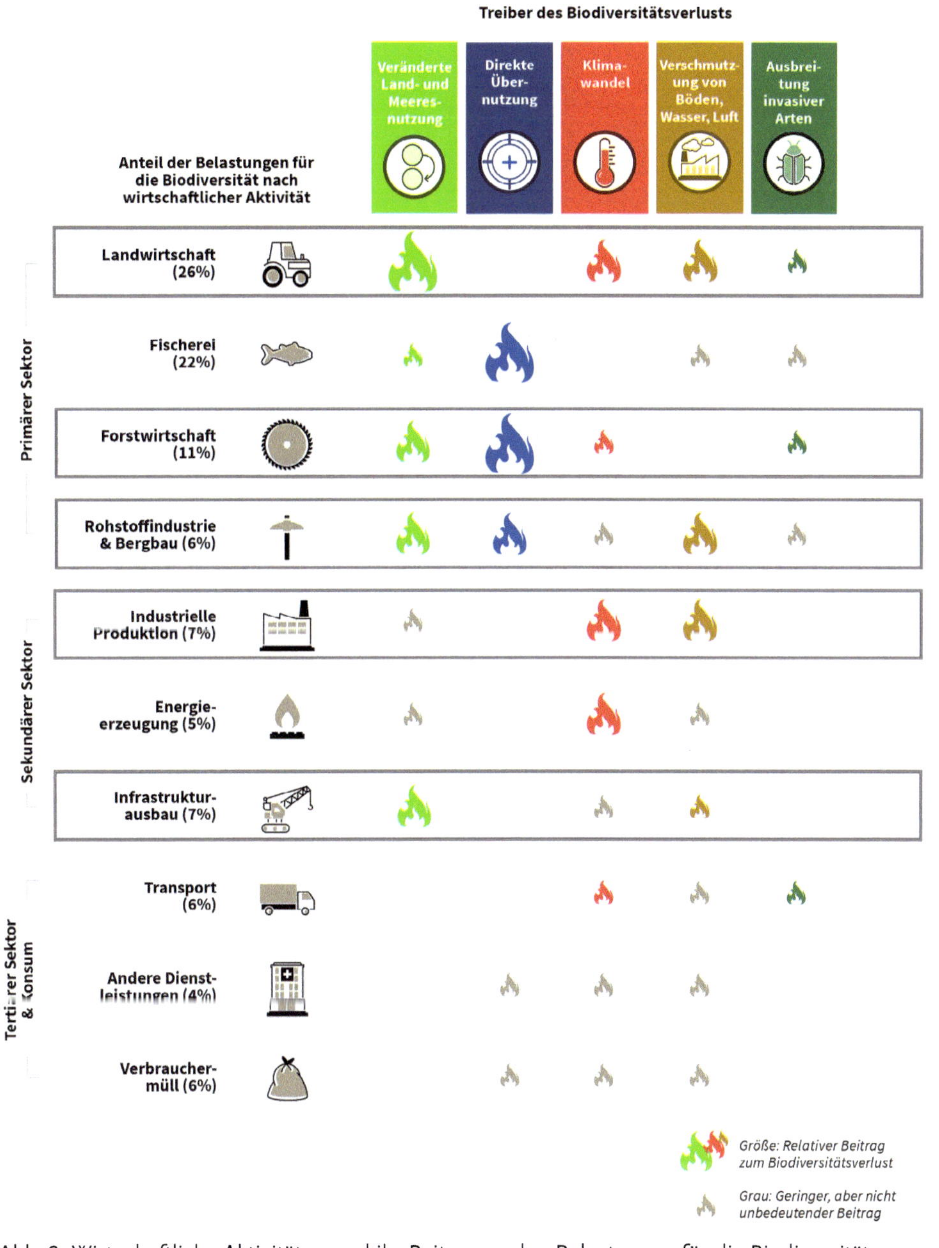

Abb. 2: Wirtschaftliche Aktivitäten und ihr Beitrag zu den Belastungen für die Biodiversität. Hinweise: Die Größe und Farbe der Flammen verweisen auf den Beitrag jeder Aktivität zu den fünf Treibern des Biodiversitätsverlusts; Aktivitäten mit geringem Anteil werden ebenso wie illegale Aktivitäten nicht berücksichtigt. Quelle: Analyse durch BCG und NABU.

nennen, welcher knapp zwei Drittel der Bedrohung ausmacht. Gerade die Wertschöpfung der Sektoren Landwirtschaft, Forstwirtschaft und Fischerei und die daran anknüpfenden Wertschöpfungsketten hängt aber ganz wesentlich von funktionsfähigen Ökosystemen ab.

Abbildung 2 zeigt anhand der Größe von Flammen, wie stark die verschiedenen Sektoren zu den größten Treibern des Biodiversitätsverlustes beitragen. In der Studie wurden die Sektoren Landwirtschaft, Forstwirtschaft, Rohstoffindustrie und Bergbau, Industrielle Produktion und Infrastrukturausbau detailliert analysiert, welche insgesamt einen Anteil von fast 60 Prozent am Biodiversitätsverlust tragen.

Was können Unternehmen tun, um die Biodiversität zu schützen und wiederherzustellen?

Klar ist: Um den Trend umzukehren und die Biodiversität für zukünftige Generationen zu erhalten, braucht es tiefgreifende, systemische Veränderungen. Der erste Schritt dafür ist, ein Verständnis für die Problematik zu bekommen und zu erkennen, dass intakte Ökosysteme der wahre Schlüssel für dauerhaften Erfolg und Wohlstand sind.

Unternehmen sind wichtige Akteure, die diesen Wandel maßgeblich mitgestalten können. Im besten Fall haben die meisten Unternehmen in ein paar Jahren Biodiversitätsbelange in all ihre Entscheidungen und Prozesse integriert. Dies ist natürlich kein ganz leichtes Unterfangen, aber je mehr Unternehmen sich engagieren desto größer ist die Chance, dass sich ein Wandel über die gesamten Wertschöpfungsketten vollziehen lässt.

Offenlegen des eigenen Biodiversitäts-Fußabdrucks

Ein guter erster Schritt ist es, den Biodiversitäts-Fußabdruck entlang der Produktlieferketten zu erfassen und zu veröffentlichen. Dies sorgt für Klarheit und Transparenz – für das Unternehmen selber, aber auch für alle an der Wertschöpfungskette beteiligten Akteure, von Produzent*innen bis zu Konsument*innen. Verbraucher*innen und Investor*innen fordern zunehmend die Veröffentlichung von ESG-Daten, darunter auch vollständige Transparenz in den Produktlieferketten. 2018 rief zum Beispiel eine Investorengruppe Öl- und Gasfirmen auf, ihre Maßnahmen zur Bekämpfung des Klimawandels zu verstärken. Freiwillige „Pionier*innen" könnten so eine positive Entwicklung hin zur sektorweiten Transparenz herbeiführen, unterstützt durch Rahmenwerke wie die Global Reporting Initiative und das Global Environmental Disclosure System, die bereits mit der Aufnahme von Biodiversitätskriterien begonnen haben.

Freiwillige Biodiversitätsstandards nutzen

Ein gutes Instrument ist auch die Verpflichtung zu freiwilligen Biodiversitätsstandards, um einen Wandel in der Wertschöpfungskette anzustoßen. Dadurch lassen sich gute Biodiversitätspraxen von Unternehmen gegenüber Firmenkunden und Endverbraucher*innen kenntlich machen. Es existiert jedoch eine große Vielfalt an Standards und Gütesiegeln sowohl in Bezug auf Qualität als auch auf Wirksamkeit. Unternehmen sollten sich daher beraten lassen, z.B. von etablierten Umwelt-NGOs. Beispiele für spezifische Biodiversitätsstandards sind die Climate, Community & Biodiversity Standards (CCBS) von Verra und die Zertifizierung der Union for Ethical BioTrade (UEBT). Darüber hinaus zertifizieren die beiden gemeinnützigen Organisationen Marine Stewardship Council (MSC) und Forest Stewardship Council (FSC) nachhaltige Meeres- und Waldbewirtschaftung. Wichtig ist, dass die Zertifizierungsstellen die Einhaltung der Standards und Gütesiegel in der gesamten Wertschöpfungskette – einschließlich Ressourcengewinnung und Anbau – gewährleisten. Denn, wie wir wissen, entstehen die größten direkten Belastungen der Biodiversität im Primärsektor.

Kreislauforientiertes Wirtschaften

Kreislauforientiertes Wirtschaften kann die Belastungen auf die Biodiversität verringern, indem der allgemeine Ressourcenbedarf sowie Eingriffe in natürliche Ökosysteme durch Ressourcenabbau und Produktion reduziert, im besten Fall sogar ganz eliminiert werden. Kreislaufwirtschaft ermöglicht eine größere Wiederverwendbarkeit und biologische Abbaubarkeit von Endprodukten, außerdem kann sie die Ressourceneffizienz von Produktionsprozessen verbessern, Emissionen reduzieren und Giftstoffe beseitigen. So können der allgemeine Ressourcenbedarf und der Flächenverbrauch auf ein Minimum reduziert werden.

Die Entwicklung biodiversitätsfreundlicher Technologien

Innovationen und die Entwicklung biodiversitätsfreundlicher Technologien ist ebenfalls ein vielversprechender Ansatz, um die Belastungen auf die Biodiversität zu reduzieren. Dies kann ganz nebenbei natürlich auch weitere positive Effekte für Unternehmen haben, z.B. indem durch umweltfreundliche Technologien Kosten gespart werden. Hierbei gilt es, regelmäßig zu überprüfen, ob die geplanten positiven Auswirkungen auf die Biodiversität tatsächlich eintreten. Zudem sollte das Vorsorgeprinzip als Leitrahmen für innovative Ansätze dienen.

Die wichtigsten Anforderungen für den Schutz und Wiederaufbau der Biodiversität sind neben dem Erhalt und der Wiederherstellung gut vernetzter Schutzgebiete an Land und im Meer vor allem ein integriertes Landnutzungsmanagement – charakterisiert durch Strukturvielfalt in der Landschaft, die Nutzung vielfältiger Kulturpflanzen und Sorten sowie verringerte oder gänzlich entfallende Einträge toxischer Chemikalien und Nährstoffe. Bei der Entwicklung innovativer Konzepte oder biodiversitätsfreundlicher Technologien sollte dies stets berücksichtig werden.

Beteiligung an Projekten zum Schutz und der Wiederherstellung von Biodiversität

Unternehmen können sich freiwillig im Naturschutz und damit verbundenen Renaturierungsprojekten beteiligen, indem sie Land erwerben und dem Naturschutz widmen oder Landbesitzer*innen oder Pächter*innen dafür bezahlen, Flächen im Sinne der Biodiversität zu managen. Im Landkreis Oberhavel führt der NABU in Zusammenarbeit mit dem European Land Conservation Network (ELCN) beispielsweise ein Pilotprojekt zu unternehmenseigenen Reservaten (Company Reserves) durch, das von der Europäischen Union im Rahmen des EU-LIFE-Programms gefördert wurde. Darin hat ein in Berlin ansässiges Unternehmen 35 Hektar Land gekauft und widmete es der Wiederherstellung der Artenvielfalt. In anderen Partnerschaften ermöglicht es der NABU Unternehmen, sich an der Renaturierung von Mooren oder am Insektenschutz zu beteiligen. Zu beachten ist bei solchen Projekten die Einhaltung von Naturschutzgesetzen, wie z.B. dem Artenschutzrecht, sowie die Kohärenz mit regionalen Naturschutzprioritäten. Die Planung von Erhaltungsmaßnahmen auf privatem Land sollte die lokalen Ökosystembedürfnisse und Interessen der Landnutzer*innen berücksichtigen und ein langfristiges, nachhaltiges Ökosystemmanagement anstreben.

Aufklärungsarbeit leisten

Unternehmen können ihre Kundschaft sowie Mitarbeitende und Zulieferbetriebe informieren und für Biodiversität sensibilisieren. Die Publikation von BCG und NABU kann beispielsweise genutzt werden, um Menschen an das Thema heranzuführen, die bisher keine oder nur wenige Berührungspunkte damit hatten. Wenn Unternehmen ihre Kundschaft über die Effekte der Produktion auf die Biodiversität aufklären, kann dies darüber hinaus das Kaufverhalten der Menschen verändern und somit langfristige Effekte erzielen. Kommunikations-Kampagnen können hierfür genutzt werden – auch um die Mitarbeitenden zu informieren.

Rechtssicherheit und fairen Wettbewerb von der Politik einfordern

Unternehmen können sich dafür einsetzen, dass die Politik mit klaren Regeln und Anreizen einen guten Rahmen für Schutz und Wiederherstellung der Biodiversität setzt. Dies schafft Transparenz, fairen Wettbewerb und Planungssicherheit für die Unternehmen und erleichtert es ihnen, ihren Beitrag von naturverträglicher und klimaneutraler Produktion zu leisten. Statt naturschädigende Subventionen (wie beispielweise in der EU-Agrarpolitik) zu tätigen, wäre es sinnvoll, Steuergelder nur noch gezielt für die Förderung von Gemeinwohlleistungen und biodiversitätsfreundlichen Praktiken einzusetzen.

Die Zeit zu handeln ist jetzt! Der Beitrag von Unternehmen ist unverzichtbar, um die Biodiversitätskrise zu lösen und die Vielfalt des Lebens in all ihrem Reichtum zu erhalten.

Die Studie ist unter folgendem Link verfügbar:
https://www.nabu.de/imperia/md/content/nabude/biodiv/200923-nabu-bcg-studie-biodiv.pdf

Über die Autorin

MAGDALENE TRAPP
ist Referentin für Biodiversitätspolitik und Naturschutz beim NABU Bundesverband. Nach ihrem Studium in „Ökosystemmanagement (BSc.)“ und „Sustainable International Agriculture (MSc.)“ an den Universitäten Göttingen und Kassel widmete sie sich zunächst intensiv dem Thema EU-Agrarpolitik mit ihren sozialen und ökologischen Folgen.
Foto: ©sevens + maltry

Kontakt

NABU (Naturschutzbund Deutschland) e.V.
Bundesgeschäftsstelle
Charitéstraße 3
10117 Berlin
Tel.: 030/284984-1640
magdalene.trapp@NABU.de
www.NABU.de

Best Practice
Nachhaltigkeits-management in Unternehmen

AFB GGMBH

Umweltschutz und Inklusion Hand in Hand: IT-Refurbishing bei AfB social & green IT

SINA GRIMM

Deutscher Nachhaltigkeitspreis, Europas Sozialunternehmen des Jahres 2020, Sustainability Heroes Award, Digital Leader Award 2020 – die Liste der Auszeichnungen für das gemeinnützige IT-Unternehmen AfB social & green IT ist lang. Ein Zeichen dafür, dass der IT-Refurbisher in Sachen Nachhaltigkeit vieles richtig macht.

Das IT-Unternehmen AfB gGmbH bietet eine ökologische und soziale Lösung für den Umgang mit gebrauchter Firmenhardware an: Funktionsfähige IT- und

Gelungene Inklusion im IT-Unternehmen. Bild: AfB gGmbH

Mobilgeräte wie Geschäftshandys, -laptops und Monitore werden nicht entsorgt, sondern von AfB unter höchsten Sicherheitsvorkehrungen gelöscht, aufbereitet und wiedervermarktet. Die verlängerte Nutzungsdauer der Geräte ist ökologisch besonders wertvoll, da sie Rohstoffabbau reduziert, Elektroschrott verringert und Treibhausgasemissionen einspart.

Gleichzeitig handelt es sich um ein Inklusionsunternehmen, das sozialversicherungspflichtige Arbeitsplätze für Menschen mit Behinderung auf dem ersten Arbeitsmarkt schafft. Daher auch der Name „AfB“: Arbeit für Menschen mit Behinderung.

Im Folgenden schauen wir uns an, was das Unternehmen ausmacht, wie Nachhaltigkeit konkret umgesetzt wird und wie AfB ein nützlicher Partner für Ihr Unternehmen sein kann.

Das Kerngeschäft von AfB: Klima schonen durch IT-Refurbishing

Kaum jemand käme auf die Idee, einen gebrauchten Firmenwagen in gutem Zustand einfach zu verschrotten. Aber genau das geschieht häufig mit gebrauchter Firmenhardware, wie Geschäftshandys und Laptops. AfB ist darauf spezialisiert, aus-

Ob im Onlineshop oder wie hier in den Köln Arkaden: Den größten Teil des Umsatzes macht AfB mit Privat- und Geschäftsleuten, Schulen und Non-Profit-Organisationen. Foto: AfB

gemusterte IT- und Mobilgeräte von Unternehmen und öffentlichen Einrichtungen zu übernehmen, aufzubereiten und zu vermarkten – also „Refurbishment“ zu betreiben. Die hochwertigen Geräte erhalten bei AfB das neueste Betriebssystem und werden online oder im AfB-Shop verkauft, deutlich günstiger als Neuware aber mit mindestens 12 Monaten Garantie. Etwa 85 Prozent des Umsatzes macht AfB im Endkundengeschäft, das heißt mit Privat- und Geschäftsleuten, Schulen und Non-Profit-Organisationen.

Ziel des IT-Refurbishments ist es, die Nutzungsdauer zu verlängern, denn: Studien bestätigen, dass der anteilige CO_2-Ausstoß für die Neuproduktion von Kommunikationselektronik höher ist als die Umweltbelastung, die durch deren Energieverbrauch über die gesamte Nutzungsphase hinweg entsteht.

Eine Studie der Vereinten Nationen zeigt, dass lediglich 20 Prozent aller Elektrogeräte weltweit formal ordentlich gesammelt und recycelt werden. Ein Großteil des Elektroschrotts gelangt auf Müllhalden in afrikanischen Ländern wie Ghana. Nicht fachgerechtes Recycling kontaminiert die Umwelt, belastet den Boden und ist gleichzeitig mit einem hohen Verlust an wertvollen Ressourcen verbunden, wie z.B. Kupfer, Silber, Gold, Palladium und Kobalt. Nicht mehr vermarktbare Hardware wird bei AfB daher unter hohen ökologischen und ethischen Standards zerlegt und recycelt.

Jährlich wertet AfB den ökologischen Beitrag seines Remarketings aus. So wurden 2019 mehr als 475.000 IT- und Mobilgeräte mit einem Gesamtgewicht von

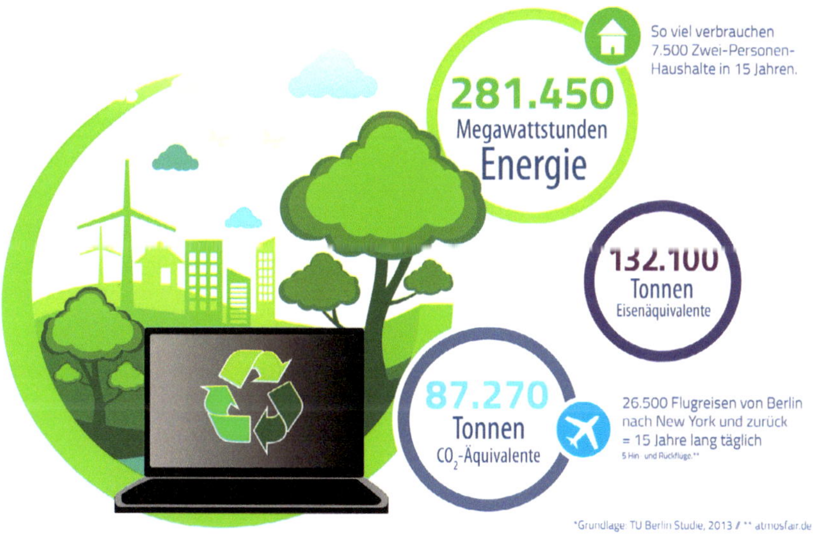

Ressourceneinsparung durch IT-Wiedervermarktung bei AfB 2004 bis 2019. Bild: AfB gGmbH

mehr als 3.100 Tonnen von 685 Unternehmen und öffentlichen Einrichtungen aus neun europäischen Ländern bearbeitet. Zwei Drittel der Hardware konnte nach Datenlöschung und Aufbereitung wieder vermarktet werden.

In den ersten 15 Jahren seit Bestehen des Unternehmens wurden durch das Remarketing der Geräte im Vergleich zur Neuproduktion folgende Ressourcen eingespart:

- 132.100 Tonnen Metalle und Mineralien (Eisenäquivalente)
- 87.270 Tonnen Treibhausgase (CO_2-Äquivalente)
- 281.450 Megawattstunden Energie

Der Prozess der IT-Aufarbeitung im Detail

AfB macht aus der Einbahnstraße „Make – Use – Waste" eine Kreislaufwirtschaft und damit „Make – Use – Reuse". So sieht der Prozess der IT-Aufarbeitung konkret aus:

- *Abholung:* Datensicherheit hat für Firmen, die ihre Hardware AfB anvertrauen, oberste Priorität. AfB stellt daher abschließbare Transportbehältnisse zur Sammlung der Geräte zur Verfügung. Abholaufträge können von Partnerunternehmen über ein geschütztes Online-Portal angelegt werden. Das nach DSGVO geschulte AfB-Personal fährt mit AfB-eigenem Sicherheitstransport Abholungen in vielen europäischen Ländern.
- *Gerätetest und Datenlöschung*: Hier wird entschieden, ob ein Gerät funktionsfähig oder reparaturbedürftig ist oder als Ersatzteilspender bzw. in der Rohstoffwiedergewinnung Verwendung findet. Kann ein Gerät weiter vermarktet werden, geht es in die zertifizierte Datenvernichtung und Aufarbeitung. Elektronik, die nicht weiter vermarktet werden kann, wird mittels Festplatten-Schredders zerstört.
- *Aufbereitung*: Alle funktionsfähigen Geräte werden zunächst gründlich und fachgerecht gereinigt. Bei Bedarf werden sie von IT-Technikern repariert und/oder aufgerüstet. Da AfB von Microsoft als Refurbisher autorisiert ist (MAR „Microsoft Authorized Refurbisher"), kann AfB auf allen generalüberholten Geräten rechtssichere Windows-Lizenzen vorinstallieren.
- *Verkauf*: Aufbereitete IT-Geräte vermarktet AfB vorwiegend an Endkunden z.B. Privatpersonen, Schulen oder Non-Profit-Organisationen und geprüfte Händler und gewährt mindestens zwölf Monate Garantie.

Kreislaufwirtschaft durch IT-Aufarbeitung bei AfB gGmbH. Grafik: AfB gGmbH

Wie Inklusion in einem IT-Unternehmen gelingt

Über die umwelt- und ressourcenschonende Gestaltung des After-Life-Treatments von Kommunikationselektronik hinaus nimmt sich AfB noch eines weiteren Aspekts von Nachhaltigkeit an: nämlich der Inklusion von Menschen mit Behinderung. Das Sozialunternehmen beschäftigt an 19 Standorten in fünf europäischen Ländern 470 Menschen, 43 Prozent davon haben eine Behinderung (Stand Dez. 2020).

Anders als in einer Werkstatt für behinderte Menschen (WfbM) gehen die AfB-Angestellten einer sozialversicherungspflichtigen Beschäftigung auf dem ersten Arbeitsmarkt nach. Alle Prozessschritte und öffentlich zugänglichen Räume sind barrierefrei gestaltet, denn die Mitarbeiterinnen und Mitarbeiter arbeiten in gemischten Teams.

AfB ist Europas größtes gemeinnütziges IT-Unternehmen (Stand Dez. 2020). Grafik: AfB gGmbH

Entsprechend des Firmennamens „Arbeit für Menschen mit Behinderung" (AfB) reinvestiert das anerkannte Inklusionsunternehmen seine Überschüsse in den Ausbau von inklusiven Arbeitsplätzen. So wurde es zu Europas größtem gemeinnützigen IT-Unternehmen.

Aus „used IT" wird also nicht nur „green IT", sondern „social & green IT".

Thomas Broksch ist AfB-Datenlöscher und gehörlos. Bild: Thomas Schmülgen/Aktion Mensch

Von papierlos bis Brunnentechnik: Nachhaltigkeit auf allen Ebenen

Bei AfB liegt das Hauptaugenmerk in Sachen Nachhaltigkeit auf IT-Dienstleistung und Inklusion. Doch auch darüber hinaus versucht die Firma, möglichst klimaneutral zu handeln und ihrer gesellschaftlichen Verantwortung nachzukommen. Hier ein Einblick, in welchen weiteren Bereichen Nachhaltigkeit gelebt wird:

Onlinehandel

Der Verkauf über den Onlineshop spielt bei AfB in Zeiten des Onlinehandels natürlich eine große Rolle. AfB setzt zum Versand der Geräte auf DHL Go Green.

Interne Infrastruktur

Alle sind angehalten, möglichst papierlos zu agieren. Einige Beispiele: Intranet statt Mitarbeiterzeitschrift, digitale Lohnbescheinigungen, Ausdrucke, nur, wenn wirklich nötig. Die Arbeitsplätze sind barrierefrei und entsprechend des individuellen Bedarfs gestaltet.

Mobilität der Mitarbeitenden

Die Beschäftigten werden angeregt, den Weg zur Arbeit mit dem Fahrrad zurückzulegen. Dafür kooperiert AfB mit einem Unternehmen für Fahrrad-Leasing. An der AfB-Zentrale in Ettlingen befinden sich zudem Ladesäulen für Elektroautos. Hier arbeiten etwa 30 Prozent aller AfB-Mitarbeitenden.

Ökologische Bauweise der Zentrale

2019 wurde die neugebaute AfB-Zentrale in Ettlingen eingeweiht. Bei der Auswahl des Bauunternehmers wurde darauf geachtet, dass die Bauweise ebenfalls möglichst ökologisch ist. Die Kühlung des Gebäudes erfolgt im Sommer durch Brunnenwassertechnik, die Pumpe wird mit dem Strom der hauseigenen Solaranlage betrieben. Im Winter wird die durch den Gerätebetrieb entstehende Wärme, die z.B. bei der Datenlöschung von PCs, Notebooks und Servern entsteht, genutzt, um die Büroräume zu beheizen.

Logistik

AfB holt die aussortierten Geräte mit einem eigenen Fuhrpark mit DSGVO geschultem Personal bei den Partnerunternehmen ab. Die Disposition erfolgt über ein Online-Portal, auf das die Firmen jederzeit zugreifen können. So können Fahrten effektiv gebündelt und Fahrtwege möglichst kurzgehalten werden.

Energiemanagement

Etwa die Hälfte der 19 AfB-Standorte wird durch Ökostrom betrieben. Teilweise liegt die Auswahl des Energieanbieters nicht im eigenen Handlungsbereich, da z.B. ein AfB-Shop in einem Einkaufszentrum eingemietet ist.

Gesellschaftliche Verantwortung

Zugang zu hochwertiger Bildung bedeutet auch Zugang zu guten Lernmitteln. AfB hat daher die Initiative „Mobiles Lernen" gegründet und setzt sich damit für Chancengleichheit im Bildungswesen ein: Das IT-Unternehmen stattet über ein besonders preiswertes Mietmodell ganze Schulklassen mit neuen elternfinanzierten Laptops oder Tablets aus. Ein Bildungsfonds erlaubt es zudem, auch finanziell eingeschränkten Familien ein Gerät zu mieten. Auch Schulen und andere Bildungseinrichtungen erhalten Sonderkonditionen beim Kauf von AfB-Hardware.

AfB fördert mit Unterstützung von Partnerunternehmen zudem weltweit Bildungsprojekte. So gingen 2019 mehr als 13.000 von AfB aufgearbeitete Geräte an Schulen, an NGOs und Menschen in Flüchtlingseinrichtungen und wurden für mediale Bildung, zivilgesellschaftliche Arbeit und Fernstudien eingesetzt.

Verantwortung zeigen, Vertrauen schaffen, Ziele setzen

Refurbished oder generalüberholt sind keine geschützten Begriffe. Jeder Shop versteht etwas anderes darunter. Daher ist es wichtig, auf Zertifizierungen oder Auszeichnungen zu achten, die die Vertrauenswürdigkeit des Händlers unterstreichen. Zertifikate, unabhängige Bewertungen (z.B. ein Nachhaltigkeitspreis) und eine bewusste Kommunikation prägen die öffentliche Wahrnehmung positiv und vermitteln die Kompetenzen des IT-Unternehmens.

Zertifizierungen

- Das IT-Unternehmen ist vom TÜV Süd mit ISO 9001 und ISO 14001 zertifiziert.
- AfB ist staatlich anerkannter Entsorgungsfachbetrieb der bvse.
- Schon seit 2012 wird AfB jährlich als „Microsoft Authorized Refurbisher" (MAR) ausgezeichnet. Dieses Label unterstreicht die hohe Kompetenz der AfB in Bezug auf Datensicherheit und den Umgang mit Windows-Lizenzen.
- Seit vielen Jahren setzt AfB auf Datenlöschung mit der weltweit am meisten zertifizierten Löschsoftware blancco. AfB ist blancco Platinum Partner.

Auszeichnungen

Für sein sozioökologisches Geschäftsmodell erhielt das IT-Unternehmen bereits zahlreiche Auszeichnungen. Hier einige Bespiele für die Preise im Jahr 2020:

- AfB wurde in der Kategorie „Circular Economy" (Kreislaufwirtschaft) mit dem Sustainability Heroes Award ausgezeichnet. Der Preis (ehem. German Award of Excellence) wird von der DQS CFS GmbH Deutsche Gesellschaft für Nachhaltigkeit und der DGQ Deutsche Gesellschaft für Qualität ausgelobt und zeichnet Unternehmen für herausragendes nachhaltiges Engagement aus.
- AfB gGmbH erhielt den Digital Leader Award 2020. Dieser würdigt Projekte, Strategien und Erfolgsgeschichten, die zeigen, wie die digitale Transformation in Deutschland gelingt und weiter vorangetrieben wird. In diesem Jahr sind 83 Bewerbungen von Unternehmen, Organisationen und Behörden eingegangen.
- AfB konnte sich bei der europaweiten Ausschreibung, durchgeführt von Social Firms Europe CEFEC, durchsetzen und überzeugte die Jury mit dem Gesamtkonzept aus sozialer Inklusion, fairen Gehältern, ökologischer Nachhaltigkeit und wirtschaftlichem Erfolg. Damit ist AfB Europas Sozialunternehmen des Jahres 2020.

Sechs auf einen Streich: AfB social & green IT zahlt auf SDGs ein

Die Vereinten Nationen haben 17 Nachhaltigkeitsziele (SDGs) definiert, auf sechs davon zahlt AfB durch seine sozialökologischen IT-Dienstleistungen ein. Jede Partnerschaft zwischen AfB und einem Unternehmen verstärkt die Wirkung:

Die Nachhaltigkeits-Ziele der AfB bis 2025. Grafik: AfB

Gesundes Wachstum, statt maximales Outcome

Bis zum Jahr 2025 hat sich AfB das Ziel gesetzt, 200.000 Tonnen CO_2, 300.000 Tonnen Rohstoffe und 600.000 MWh Energie einzusparen. Dazu plant AfB, insgesamt 700 Arbeitsplätze zu schaffen und über 300 davon mit Menschen mit Behinderung zu besetzen. Dies ist möglich, wenn Unternehmen, Banken, Versicherungen und Einrichtungen der öffentlichen Hand ihre Verantwortung im IT-Bereich erkennen und ihre Gebraucht-IT nicht verschrotten, sondern aufarbeiten lassen.

So unterstützt AfB Ihr Unternehmen, um in Sachen IT nachhaltiger zu werden

In Zeiten von Klimawandel, zunehmender Digitalisierung und sozialer Ungleichheit auf dem Arbeitsmarkt ist es wichtig, dass sich Unternehmen ihrer ökologischen und gesellschaftlichen Verantwortung bewusst sind und entsprechend handeln. Es gilt, eine Vorbildfunktion für andere Firmen einzunehmen, aber auch die eigenen Mitarbeitenden für diese Themen zu sensibilisieren.

Auf folgende Weise kann AfB Ihr Unternehmen unterstützen, nachhaltiger zu werden:

Neue Hardware anschaffen

Mit dem Kauf eines IT-Geräts bei AfB unterstützen Sie die ökologische und soziale Wirkung des gemeinnützigen Unternehmens. In unserer zunehmend digitalisierten Gesellschaft schaffen Sie so bei Ihren Mitarbeitenden ein Bewusstsein für den nachhaltigen Umgang mit IT.

Die im AfB-Shop oder online angebotenen Handys, Laptops, PCs und Monitore sind geprüft, hochwertig ausgestattet und günstiger als in der Neuanschaffung. Zudem sind sie immer mit dem neusten Betriebssystem ausgestattet und haben mindestens zwölf Monate Garantie. Auch Neuware befindet sich in den Regalen der AfB-Shops. Die AfB-Mitarbeitenden vor Ort nehmen auch IT zur Reparatur entgegen.

Alte Hardware sicher entsorgen

Ob kleiner Betrieb oder Großunternehmen, nicht mehr benötigte Handys, PCs, und Laptops sollten einem geschlossenen IT-Kreislauf zugeführt werden. AfB bietet maximale Sicherheit für Daten und kümmert sich verantwortungsvoll um die weitere Verwendung der Geräte, sei es zur Wiedervermarktung, als Ersatzteile oder zur Rohstoff-Rückgewinnung.

Partnerschaft eingehen

Prüfen Sie im Gespräch mit Ihrem AfB-Ansprechpartner*innen, wie sich eine Partnerschaft für Sie lohnt. Rund 1.000 Unternehmen, Banken, Versicherungen und öffentliche Einrichtungen vertrauen auf die Expertise von AfB. Die ökologische Wirkung einer Partnerschaft mit AfB lässt sich dank einer Studie der TU Berlin genau beziffern. Jährlich stellt AfB seinen Partnerunternehmen ein Zertifikat bzw. eine Urkunde über Höhe der Ressourceneinsparung und der Sicherung an inklusiven Arbeitsplätzen aus. Zudem erhalten die Angestellten des Partnerunternehmens Sonderkonditionen beim Kauf eines AfB-Geräts.

Über die Autorin

SINA GRIMM
ist studierte Medienwissenschaftlerin und gelernte PR-Redakteurin. Seit 2017 verantwortet sie Maßnahmen der Presse- und Öffentlichkeitsarbeit bei AfB gGmbH.

Kontakt

AfB gGmbH
Carl-Metz-Straße 4
76275 Ettlingen
Tel.: 07243/20000-0
info@afb-group.eu
www.afb-group.eu

ASSMANN BÜROMÖBEL GMBH UND CO. KG

Meller Familienunternehmen denkt und handelt seit Jahrzehnten nachhaltig – in allen Bereichen

MARTIN KÖNNEKER

Zum Unternehmen

Im Jahr 1939 als Dorftischlerei in Melle gestartet, gehört die ASSMANN Büromöbel GmbH & Co. KG heute zu den Marktführern in der deutschen Büromöbelbranche. Das mittelständische Familienunternehmen aus Niedersachsen wird in der dritten Generation von Dirk Aßmann als geschäftsführendem Gesellschafter geleitet und hat sich in mehr als 80 Jahren stetig weiterentwickelt: In einer der modernsten Büromöbelproduktionen Europas fertigt ASSMANN funktionelle und innovative Möbelsysteme und Einrichtungslösungen für moderne Arbeitswelten mit höchstem Qualitätsanspruch. Nachhaltigkeit zählt dabei neben Produktentwicklung, Qualität, innovativer Fertigungstechnik und Kosteneffizienz zu einem der wichtigen Faktoren des Unternehmens – mit Erfolg! Nachdem ASSMANN bereits im vergangenen Jahr beim deutschen Nachhaltigkeitspreis auf dem Siegerpodest stand, hat es das Unternehmen auch in diesem Jahr wieder in die Top 5 im Transformationsfeld Ressourcen geschafft.

Umfasste das Produktsortiment lange vorwiegend ergonomische Einzel- und Gruppenarbeitsplätze sowie Einrichtungslösungen für Empfangs- und Seminarbereiche, wurde dies in den vergangenen Jahren konsequent erweitert – zunächst um akustisch wirksame Lounge-Möbel, stylische Sitzmöbel sowie innovative und smarte Stauraum- und Regalsysteme, ab 2021 mit einer eigenen Büroküchenserie und Bürostuhlserie. Im Ergebnis verfügt ASSMANN damit heute über ein umfassendes Produktportfolio für alle Bereiche moderner Arbeitswelten. Zum erweiter-

ASSMANN Unternehmenssitz in Melle, Fotos: ASSMANN

ten Leistungsangebot für Kunden und Fachhandelspartner gehören darüber hinaus individuelle Beratung, konzeptionelle Raumplanung mit dem vollumfänglichen Dienstleistungsangebot ASSMANN 4ROOMS, innovative Smart-Office-Lösungen, die Auslieferung mit eigenem Lkw-Fuhrpark, Montageservice sowie Finanzierungs- und Altmöbel-Entsorgungskonzepte.

Nachhaltigkeit als fester Bestandteil der Unternehmenskultur

Was sich in acht Jahrzehnten nicht geändert hat: Das Familienunternehmen setzt auf das gelebte ASSMANN-Prinzip „GUTE ARBEIT“, bei dem – neben höchster Produktqualität und Zuverlässigkeit – vor allem der Mensch sowie das nachhaltige Handeln und Wirtschaften im Vordergrund stehen. So hat der Büromöbelhersteller bereits früh ein Umweltmanagement nach EMAS aufgebaut und sich 1996 ins EMAS-Register eintragen lassen. Seither veröffentlicht ASSMANN jährlich eine detaillierte Umwelterklärung und in regelmäßigen Abständen einen freiwilligen Nachhaltigkeitsbericht. Auch im 21. Jahrhundert setzt das Familienunternehmen diesen Weg fort. Dabei wird Nachhaltigkeit als dynamischer Prozess gesehen, beeinflusst durch eine Vielzahl von Faktoren: In den 1990ern und frühen 2000ern lag der Fokus stark auf der Verbesserung von Umweltleistungen, da sich produktbedingt die Lieferkette nahezu ausschließlich auf Deutschland beschränkte. Mit zunehmender Diversifizierung des Produktportfolios und u.a. der gestiegenen Relevanz von elektronischen Komponenten, z.B. in elektromotorisch höhenverstellbaren Tischen, nahm auch die Internationalisierung der Lieferkette und damit die Relevanz der Betrachtung der sozialen Aspekte zu.

In seinem Nachhaltigkeitsleitbild bekennt ASSMANN sich zu seiner ökonomischen, ökologischen und sozialen Verantwortung. Dementsprechend großer Wert wird auf den kontinuierlichen Austausch und das partnerschaftliche Miteinander gelegt, um gemeinsam konkrete und evaluierbare Nachhaltigkeitsziele festzulegen, weiterzuentwickeln und bei Bedarf neu zu definieren. Das Unternehmen geht offen mit den Fortschritten aber auch Herausforderungen um und kommuniziert diese seit 2011 regelmäßig in Nachhaltigkeitsberichten nach dem GRI-Standard und seit 2017 auch nach dem DNK.

Praxisbeispiel Lieferkettenmanagement

Die Lieferkette macht einen großen Anteil der Auswirkungen der Geschäftstätigkeiten auf Umwelt und Gesellschaft aus. Daher ist es für ASSMANN von großer Bedeutung, nicht nur das eigene nachhaltige Handeln sicherzustellen, sondern auch die vor- und nachgelagerten Prozesse gemeinsam mit den beteiligten Lieferanten und Dienstleistern kontinuierlich zu verbessern. Aus diesem Grund wurde ein mehrstufiges Lieferantenmanagement aufgebaut.

Schon vor Verabschiedung des Nationalen Aktionsplans (NAP) für Wirtschaft und Menschenrechte hat sich ASSMANN mit der Einhaltung von Sozialstandards in der Lieferkette beschäftigt. So werden Lieferanten seit 2016 verpflichtend aufgefordert, den ASSMANN Verhaltenskodex zu den Themen Compliance, Menschenrechte und Gleichberechtigung, Gesundheitsschutz und Arbeitssicherheit, Umweltverantwortung und Umweltschutz sowie ethisches Handeln zu unterzeichnen. 95 Prozent der Zulieferbetriebe haben sich zu diesem Kodex bekannt, das entspricht 99,5 Prozent des wertmäßigen Einkaufsvolumens. Wenn Lieferanten diese Aspekte noch nicht vollumfänglich erfüllen können, werden gemeinsam Ursachen ermittelt und Lösungen erarbeitet, um so den aktiven Austausch zu fördern und Prozesse nachhaltig zu verbessern.

Zudem sind alle Lieferanten aufgefordert, eine detaillierte Selbstauskunft abzugeben und Fragen zum Qualitäts- und Umweltmanagement, aber auch zum Arbeitsschutz und zur Nachhaltigkeit zu beantworten. Rund 79 Prozent – gleichzusetzen mit 94 Prozent des wertmäßigen Einkaufsvolumens – haben diese Selbstauskunft abgegeben. Auch bei der Lieferantenselbstauskunft liegt der Schwerpunkt auf der Sensibilisierung und der Verbesserung von Nachhaltigkeitsleistungen in der Lieferkette. Auf der höchsten Stufe werden die 20 Hauptlieferanten, die knapp einem Fünftel der Zulieferer für Produktionsmaterial, Handelsware und Fremdfertigung entsprechen, bereits seit ca. 20 Jahren monatlich über ein standardisiertes, betriebsinternes System bewertet und entwickelt. Die Prüfkriterien sind Zuverlässigkeit, Qualität, Preisniveau und Nachhaltigkeitsaspekte. Da für eine monatliche Bewertung der Nachhaltigkeitskriterien keine sinnvolle Datenbasis besteht, wird die Einstufung auf Basis der Selbstauskunft und durchgeführter Audits vorgenommen; eine Anpassung erfolgt anlassbezogen. Nach Ablauf eines vollständigen Geschäftsjahres werden die Prüfkataloge bewertet und der beste Zulieferbetrieb erhält eine Auszeichnung.

ASSMANN Regelkreis – Leistung unter der Lupe

ASSMANN verfügt innerhalb seiner Managementsysteme über einen Regelkreis, mit dessen Hilfe die Leistungen und Aktivitäten bewertet werden, sodass mögliche negative Veränderungen frühzeitig erkannt und Maßnahmen zur Verbesserung prompt eingeleitet werden können. Der Regelkreis wird auf die speziellen Anwendungsfälle angepasst und legt fest, wann das obere Management steuernd eingreift. An einem realen Beispiel aus dem Bereich der Lieferantenbewertung und Entwicklung wird im Folgenden verdeutlicht, wie dieser Regelkreis funktioniert, wie dieser zu strategischen Entscheidungen führt und wie dabei Nachhaltigkeitsaspekte Berücksichtigung finden.

Kommt es in der Bewertung eines Lieferanten zu negativen Entwicklungen oder zu neuen, verschärften externen Anforderungen, wird in einem engen und intensiven Austausch gemeinsam ein Maßnahmenpaket entwickelt, um den Ansprüchen gerecht zu werden. Erbringen die ausgearbeiteten Maßnahmen nicht den gewünschten Erfolg und sind keine weiterführenden Lösungen umsetzbar, nimmt die Geschäftsleitung eine Chancen- und Risiken-Analyse vor und trifft eine Entscheidung im Sinne der strategischen Unternehmensausrichtung und der erwarteten Marktentwicklung.

In der beispielhaften Grafik ist dies der Entschluss zum Lieferantenwechsel im Bereich der elektromotorischen Komponenten für höhenverstellbare Schreibtische aus ökonomischen und qualitativen Gründen. In den operativen Bereichen Einkauf und Produktmanagement werden daraufhin die Anforderungen festgelegt, potenzielle Lieferanten ermittelt und eine Auswahl entsprechend den technischen Spezifikationen und zugesagten Liefer- und Zahlungsbedingungen getroffen, die zur finalen Entscheidung dem obersten Management vorgelegt wird. Der neu ausgewählte Lieferant wird schließlich in den regulären Bewertungskreislauf überführt, den er fortan monatlich durchläuft.

Die Wahl fiel im betrachteten Fall auf einen chinesischen Hersteller, der neben einer wettbewerbsfähigen Preispolitik auch über ein ausgeprägtes Qualitätsbewusstsein verfügt. Damit einhergehend unterzog ASSMANN das Thema der inter-

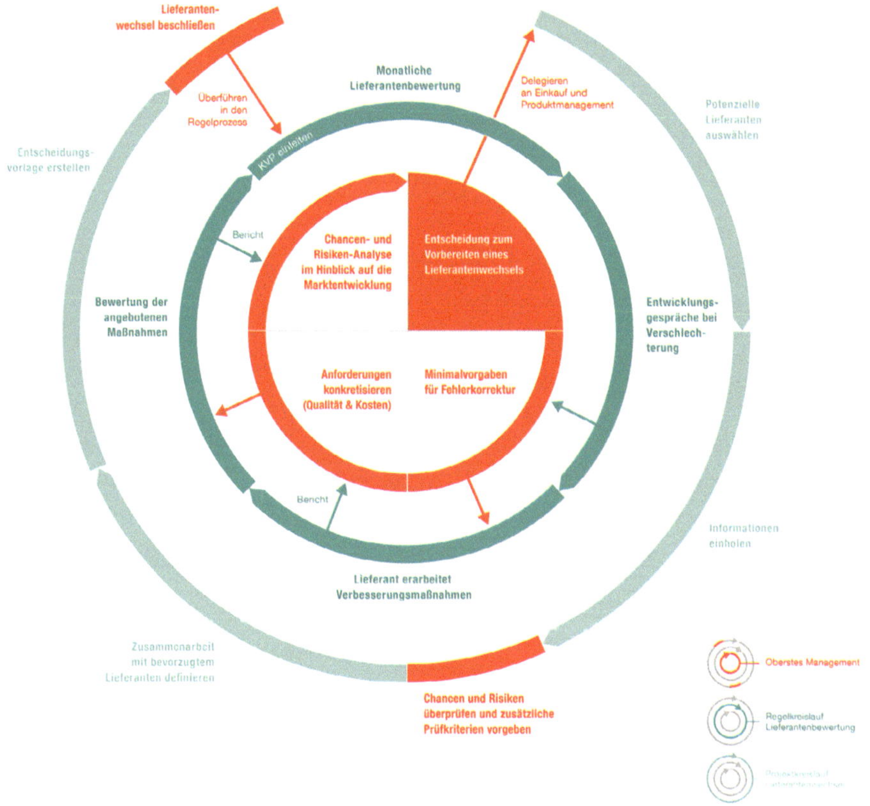

Der ASSMANN Regelkreis: Grafik: ASSMANN

nationalen Beschaffung und der damit verbundenen Auswirkungen auf umweltbezogene, soziale und gesellschaftliche Aspekte, das bisher eine eher geringe Relevanz hatte, einer genaueren Analyse.

Eine wichtige Messgröße ist dabei immer das Vorhandensein von externen Zertifizierungen. Und der neue Partner verfügt über die gleichen Zertifizierungen im Qualitäts-, Umwelt- und Arbeitssicherheitsbereich (ISO 9001, ISO 14001, OHSAS 18001). Zudem besteht eine sehr viel höhere Fertigungstiefe, sodass ein besserer direkter Einblick in die Vorfertigungsstufen der Lieferkette möglich ist. Um darüber hinaus die mit dem Lieferantenwechsel verbundenen Auswirkungen auf die Treibhausgasemissionen bewerten zu können, wurden auch Transport- und Lieferwege gegenübergestellt und auftretende CO_2-Emissionen über zertifizierte Aufforstungsprojekte kompensiert, um den Lieferantenwechsel möglichst CO_2-neutral zu stellen.

Bei ASSMANN geht Nachhaltigkeit alle an

Ungeachtet dessen ist Nachhaltigkeit bei ASSMANN nicht nur Sache des Führungskreises. Vielmehr ist man davon überzeugt, dass Nachhaltigkeit nur funktioniert, wenn alle am Wertschöpfungskreislauf beteiligten Akteure von Anfang an in den Prozess integriert sind und ihn aktiv unterstützen. Und darum pflegt das Unternehmen einen intensiven den Dialog mit allen Stakeholdern, nimmt u.a. am Erfahrungsaustausch mit der Berufsakademie Melle, dem Meller Netzwerk oder dem überregionalen Innovationsbund Holzindustrie (IBH) teil, bei dem alle Themenfelder der betrieblichen Praxis sowie der Arbeitsmarktsituation behandelt werden. Außerdem engagieren sich zahlreiche Beschäftigte in Verbänden, Gremien und Organisationen, u.a. dem Büromöbelverband oder B.A.U.M. e.V.

Grundsätzlich sind alle Mitarbeitenden dazu angehalten, aktiv und gemeinsam die Unternehmensziele zu verfolgen und zu realisieren. Um das zu erreichen, wird offene Kommunikation und das abteilungsübergreifende Denken und Handeln ebenso gefordert wie gefördert, damit potenzielle Interessenkonflikte frühzeitig erkannt und aufgelöst werden können.

Resultat nachhaltiger Prozessgestaltung

Das frühzeitige Antizipieren von Entwicklungen und deren konsequente Implementierung in die Unternehmensprozesse führt zu einer hohen Umsetzungsge-

Das ASSMANN-Team bei der Gala zum Deutschen Nachhaltigkeitspreis im Jahr 2019

schwindigkeit bei Änderungen rechtlicher Anforderungen oder der Erfüllung von freiwilligen Standards in Form von Zertifikaten. So konnte sich ASSMANN Ende 2018 als eines der ersten Unternehmen erfolgreich durch den TÜV Rheinland nach dem Nachhaltigkeitsstandard „European Level“ der Dachorganisation der europäischen Büroeinrichtungsindustrie (FEMB) auditieren lassen. Und nicht zuletzt wird das systematische Nachhaltigkeitsmanagement nicht nur von Fachhandelspartnern, Kunden und Mitarbeitenden honoriert, sondern auch vom Deutschen Nachhaltigkeitspreis. Nach 2019 hat die Stiftung Deutscher Nachhaltigkeitspreis e.V., die Europas wichtigste Auszeichnung für ökologisches und soziales Engagement jährlich verleiht, ASSMANN auch 2020 wieder nominiert. Der Wettbewerb stand 2021 unter dem Leitgedanken „Spitzenreiter der Transformation“ und ASSMANN hat es auch in diesem Jahr wieder in die Top 5 im Transformationsfeld Ressourcen geschafft.

Nachhaltigkeitsbericht 2020 #weiter_gehen

ASSMANN hat seinen Nachhaltigkeitsbericht 2020 unter dem Motto „#weiter_gehen“ veröffentlicht. In einer neuen Form als Hybrid aus Online- und Print-Bericht dokumentiert das Unternehmen sein nachhaltiges Handeln in der Produktion ebenso wie für Mitarbeitende, Kund*innen, Lieferanten und Partner.

Sechs Kapitel zeigen in Wort, Bild und auf der Unternehmenswebsite unter www.assmann.de/nachhaltigkeit/public/ auch mit kurzen Filmen, wie das Fami-

ASSMANN Nachhaltigkeitsbericht 2020

lienunternehmen als Hersteller von Büromöbelsystemen und Einrichtungslösungen und Servicedienstleister für moderne Arbeitswelten gemeinsam mit seinen Partnern den Schutz von Umwelt und Klima vorantreibt und dabei zahlreiche gesellschaftliche Projekte realisiert. Erstmals kommen in dem Bericht auch einige Stakeholder – wie Fachhandelspartner, Lieferanten oder Mitarbeitende – zu Wort und veranschaulichen, wie Nachhaltigkeit im täglichen Miteinander gelebt wird und wie wichtig Kooperation ist, um die nachhaltigen Ziele gemeinsam zu erreichen.

Der Titel #weiter_gehen ist dabei gleichzeitig Bekenntnis, den eingeschlagenen Weg aktiv und konsequent fortzusetzen. Denn wenn es um den verantwortungsvollen Umgang mit der Umwelt und ihren natürlichen Ressourcen geht, will ASSMANN nicht nur Standards erfüllen, sondern darüber hinaus gehen. Und deswegen gibt ASSMANN nicht nur jährlich seine Umwelterklärung ab, sondern veröffentlicht bereits zum vierten Mal einen freiwilligen Nachhaltigkeitsbericht – mit dem Ziel, nicht nur Fakten zu liefern, sondern auch Anregungen zu geben, für nachhaltige Arbeitswelten und verantwortungsvolles Wirtschaften in einem international tätigen Familienunternehmen.

Über den Autor

MARTIN KÖNNEKER
verantwortet seit 2016 den Bereich Prozessmanagement bei ASSMANN. Als Nachhaltigkeitsbeauftragter koordiniert er seit 2018 darüber hinaus das Nachhaltigkeitsmanagement.

Kontakt

ASSMANN Büromöbel GmbH & Co. KG
Martin Könneker
Nachhaltigkeitsbeauftragter Prozessorganisator
Heinrich-Assmann-Straße 11
49324 Melle
Tel.: 05422/706-0
Martin.Koenneker@assmann.de
www.assmann.de

BERLINER STADTREINIGUNG (BSR)

Im Kreislauf der Nachhaltigkeit

Klug wirtschaften, ökologisch handeln und soziale Verantwortung übernehmen – mit ihrer nachhaltigen Unternehmenskultur leistet die Berliner Stadtreinigung (BSR) einen wichtigen Beitrag für die Lebensqualität in der Hauptstadt.

Die Berliner Stadtreinigung (BSR) in der Rechtsform einer Anstalt öffentlichen Rechts ist vom Land Berlin mit der Abfallentsorgung, der Straßenreinigung und dem Winterdienst betraut. Doch die BSR steht für vieles mehr: Wir leben Nachhaltigkeit in ihrer ökonomischen, ökologischen sowie sozialen Dimension – und sorgen damit für ein gutes Stück Lebensqualität in Deutschlands Hauptstadt.

Finanziert werden die hoheitlichen Leistungen über Gebühren und eine anteilige Kostenerstattung des Landes Berlin für die Reinigung. Über unsere Tochter- und Beteiligungsgesellschaften bieten wir weitere Entsorgungslösungen. Diese gewerblichen Tätigkeiten sind darauf ausgerichtet, sowohl Gewinne zu erzielen als auch ökologisch positiv zu wirken, um damit das hoheitliche Kerngeschäft zu ergänzen.

Als kommunales Unternehmen mit rund 5.800 Beschäftigten übernehmen wir Verantwortung für unsere Stadt und ihre Menschen: Wir halten die Stadt zuverlässig sauber – bei stetig niedrigen Gebühren. Wir stellen Personal und Mittel für zahlreiche soziale und ökologische Projekte zur Verfügung, fördern Bildungsinitiativen und machen uns stark für den Umwelt-, Ressourcen- und Klimaschutz. Als Arbeitgeberin genießen wir weit über unsere Stadt hinaus einen hervorragenden Ruf.

Wie jedes Unternehmen wirtschaften wir nicht im luftleeren Raum. Unser Handeln wird von einer Reihe externer Einflussfaktoren geprägt, die unseren Betrieb und unsere Geschäftstätigkeit wesentlich beeinflussen.

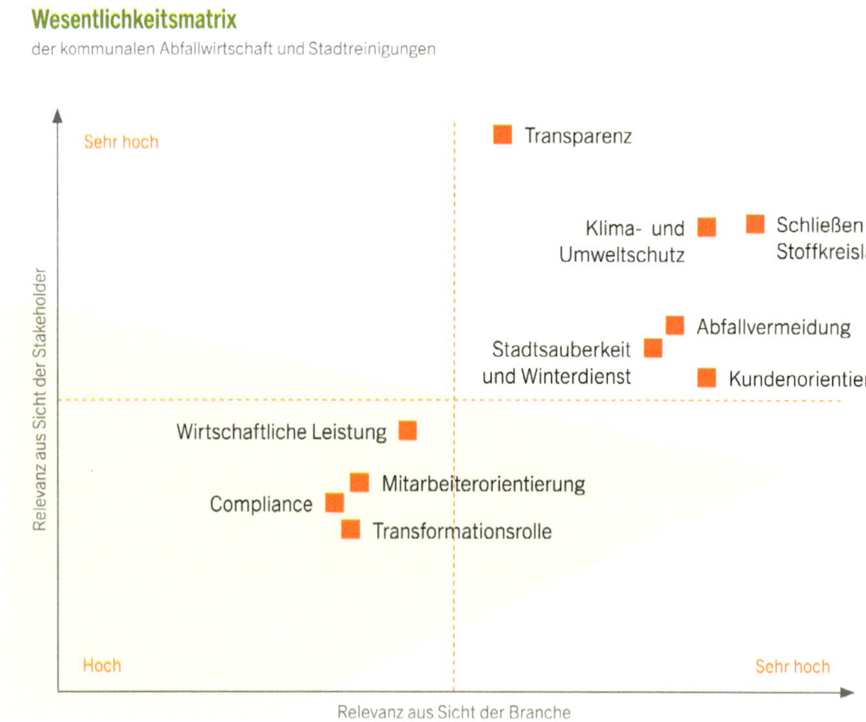

Die Wesentlichkeitsmatrix der kommunalen Abfallwirtschaft und Stadtreinigungen, Grafik: BSR

Der gesetzliche Rahmen unserer Arbeit umfasst vor allem abfallrechtliche Regelungen wie das Kreislaufwirtschaftsgesetz, Verpackungsgesetz sowie Straßenreinigungsgesetz. Daneben betreffen uns die gesetzlichen Vorgaben weiterer Rechtsgebiete, etwa das Berliner Mobilitätsgesetz. Diese Vorgaben schlagen sich auch in verschiedenen Programmen und Konzepten nieder, z.B. dem „Berliner Abfallwirtschaftskonzept 2020 bis 2030“, dem „Berliner Energie- und Klimaschutzprogramm 2030“, dem Aktionsprogramm „Saubere Stadt“ oder der „Machbarkeitsstudie Kohleausstieg und nachhaltige Fernwärmeversorgung“.

BSR-Kreislaufwirtschaft: Besonderes Augenmerk auf Zero Waste

Wir arbeiten an diesen Programmen und Konzepten aktiv mit und bringen unser Know-how in die Ausgestaltung wichtiger abfallwirtschaftlicher Themen ein. Genannt seien an dieser Stelle etwa die weitere Ausdifferenzierung von Abfallfraktionen und Getrenntsammlung sowie künftige Möglichkeiten der Abfallverwertung. Besonderes Augenmerk legen wir auf das Zero-Waste-Konzept – also das möglichst vollständige Vermeiden, Recyceln und Verwerten von Abfällen.

Mit der Gesamtstrategie „Saubere Stadt“ streben wir außerdem eine weitere Optimierung der Stadtsauberkeit an. Dazu haben wir gemeinsam mit dem Berliner Senat und den Bezirken zahlreiche Maßnahmen auf den Weg gebracht, z.B. die Einführung von neuen Reinigungsklassen für besonders stark belastete Bereiche.

Um unsere Dienstleistungen künftig noch umweltschonender, leiser und kundenfreundlicher zu erbringen, setzen wir in unserem Fuhrpark seit Langem auf alternative Antriebe. Inzwischen betreiben wir z.B. die Hälfte unserer Müllsammelfahrzeuge mit selbst erzeugtem Biogas. Ergänzend setzen wir zunehmend auf die Elektromobilität und beschäftigen uns mit der Wasserstofftechnologie.

Kampf gegen Erderwärmung: Klimaschutzvereinbarungen seit 2005

An mehr Nachhaltigkeit arbeiten wir übrigens nicht mal so nebenbei: Um unser Geschäft und unsere Stadt zukunftsfähig zu machen, setzen wir auf messbare Ziele, klare Zuständigkeiten und durchdachte Strategien.

So haben wir uns gegenüber dem Land Berlin bereits 2005 zu einer ersten ehrgeizigen Klimaschutzvereinbarung mit konkreten CO_2-Minderungszielen verpflichtet. Dieser Vereinbarung folgten zwei weitere – die jüngste im April 2017. Die darin enthaltenen Ziele und Selbstverpflichtungen hatten und haben großen Einfluss auf unser Geschäft, unsere Investitionen sowie die strategische Ausrichtung der BSR.

Nicht minder groß ist der Einfluss des rasanten Berliner Bevölkerungswachstums auf unsere unternehmerische Tätigkeit. Es äußert sich in einem massiven Zuzug, den das Amt für Statistik Berlin-Brandenburg für die Jahre 2015 bis 2018 auf durchschnittlich 47.700 Menschen im Jahr beziffert. Begleitet wird dieses Wachstum durch einen sprunghaft gewachsenen Berlin-Tourismus: Im Jahr 2018 besuchten rund 13,5 Millionen Gäste unsere Stadt.

Beide Entwicklungen sprechen für Berlin. Sie führen für uns jedoch auch zu erheblichen Herausforderungen. Verschärft wird dies durch den Trend zum Außer-Haus-Verzehr und die Verlegung vieler Lebensbereiche nach draußen – nicht zuletzt in die Parks und Grünanlagen, die in den vergangenen Jahren immer mehr zu Orten der Begegnung geworden sind. Einher ging dies mit einem steigenden Abfallaufkommen. Den Berliner Senat hat auch das ab 2016 dazu veranlasst, uns sukzessive mit der Reinigung zahlreicher Parks und Grünanlagen zu betrauen.

Megatrend Digitalisierung: BSR stellt sich der Herausforderung

Neben diesen für unser Geschäft maßgeblichen Entwicklungen spüren auch wir die Folgen weiterer Megatrends, etwa des demografischen Wandels, der Individualisierung und vor allem der sich rasant beschleunigenden Digitalisierung. Um diese für unsere Arbeit und die Stadt nutzbar zu machen, erarbeiten wir derzeit eine umfassende Digitalisierungsstrategie für die BSR.

Um den genannten Trends und weiteren Entwicklungen angemessen zu begegnen, entwickeln wir unsere Unternehmensstrategie kontinuierlich weiter. Sie folgt dem übergeordneten Anspruch, dass wir als kommunales Vorzeigeunternehmen Verantwortung übernehmen für nachhaltige Stadtsauberkeit, Kreislaufwirtschaft sowie Entsorgungssicherheit – und damit für eine hohe Lebensqualität in der wachsenden Metropole Berlin sorgen. Tragende Säulen dieser Strategie sind die Gewährleistung niedriger und stetiger Gebühren sowie die Sicherung einer hohen Kundenorientierung bei unseren Dienstleistungen. Zugleich übernehmen wir ökologische Verantwortung für nachfolgende Generationen und soziale Verantwortung für unsere Beschäftigten und Berlin.

Unser Nachhaltigkeitsanspruch leitet sich aus dieser Unternehmensstrategie ab. Denn sie verpflichtet uns zum Ausgleich ökonomischer, ökologischer und sozialer Interessen sowie zu einem Beitrag für eine anhaltend hohe Lebensqualität in Berlin. Unsere Strategie gibt damit einen klaren Rahmen für das Tagesgeschäft sowie die mittel- und langfristige Ausrichtung des Unternehmens vor.

Verantwortungsbewusst in die Zukunft: Abfallarm, sauber und smart

Natürlich lässt sich die Zukunft nie vorhersagen: Das hat uns die Corona-Pandemie mit ganzer Wucht vor Augen geführt. Dennoch bleibt es wichtig, sich verantwortungsbewusst auf die Zukunft vorzubereiten. Es gilt, sich nicht auf dem Erreichten auszuruhen, sondern stetig weiterzuentwickeln.

Wir managen die Zero-Waste-Stadt: Berlin soll deutlich weniger Müll produzieren als heute. Unser Know-how und unsere Infrastruktur richten wir darauf aus. Um noch mehr Rohstoffe zu retten und Gutes noch besser zu machen. Heute, morgen – und ganz sicher auch 2030 sowie danach.

Wir organisieren Stadtsauberkeit: Abfälle nachhaltig verwerten, Straßen und Wege sauber halten – das ist seit jeher unser Kerngeschäft. Doch es wandelt sich:

Durch das Wachstum unserer Stadt, aber auch durch den Wunsch nach mehr Klima- und Umweltschutz.

Wir gestalten Lebensqualität in der smarten Stadt: Bits und Bytes spielen bei unserer Arbeit seit Jahrzehnten eine gewichtige Rolle – von der Auftragsabwicklung bis zum Zahlungsverkehr. Und unser Digital-Portfolio wächst weiter. Wir nutzen es für neue Geschäftsmodelle und neue Angebote für die Berlinerinnen und Berliner.

Müllheizkraftwerk Ruhleben: Energie aus Abfall

Nicht alles, was wir an Abfällen einsammeln, eignet sich für die Wiederverwertung. Beim Klima- und Umweltschutz kann Restmüll dennoch helfen: dank unseres Müllheizkraftwerks (MHKW) in Ruhleben, das ihn zu „grüner" Energie aufbereitet.

Über 500.000 Tonnen Abfälle durchlaufen jedes Jahr die Anlage. Das entspricht zirka zwei Dritteln des in der Hauptstadt anfallenden Restmülls. Wir verheizen ihn nicht einfach, sondern erzeugen daraus Strom und Wärme. Genug, um rund 5 Prozent der Berliner Haushalte mit nachhaltiger Energie zu versorgen.

Unser MHKW gilt als eines der modernsten in Europa und ist das Herzstück der Berliner Entsorgungssicherheit. Fünf Verbrennungslinien erzeugen aus 1 Tonne

Das Müllheizkraftwerk in Berlin-Ruhleben gilt als eines der modernsten in Europa und versorgt rund 5% der Berliner Haushalte mit nachhaltiger Energie. Bild: BSR

Abfall über 2,3 Tonnen Hochdruckdampf. Wir liefern diesen an das benachbarte Kraftwerk Reuter, wo Turbinen den Dampf in Strom wandeln und die entstandene Wärme ins Fernwärmenetz eingespeist wird. Das spart fossile Energieträger wie Steinkohle und entlastet das Klima um rund 300.000 Tonnen CO_2-Äquivalente pro Jahr.

Dank stetiger Modernisierung mit neuester Umwelttechnik unterschreitet die 1967 in Betrieb gegangene Anlage alle gesetzlichen Grenzwerte deutlich. Rückstände aus der Rauchgasreinigung werden in Untertagedeponien sicher entsorgt.

BSR-Biogasanlage Ruhleben: Klimaschutz mit Bioabfall

Umwelttechnik vom Feinsten: In unserer hochmodernen Biogasanlage, ebenfalls im Stadtteil Ruhleben, vergären wir jedes Jahr über 70.000 Tonnen Bioabfall zu klimaneutralem Biogas.

Anschließend nutzen wir das Gas zum Betanken unserer gasbetriebenen Müllfahrzeuge, von denen mittlerweile über 160 auf Berlins Straßen unterwegs sind. Mehr als 60 Prozent des Berliner Restmülls und Bioabfalls holen wir mit ihnen ab – klimaneutral und rußfrei.

Das in unserer Anlage produzierte Biogas zeichnet sich gleich durch mehrere Vorteile aus: Es spart uns jedes Jahr den Kauf von rund 2,5 Millionen Litern Diesel. Damit sind wir unabhängiger von schwankenden Kraftstoffpreisen – was wiederum hilft, unsere Gebühren stabil zu halten. Außerdem müssen wir – im Unterschied zu manch anderer Biogasproduktion – für den Betrieb unserer Anlage keine Energiepflanzen wie Mais oder Roggen anbauen. Auf diese Weise vermeiden wir die problematische Konkurrenz zwischen Teller und Tank.

Unsere „grüne" Fahrzeugflotte: sparsam, sauber und leise

Außen orange, innen „grün": Nachhaltigkeit ist auch in unserem Fuhrpark Programm. Denn ein großer Teil der Flotte besteht aus gas- oder strombetriebenen Fahrzeugen.

Mit mehr als 1.700 Fahrzeugen prägt der BSR-Fuhrpark das Berliner Straßenbild. Seit vielen Jahren leistet unser Unternehmen einen wichtigen Beitrag zur umweltfreundlichen Mobilität. So gehörte die BSR Mitte der 1990er Jahre zu den ersten Unternehmen, die erdgasbetriebene Abfallsammelfahrzeuge testeten, bevor wir diese dann bereits ab 2002 in größerem Umfang eingesetzt haben.

Die mit selbst produzierten Biogas betankten Fahrzeuge leisten einen großen Beitrag zum nachhaltigen Mobilitätskonzept der BSR. Foto: BSR

Heute verfügt die Hälfte der rund 330 BSR-Müllwagen über Gasmotoren. Seit 2013 kommt der Kraftstoff dafür aus der eigenen Biogasanlage. Insgesamt sparen wir durch die Aufbereitung des Bioabfalls jährlich mehr als 9.000 Tonnen CO_2 – und das ist natürlich gut fürs Klima.

Doch die BSR schützt das Klima nicht nur durch Bioenergie: So konnte z.B. der Kraftstoffverbrauch bei Streu- und Ladekranfahrzeugen durch leistungsabhängige Hydraulikanlagen um bis zu 20 Prozent verringert werden. Außerdem erfüllen rund 70 Prozent der BSR-Flotte mindestens die Schadstoffklasse Euro V. Der aktuelle durchschnittliche CO_2-Flottenwert für BSR-PKWs liegt bei weniger als 70 Gramm CO_2 pro Kilometer. Die Vorgabe des Berliner Senats von 120 Gramm CO_2 pro Kilometer erfüllen wir also bei weitem.

Doch auch damit geben wir uns noch nicht zufrieden: Unser Ziel ist es, durch alternative Antriebe Emissionen (CO_2, NO_x und Lärm) weiter zu verringern. Hierbei sind unsere besonderen Einsatzbedingungen eine große Herausforderung.

So werden bis Ende 2020 ca. 75 Prozent unserer PKW und Kleintransporter Elektrofahrzeuge sein. Zu unserer Strategie gehört außerdem der verstärkte Einsatz von vollelektrisch betriebenen Nutzfahrzeugen. Zeitgleich mit der Elektrifizierung von Nutzfahrzeugen errichtet die BSR auf ihren Liegenschaften eine intelligente, vernetzbare Ladeinfrastruktur. Zudem testen wir mehrere Abfallsammelfahrzeuge mit Wasserstoffantrieb.

Aber nicht nur innovative Fahrzeugprojekte stehen im Fokus, sondern auch Maßnahmen bei der Bestandsflotte: Mit dem Einbau von NO_x-Filteranlagen in Bestandsfahrzeuge mit Verbrennungsmotor wollen wir die Stickoxid-Emissionen um bis zu 90 Prozent reduzieren.

Die „NochMall“: viel mehr als nur ein Gebrauchtwarenkaufhaus

Unsere „NochMall“ ist das erste Kaufhaus für Gebrauchtwaren in Berlin, das viel mehr ist als ein weiteres Secondhand-Kaufhaus. In der „NochMall“ werden nicht nur Möbel, Kleidung, Elektrogeräte, Haushaltswaren, Spielzeug, Bücher u.v.m. auf über 2.000 Quadratmeter verkauft, sondern die „NochMall“ soll auch ein Erlebnisort für Kreislaufwirtschaft und Abfallvermeidung sein.

Hier bieten wir Trendsettern, Initiativen und Unternehmen Flächen, um nachhaltige Produkte in Pop-up-Stores zu präsentieren. Wir organisieren Repair-Cafés

In der „NochMall“ werden nicht nur Gebrauchtwaren verkauft, sie soll auch ein Erlebnisort für Kreislaufwirtschaft und Abfallvermeidung sein. Foto: BSR

sowie Upcycling-Workshops – und machen Veranstaltungen mit Vorreiterinnen und Vorreitern aus der Re-Use-Szene.

Die BSR hat in ihrer Unternehmensstrategie die Förderung der Wiederverwendung als wichtige Abfallvermeidungsmaßnahme fest verankert. Mit der „NochMall" unterstützen wir zudem eine maßgebliche Zielsetzung des „Berliner Abfallwirtschaftskonzept 2020 bis 2030".

#Abfallfreitag: Berlins Antwort auf die Wegwerfgesellschaft

Klar ist: Grenzenloser Konsum und Ressourcenverschwendung schaden unserer Umwelt. Deshalb setzen wir mit unserem #Abfallfreitag ein Zeichen gegen den konsumorientierten „Black Friday" und zwar zum Auftakt der „Europäischen Woche der Abfallvermeidung". Aufgrund der aktuellen Situation fand unser kostenloses „Zero Waste Future Festival" vergangenes Jahr online statt: Am 20. November kam dafür das Who's Who der Berliner Kreislaufwirtschaft virtuell zusammen und hat gezeigt, wie ein Leben mit weniger Abfall und besserem Recycling konkret funktioniert. Von Workshops, Vorträgen, Diskussionen bis zum Konzert bot das digitale Festival viele Anregungen, Tipps und Wissenswertes für alle, die mit weniger Abfall leben wollen.

Der #Abfallfreitag der BSR will ein Zeichen gegen Ressourcenverschwendung setzen. Bild: BSR

Kehrenbürger: Gemeinsam glänzen

Berlin soll glänzen. Und die Bürgerinnen und Bürger wollen wir mit einbeziehen. Denn ein sauberes Berlin schaffen wir nur gemeinsam. Kehrenbürgerinnen und Kehrenbürger können ihren Kiez verschönern, indem sie beispielsweise ihren Innenhof, einen Spielplatz oder eine Grünanlage säubern. Wir fördern dieses bürgerschaftliche Engagement durch kostenfreie „Kehrpakete“. Dafür müssen die fleißigen Berlinerinnen und Berliner ihre Putz-Aktionen lediglich auf www.kehrenbuerger.de anmelden. Auf derselben Website kann die jeweilige Aktion auch angekündigt werden, um weitere Freiwillige zu gewinnen.

Berufsvorbereitende und soziale Maßnahmen: Jungen Menschen helfen

Die BSR übernimmt auch soziale Verantwortung für die Menschen in Berlin. Dazu gehören auch Jugendliche mit Schwierigkeiten beim Berufseinstieg. Um ihnen einen Weg zu ebnen, engagieren wir uns in verschiedenen Projekten.

Seit 2003 helfen wir im Rahmen des Projekts „Gemeinsam schaffen wir das!“ jungen Menschen mit Lernschwierigkeiten beim Einstieg ins Berufsleben. In einer zwölfmonatigen berufsvorbereitenden Qualifizierung bekommen sie bei uns die Chance, die betriebliche Praxis kennenzulernen und sich mit ihren Stärken in die Arbeitswelt einzubringen. Erfolgreichen Teilnehmenden bieten wir im Anschluss einen Arbeitsvertrag an. Gefördert wird „Gemeinsam schaffen wir das!“ von der Senatsbildungsverwaltung. Wir kooperieren bei dem Projekt mit der Gesellschaft für berufsbildende Maßnahmen (GFBM gGmbH) und der Loschmidt-Oberschule.

Beim Projekt SiSa handelt es sich um eine Kooperation zwischen der BSR und dem SOS-Kinderdorf Berlin. SiSa steht für „Sicher abfahren, Sauber ankommen“ und richtet sich an Jugendliche und junge Erwachsene mit erhöhtem Förderbedarf, die nur geringe Chancen haben, ohne Hilfe einen Ausbildungs- oder Arbeitsplatz zu finden. In einem fünfmonatigen betrieblichen Praktikum werden die Jugendlichen für eine sozialversicherungspflichtige Tätigkeit in der Straßen- und Grünflächenreinigung oder als Müllwerkerin und Müllwerker qualifiziert.

Wir sind außerdem Partner der Kampagne „Berlin braucht dich!“. Diese richtet sich an Schülerinnen und Schüler mit Migrationshintergrund, die eine betriebliche Ausbildung anstreben. Die Berufsorientierung findet in einem vierstufigen System von Betriebsbegegnungen statt, und zwar von der 7. bis zur 10. Klasse. Gefördert wird „Berlin braucht dich!“ aus Mitteln der EU und der Senatsintegrationsverwaltung. Mit der Umsetzung ist das Berufliche Qualifizierungsnetzwerk für Migrantinnen und Migranten (BQN Berlin e.V.) betraut.

Insbesondere geflüchtete junge Menschen, die einen Einstieg ins Berufsleben suchen, haben einen schweren Weg vor sich. Mit dem Projekt „EVEREST" sollen sie dabei unterstützt und auf verschiedene Berufe vorbereitet werden. Hierfür arbeiten folgende Partner zusammen: BSR, Vivantes, Charité CFM Facility Management sowie SOS Kinderdorf Berlin und Volkshochschule Mitte. „EVEREST" ist ein Modellprojekt der Senatsbildungsverwaltung.

All diese Beispiele aus ganz unterschiedlichen Bereichen geben einen ersten Einblick in die ökonomische, ökologische und soziale Dimension der BSR-Nachhaltigkeitskultur. Sie machen deutlich: Klug wirtschaften, ökologisch handeln und soziale Verantwortung übernehmen – das sind die Grundlagen unseres unternehmerischen Erfolgs und des Mehrwerts für die Stadt.

Eine umfassende Zusammenstellung unseres Engagements für eine nachhaltige BSR und ein lebenswertes Berlin gibt es hier: www.BSR.de/Nachhaltigkeit

Gerade jetzt. BSR – gemeinsam für Berlin.

Kontakt

Berliner Stadtreinigungsbetriebe AöR
Dr. Markus Spitznagel (Nachhaltigkeitsbeauftragter)
Recht und Gremienservice/Umwelt
Ringbahnstraße 96
12103 Berlin
Tel.: 030/7592-4900
Nachhaltigkeit@BSR.de
www.BSR.de

DIBELLA – LONGLIFE TEXTILES

Wertewandel durch Transparenz in der textilen Lieferkette

RALF HELLMANN

Zum Unternehmen

Dibella wurde 1986 gegründet und ist internationaler Partner des Textilservices. Unsere langlebigen und leistungsfähigen Textilien kommen in der Hotellerie, dem Gastgewerbe und im Gesundheitswesen zum Einsatz.

Der Claim „longlife“ prägt unser komplettes Handeln. Unsere Produkte sind speziell für die hohen Anforderungen des professionellen Textilservices auf Langlebigkeit ausgerichtet.

Die Besonderheit: Unser Engagement geht über das Produkt hinaus. So betrachten wir seit mehr als zehn Jahren neben der ökonomischen Komponente auch die Auswirkungen unseres Handelns auf den Menschen und die Umwelt. Den gesellschaftlichen Wertewandel haben wir frühzeitig erkannt, durch nachhaltige Produktion und gute Arbeitsbedingungen schaffen wir eine Wertschöpfung über die gesamte textile Lieferkette hinweg.

Wertewandel braucht eine persönliche Motivation

Auslöser bei Dibella waren Reisen in textile Ursprungsländer. Mit eigenen Augen zu sehen, unter welchen prekären Umständen Textilien gefertigt werden, hat uns zum Umdenken angeregt. Das geht anders, haben wir uns gedacht und es auch gemacht. Als Unternehmensverantwortliche stehen wir für Produkte ein, die sozial-

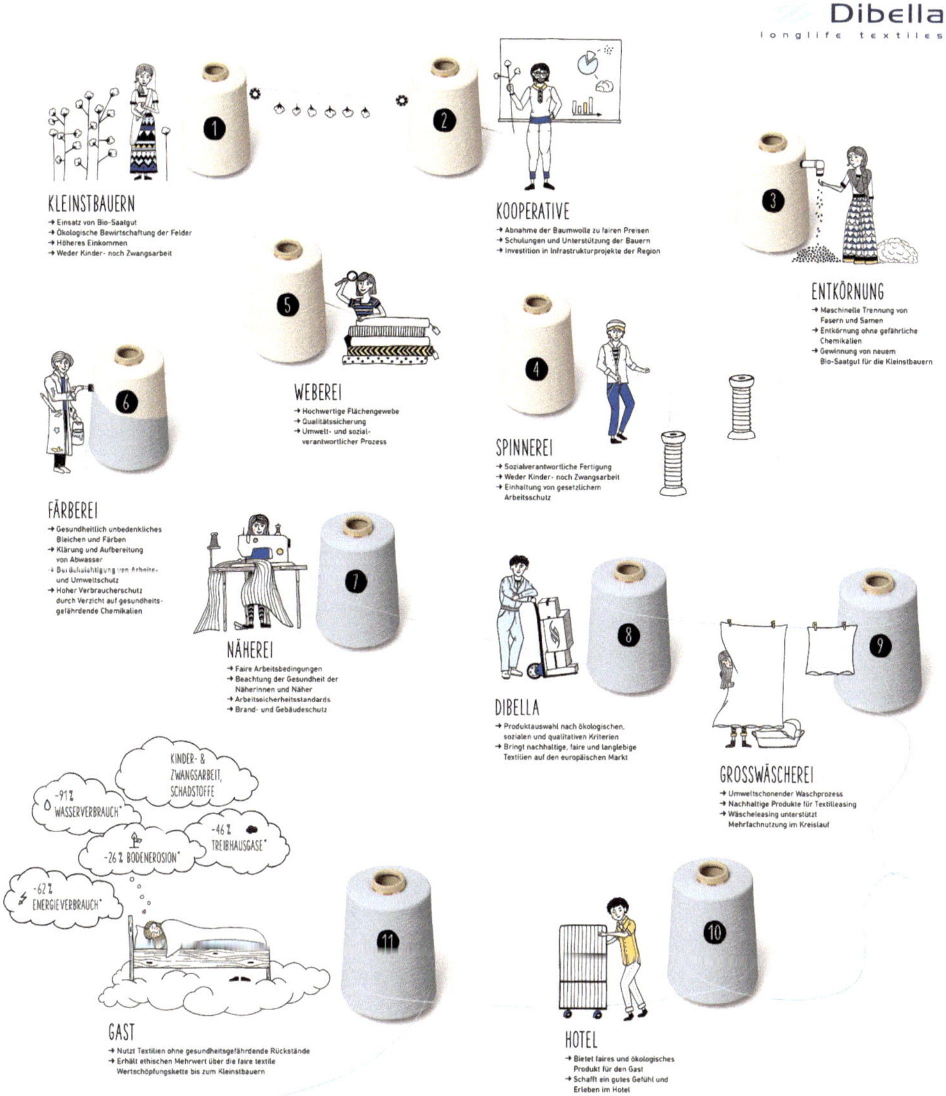

HOTELTEXTILIEN – NACHHALTIG. FAIR. GUT.

Wie erreicht man maximale Transparenz in der Lieferkette? Bild: Dibella

Dibella ist seit 2019 mit dem „Grünen Knopf" ausgezeichnet. Foto: Dibella

und umweltgerecht in unserer Lieferkette hergestellt werden. Wir kennen unsere Partner vom Rohstoff bis zum Endprodukt.

Unsere Hauptlieferanten stammen aus Asien und Fernost. Trotz der komplexen textilen Lieferkette achten wir auf vertrauensvolle Partnerschaften, lange Geschäftsbeziehungen sowie gute Lebensbedingungen für alle Beteiligten. Wir setzen uns insbesondere für ökologische und sozial faire Anbaumethoden unserer Baumwolle ein und kooperieren mit lokal ansässigen Initiativen, wie der Chetna Organics Kooperative – einem Zusammenschluss von indischen Bio-Fairtrade-Baumwoll-Kleinbauern und -bäuerinnen. Wir kennen unsere Farmer persönlich und können unsere Lieferkette tatsächlich schon ab Anbau des Rohstoffes auf dem Baumwoll-Feld transparent nachvollziehen.

In den weiteren Produktionsschritten kooperieren wir mit einer überschaubaren Anzahl an Fertigungsunternehmen. Um einen engen Austausch zu ermöglichen, sind wir z.B. mit einem eigenen Büro in Indien präsent.

Gemeinsam entwickeln wir Herstellungs- und Arbeitsstandards, die eine sozial faire und ökologische Produktion ermöglichen. So wurde ein umfassender Code of Conduct entwickelt, der alle Zulieferbetriebe zur Einhaltung sozial-ökologischer Anforderungen verpflichtet. Zu deren Überprüfung sind wir regelmäßig in den Betrieben und pflegen einen Dialog auf Augenhöhe. Dadurch sollen sichere Arbeitsbedingungen und Umweltschutz vor Ort realisiert werden. Im Gegenzug sichern wir unseren Lieferanten feste Abnahmemengen und stabile Preise zu. Die fortlaufenden Bemühungen haben sich auch in der Corona-Zeit bewährt.

Wir sind stolz auf unsere beständigen, vertrauensvollen Partnerschaften und die

Ralf Hellmann zu Besuch auf einem der Fairtrade-Bio-Baumwollfelder in Indien. Foto: Dibella

Transparenz, die wir Kunden gewährleisten können. Im Jahr 2019 wurden wir mit dem staatlichen Siegel „Grüner Knopf" ausgezeichnet. Das steht neben sozial- und ökologisch hergestellten Textilien auch für eine umfangreiche CSR-Überprüfung unseres Unternehmens.

Auch eine umfangreiche CSR-Risikobewertung von Zulieferbetrieben mithilfe eines Online-Tools gehört zum unternehmenseigenen Nachhaltigkeitsmanagement. Dadurch verschaffen wir uns einen Überblick über die Menschenrechtssituation sowie über Umwelt-, Sozial- und Governance-Themen in den Zulieferbetrieben und den dazugehörigen Ländern. Darüber hinaus zählt die persönliche Einschätzung durch den Kontakt zu den Menschen vor Ort. Je nach Produktionsland führt unser Einkaufsleiter mehrmals jährlich Kontrollen durch. Wenn Reisen nicht möglich sind, halten wir regelmäßige Videokonferenzen mit unseren Partnern ab – so sind wir stets auf dem Laufenden und wissen frühzeitig, wo der Schuh drückt.

Wir pflegen nicht nur mit unseren Zulieferern transparente und partnerschaftliche Beziehungen, sondern auch mit unseren Kunden.

Wir bieten unseren Abnehmern an, uns auf Unternehmerreisen zu begleiten, um sich einen persönlichen Eindruck von den Maßnahmen zu verschaffen. In die eigene Lieferkette einzutauchen und gemeinsam mit unseren Farmern Bio-Baumwolle zu ernten, ist für unsere Kunden ein positives Erlebnis. Es zeigt, dass die Mehrkosten für öko-faire Produkte den Menschen vor Ort und der Umwelt einen echten Mehrwert bieten.

2019 veröffentlichten wir zudem eine der weltweit ersten Wirkungsstudien über die Lebens- und Arbeitsverhältnisse der Bio-Fairtrade-Baumwollfarmer in Indien.

Die Dibella-Wirkungsstudie von 2018 schafft Transparenz auf Faserebene. Bild: Dibella

Auf Grundlage einer aufwendigen, zweijährigen Datenerhebung der Chetna Kooperative gibt die Studie einen detaillierten Einblick, wie sich unsere Unternehmensaktivitäten auf die Bedingungen vor Ort, beispielsweise die Wohnsituation oder den Ausbildungsstand der Farmer, auswirken.

Inzwischen umfasst unser Geschäftsmodell eine holistische, also ganzheitliche, Betrachtung unseres Handelns: Ob Produktentwicklung, nachhaltiger Konsum oder unsere eigene Unternehmenskultur – unsere Wertschöpfung genießt auf allen Ebenen Wertschätzung.

Erfolg kommt nicht von folgen. Wir gehen neue Wege, Wege, die viele Veränderungsprozesse im eigenen Unternehmen positiv anstoßen. Und anders als es vielleicht in vielen Unternehmen gesehen wird, ist Nachhaltigkeit bei uns kein Pflichtprogramm, sondern wird von allen Mitarbeitenden als sinnstiftend und wertvoll empfunden und in unserer täglichen Arbeit gelebt.

Für all unsere gemeinsamen Anstrengungen und Leistungen gelten wir als Nachhaltigkeits-Pionier über die Textilbranche hinaus. Unsere Erfahrungswerte teilen wir gerne. Häufig werden wir gefragt, wie es Unternehmen gelingt, sich in der Praxis nachhaltig aufzustellen und unternehmerische Verantwortung mit Leben zu füllen. Den EINEN praktischen Leitfaden für ALLE gibt es sicherlich nicht. Bemerkenswert

Der holistische Ansatz von Dibella.

ist nach unserer Erfahrung, dass erfolgreiches Einbinden von CSR-Aktivitäten insbesondere in KMU's stets mit einer persönlichen Motivation von Unternehmensverantwortlichen einhergeht. Die Beweggründe können dabei aus den unterschiedlichsten Blickwinkeln der Geschäftstätigkeit kommen. Unser Beispiel zeigt: CSR ermöglicht innovative Lösungsansätze für Geschäftsmodelle, mitunter für ganze Branchen – in der heutigen Zeit eine wünschenswerte wie notwendige Entwicklung.

Sie erahnen vielleicht schon (m)eine abschließende Fragestellung: Was ist Ihre persönliche Motivation für unternehmerische Verantwortung und eine nachhaltig geprägte Zukunft?

Über den Autor

RALF HELLMANN
ist Geschäftsführer der Dibella GmbH in Deutschland.

Kontakt

DIBELLA
LONGLIFE TEXTILES

Dibella GmbH
Hamalandstraße 111
46399 Bocholt
Tel.: 02871/2198-0
info@dibella.de
www.dibella.de

EDDING AG

Im Interesse der Umwelt – für die Welt von Morgen!

PATRICIA SIEBEL

1960 in Hamburg: Zwei große Karrieren beginnen. Auf der Reeperbahn spielen sich die Beatles in die Herzen der Fans. Einige Kilometer weiter landen auch die Schulfreunde Carl-Wilhelm Edding und Volker Detlef Ledermann ihren ersten Nummer-eins-Hit: den edding No. 1.

Als die heutige edding AG vor gut sechzig Jahren gegründet wurde, lag der Wunsch nach einer nachhaltigen Produktion von Schreibwaren bereits spürbar in der Luft. Vor allem eines war den beiden wichtig: Nachfüllbar sollten die Marker sein – der Umwelt zuliebe!

Der Umwelt zuliebe

Auch wenn diese Idee anfangs von vielen nicht ernst genommen wurde, setzten sich die beiden Gründer durch und mit dem edding No.1 kam 1960 der erste nachfüllbare Marker in die Geschäfte. C.-W. Edding und V. D. Ledermann waren der damaligen Zeit voraus, denn die Betrachtung des gesamten Lebenszyklus eines Produktes stand im Fokus des Unternehmens und erfüllte damals bereits die Anforderungen an das, was heutzutage als Circular Economy bezeichnet wird: Das Design der Produkte ermöglichte deren Langlebigkeit und verlängerte ebenso deren Nutzungsphase erheblich.

Die Philosophie der nachhaltigen Produktion prägte die Unternehmensentwicklung und so wurden weitere Folgeprodukte nachfüllbar entwickelt und produziert.

Ein weiterer wegweisender Schritt war die Konzeption von austauschbaren Spitzen, die nicht nur beim edding No.1, sondern auch bei diversen anderen Produkten für eine erheblich verlängerte Lebensdauer sorgen. Heute sind rund 70 Prozent der edding-Marker nachfüllbar und für rund 25 Prozent gibt es Ersatzspitzen. Mindestens 15-mal kann mithilfe einer Nachfüllflasche nachgefüllt werden. Wie oft genau hängt von verschiedenen Umständen und dem persönlichen Empfinden des Nutzers ab.

Spielball Erde

Den eingeschlagenen Weg ging das Unternehmen aus und mit Überzeugung weiter: Nicht nur die Produktion richteten Edding und Ledermann auf Nachhaltigkeit aus, auch die Kund*innen sollten diesen Gedanken wahrnehmen und vor allem verinnerlichen. Daher informierte das Unternehmen seine Kundschaft über den dramatischen Nebeneffekt der Produktion bisheriger Schreibwaren: Unmengen an Plastikmüll! Die dazugehörige Nachhaltigkeitsaktion trug auf dem informierenden Flyer den Namen „Spielball Erde". Ledermann entwickelte kurz darauf die erste Rücknahmebox für leere edding-Marker und brachte sie auf den Markt. Für diese Entwicklung erhielt er 1995 einen der ersten Umweltpreise des Arbeitskreises für umweltbewusstes Management, B.A.U.M. e.V. Unausgereifte Entsorgungs- und Recyclingsysteme sowie mangelnde Akzeptanz der Kunden ließen das Projekt „Rücknahmebox" jedoch bedauerlicherweise scheitern und der Weg in Richtung Circular Economy wurde zunächst ausgebremst.

In den nächsten Jahrzehnten lag der Fokus auf der Entwicklung des Unternehmens. Die Produktpalette wuchs und aus einer Handvoll wurden bis heute weltweit 670 Mitarbeiter. Die Philosophie der Nachhaltigkeit hat Ledermann allen Mitarbeitenden mit auf ihren Weg gegeben: die berühmte edding-Tinte im Blut.

Eine logische Konsequenz des wachsenden Unternehmens und des fortschreitenden Klimawandels war unter anderem, dass auch die Anforderungen an die Nachhaltigkeit wuchsen: Ende 2007 wurde die Abteilung „Umwelt & Soziales", die heutige „CR Coordination", gegründet, um sich nachhaltigen Themen fachgerecht zu widmen und diese im Unternehmen, der Unternehmenskultur und -philosophie zu verankern. Bereits 2008 wurde das Umweltmanagementsystem nach DIN ISO 14001 implementiert, das im Jahr 2014 durch die Einführung eines Energiemanagementsystems erweitert wurde.

edding EcoLine

Im Jahr 2008 wurde die edding EcoLine entwickelt. Durch kontinuierliche Forschung und Entwicklung gelang es, Postconsumer- und Postindustrial-Recyclingmaterial für die EcoLine einzusetzen: Gemeint sind damit Kunststoffe, die aus Plastikmüll gewonnen werden, der beispielsweise in Haushalten oder Industrien anfällt. Die Permanent-, Whiteboard- und Flipchartmarker der edding EcoLine bestehen zu 83 Prozent aus diesen Post Consumer- und zu sieben Prozent aus Postindustrial-Kunststoffen – und damit insgesamt zu 90 Prozent aus recyceltem Material. edding setzt den Leitgedanken eines verantwortungsvollen Umgangs mit Rohstoffen nachweislich und verantwortungsbewusst auf ganzer Linie um: von der Produktion bis zum fertigen Marker und den konsequent im nachhaltigen Design gestalteten Verpackungen. Bei diesen wird komplett auf den Einsatz von Kunststoffen verzichtet. Alle EcoLine-Verkaufsverpackungen bestehen zu 100 Prozent aus Karton. Sogar die Sets und Blister!

Durch den nachhaltigen Einsatz des Post Consumer-Kunststoffes werden Kunststoffabfälle verwertet, die Produktion von erdölbasiertem Neumaterial erheblich verringert und auf diese Weise ein Ausstoß von bis zu 83 Tonnen CO_2 pro Jahr ver-

Bei der EcoLine bestehen die Stifte zu 90% aus recyceltem Kunststoff und die Verpackungen sind vollkommen plastikfrei. Foto: edding

Der EcoLine Highlighter u.a. aus Zuckerrohr ist der erste Textmarker, der mit dem Blauen Engel zertifiziert ist. Foto: edding

mieden. Diese Menge an CO_2 wird beispielsweise von einem Auto verursacht, das zehnmal die Welt umrundet.

Wer für die Umwelt neu denkt, findet die Antworten häufig in der Natur. edding setzt alles daran, auch weiterhin die angebotene Produktpalette gezielt und bewusst nachhaltig zu gestalten, so auch das bisher umweltfreundlichste Produkt des Unternehmens: den edding 24 EcoLine Highlighter. Für diesen Marker werden überwiegend nachwachsende Rohstoffe wie beispielsweise Zuckerrohr verwendet. Und dafür wurden wir jetzt mit dem Umweltsiegel Blauer Engel ausgezeichnet. Erstmals überhaupt erhält ein Textmarker das angeführte Umweltsiegel!

Nachgefüllt statt zugemüllt

Nachgefüllt statt zugemüllt – unter diesem Motto startete edding im Jahr 2020 eine Kampagne, in der das Nachfüllen der edding-Produkte in den Fokus gestellt wird. Je mehr Marker nachgefüllt werden, desto weniger neue Marker müssen produziert werden – und je weniger neue Marker produziert werden, desto mehr potenzielles Neumaterial, wie beispielsweise Kunststoff, wird in der Produktion eingespart. Insofern leistet das Nachfüllen auch einen Beitrag zur Schonung von Ressourcen. Und diese sind im Moment so wertvoll wie nie zuvor. Natürlich sind auch die Marker aus

Alle Modelle einer Produktgruppe können mit derselben Flasche nachgefüllt werden. Das gilt sowohl für die EcoLine als auch für den klassischen edding aus Aluminium. Foto: edding

Aluminium nachfüllbar, sodass auch dieses Rohmaterial durch Verringerung der Neuproduktion eingespart werden kann. Dank der Möglichkeit, die Nutzungsdauer der Marker durch Nachfüllen zu verlängern, wird eine erhebliche Menge an Abfall vermieden. Das Problem hierbei ist, dass das Leerschreiben sehr subjektiv empfunden wird. Ein Anwender empfindet die Schreibleistung als nicht mehr ausreichend und füllt sofort nach, ein anderer empfindet den Marker als noch einsatzfähig. Insofern erfolgt die Nachfüllung zu völlig unterschiedlichen Zeitpunkten.

Eine für alle: Die Nachfüllsysteme bieten größtmögliche Flexibilität, da mit einer Flasche verschiedenste edding-Marker einer Produktgruppe nachgefüllt werden können. Ob feine Spitze oder breite Spitze, Rund- oder Keilspitze – fast alle Modelle einer Art können dank der universellen Tinten mit derselben Flasche wiederbelebt werden. Praktisch an dieser Flexibilität ist auch, dass man kein Lager unterschiedlichster Nachfülleinheiten anlegen muss.

Auch kleine Produkte, wie leergeschriebene Marker, die man in den Müll wirft, summieren sich insgesamt zu einem nicht unerheblichen Müllberg – überwiegend aus Kunststoff. Dieses Problem wird mit den Nachfülleinheiten weitestgehend umgangen. Und wenn ein Marker irgendwann tatsächlich nicht mehr eingesetzt werden kann, bietet sich die Möglichkeit, ihn in einer Rücknahmebox zu entsorgen und an das Unternehmen zurückzuschicken. Und schließlich ist das Nachfüllen nicht nur eine gute Sache im Sinne der Umwelt, sondern schont auch gleichzeitig den

Geldbeutel. Wenn mit der Anschaffung eines Nachfüllsystems der Neukauf von Markern vermieden bzw. reduziert werden kann, freut sich nicht nur die Umwelt, sondern auch der Bestand im Portemonnaie.

Der Recycling-Kreislauf

Der durch eine lineare Produktion extrem hohe Verlust des Rohstoffwertes, der innerhalb eines einzigen Nutzungszyklus entstehen kann, führte letztendlich dazu, dass die Idee der bereits erwähnten Rücknahmebox wieder aufgenommen wurde – zum wiederholten Male missglückte der Neustart im Jahr 2010, da das Interesse an Nachhaltigkeit bei den Kund*innen noch nicht so präsent war, wie es heute der Fall ist. Doch die zunehmenden und nicht mehr zu übersehenden Gefahren des Klimawandels, der Ressourcenknappheit, des Plastikmülls, der nach und nach die Weltmeere überflutet und letzten Endes in unserer Nahrung landet, führen dazu, dass den Menschen die Umweltproblematiken stärker denn je ins Bewusstsein rücken und die Gefahr eines immer eher eintretenden Earth Overshoot Day (Weltüberlastungstag) als Zeichen einer Zeit, in der Kunststoff zu einem massiven Problem wird, immer mehr Bedeutung beigemessen wird. Daher gab es 2013 den erneuten Versuch, leere und ausgediente Marker und Schreibgeräte zu sammeln, dieses Mal mit dem eindeutigen Ziel, die gesammelten Rückläufe zu recyceln, um sie anschließend erneut dem Produktionsprozess zuzuführen. Hierbei sollten nicht nur ökologische, sondern auch soziale Aspekte berücksichtigt werden. Der für das Recyclingmaterial der EcoLine verantwortliche Lieferant entpuppte sich zugleich als geeignetes Recyclingunternehmen für die gesammelten leeren Marker. Zwischen den zu tätigenden Prozessen – einsammeln, recyceln, liefern – ist jedoch ein weiterer Schritt nötig, in welchem die von edding angestrebte soziale Komponente integriert werden konnte: die mechanische Vorbehandlung.

Die gefüllten Rücknahmeboxen mit den leeren Markern werden direkt an die Nordthüringer Werkstätten gGmbH gesendet, deren Ziel es ist, Menschen mit unterschiedlichsten Beeinträchtigungen einen interessanten Arbeitsplatz zu bieten und sie so zu fördern. Die Mitarbeiter dort sind unter anderem verantwortlich für die notwendige Vorsortierung der Boxen. Der nach der Sortierung übrigbleibende recycelbare Inhalt wird anschließend an ein spezialisiertes Recyclingunternehmen in der Nähe übergeben. So wurde durch edding ein zusammenhängender und nachhaltiger Recyclingkreislauf geschaffen, durch den ein großer Teil des Rezyklats erneut für die Produktion hochwertiger Industrieprodukte, wie beispielsweise die edding EcoLine, eingesetzt werden kann. Laboruntersuchungen ergaben, dass aus

Der Recycling-Kreislauf der Stifte. Grafik: edding

den Rückläufen rund 73 Prozent Kunststoff, acht Prozent Metall und vier Prozent Aluminium für die Wiederverwendung gewonnen werden können. Lediglich 15 Prozent landen in der thermischen Verwertung.

Da es edding bei diesem Projekt vor allem um die Schonung der Ressourcen geht, können auch Schreibgeräte und Marker aus Kunststoff von anderen Firmen über die Rücknahmebox dem beschriebenem Recyclingkreislauf zugeführt werden.

Im Rahmen der Kreislaufwirtschaft werden sowohl ökologische als auch ökonomische Ziele verfolgt: Klimaschutz und Ressourcenschonung auf der einen sowie Wettbewerbsfähigkeit und Rohstoffunabhängigkeit auf der anderen Seite. Darüber hinaus rückt edding soziale Ziele in den Fokus wie etwa Beschäftigung lokaler Arbeitskräfte und lokale Wertschöpfung. Rohstoffe und Materialien sind, beziehungsweise werden zunehmend Bestandteil des beschriebenen Kreislaufes, Herstellung und Vertrieb beziehen die benötigte Energie aus erneuerbaren Quellen. Sowohl auf dem Material- als auch auf dem Energiesektor verändern sich dadurch Prozesse und erfordern ein Umdenken in Bezug auf Produkte und Geschäftsmodell. Im Optimalfall verändert dieser nachhaltige Produktionsansatz auch das Denken und (Kauf-)Verhalten der Kundschaft und schafft über die Grenzen des Unternehmens hinaus ein Bewusstsein für die Verantwortung der Wirtschaft und der Menschheit gegenüber der Natur: Produktion und Konsum nachhaltig zu gestalten.

Unabhängig davon, ob es edding gelingt, Einfluss auf das Denken der gesamten Menschheit in Bezug auf Nachhaltigkeit positiv auszuüben, sind die beiden in Hamburg 1960 gestarteten Karrieren ein voller Erfolg geworden: Wer weiß, vielleicht hat John Lennon ja auch einen seiner (Hamburger) Liedtexte mit einem edding geschrieben.

Über die Autorin

PATRICIA SIEBEL
ist Head of CR Coordination des Schreibwarenherstellers edding AG mit Sitz im schleswig-holsteinischen Ahrensburg. Sie hat am Institut für Baubiologie Fulda (IBN) studiert, ferner Betriebswirtschaftslehre an der Fernuniversität Hagen sowie Umweltökonomie und Umweltrecht an der Universität Koblenz-Landau und ist Qualitätsmanagerin und Auditorin für Umwelt und Arbeitssicherheit. Nach verschiedenen beruflichen Stationen ist sie seit 2003 für die edding AG tätig und dort seit 2008 für den Bereich Umweltschutz und Nachhaltigkeit verantwortlich.

Kontakt

edding AG
Bookkoppel 7
22926 Ahrensburg
Tel.: 04102/808-0
info@edding.de
www.edding.com

WERNER & MERTZ GMBH

Nachhaltigkeit bei Werner & Mertz: Was uns antreibt.

PAMELA FANDEL, LENA HAUSCHILD

Als innovatives Familienunternehmen in fünfter Generation, das seit jeher Nachhaltigkeit als das eigene Fundament begreift, beschäftigen wir uns mit der Frage, wie eine nachhaltige Lebensweise gesellschaftlich mehrheitsfähig werden kann.

Ein Ökopionier der kreislauffähigen Reinigungs- und Hygienelösungen

Die Überwindung des vermeintlichen Widerspruchs zwischen Ökologie und Leistungsfähigkeit von Reinigungsmitteln ist dabei das Anliegen von Werner & Mertz. Konkret bedeutet dies, mit allen wesentlichen Elementen unseres Produktes, d.h. bei Rezeptur, Verpackung und Produktionsumständen, mindestens eine Entwicklungsgeneration vor der bisherigen ökologischen Benchmark zu liegen. So wollen wir als ein Ökopionier die Marktentwicklung mit kreislauffähigen, d.h. ganzheitlich-nachhaltigen und hochleistungsfähigen Reinigungs- und Hygienelösungen forcieren, die für den Menschen und die Natur unbedenklich sind. Wir fühlen uns langfristigen Initiativen verpflichtet, die oftmals über unsere eigenen Marken und Sortimente hinaus neue Maßstäbe der ökologischen Machbarkeit setzen. Insbesondere sind hier unsere „Recyclat-Initiative" und auch die Initiative Europäische Tenside hervorzuheben. Diese Initiativen gelten nicht nur für unsere Kundschaft und die Gesellschaft, sondern auch für unsere Mitarbeitenden. Nachhaltigkeit wird in unserem inhabergeführten mittelständischen Unternehmen ambitioniert gelebt –

und so entwickeln unsere Mitarbeiterinnen und Mitarbeiter in diesem Sinne Lösungen für Handlungsfelder der nachhaltigen Transformation.

Der Nachhaltigkeitsgedanke und der hohe Stellenwert des Umweltmanagements ziehen sich bei Werner & Mertz wie ein roter Faden durch das gesamte Unternehmen. Wir haben dabei den eigenen Anspruch, stets das nachhaltigste Unternehmen unserer Branche zu sein. Das spiegelt sich in unserer inneren Haltung wider und motiviert uns in unserem alltäglichen Tun. Bei uns ist jede Mitarbeiterin und jeder Mitarbeiter ein Botschafter der Nachhaltigkeit. Die Philosophie des nachhaltigen Handelns ist in den Unternehmensleitlinien fest verankert.

Nachhaltigkeitsmanagement im Unternehmen

Das Nachhaltigkeitsmanagement ist entsprechend hoch direkt beim Inhaber angesiedelt. Nachhaltigkeit wird von unserem Inhaber durch die Ausrichtung der Geschäftsstrategie intensiv vorangetrieben. Ein Nachhaltigkeitsteam, das sich aus 18 Vertreter*innen der verschiedenen Fachbereiche zusammensetzt, identifiziert sinnvolle Nachhaltigkeitsziele und kontrolliert die Umsetzung der Maßnahmen in unserer Organisation. Dieser Prozess wird durch die Stabsstelle „Nachhaltigkeits-

Sowohl der Produktionsstandort in Mainz (im Bild zu sehen) als auch der Produktionsstandort im österreichischen Hallein sind EMAS-validiert. Foto: Werner & Mertz

management & Qualität" gesteuert. Nach Abstimmung der/des jeweils fachlich Verantwortlichen mit der/dem zuständigen Vorgesetzten oder Geschäftsleitungsmitgliedern werden neue Ziele in das jährliche Nachhaltigkeits- und Umweltprogramm aufgenommen.

Eine wesentliche Aufgabe des Nachhaltigkeitsmanagements bei Werner & Mertz besteht neben dem Erreichen wesentlicher Zertifizierungen und der jährlichen EMAS-Validierung aller Gesellschaften an beiden Standorten – der derzeit anspruchsvollsten und umfassendsten Umweltzertifizierung – auch darin, die Belegschaft regelmäßig zu informieren und einzubinden. Sowohl für die externe als auch für die interne Kommunikation haben wir Informationsmaterialien entwickelt, welche die Maßnahmen und Prozesse des Nachhaltigkeitsmanagements ausführlich abbilden.

Kreislaufwirtschaft ist dabei unsere Maxime notwendigen und sinnvollen Handelns im Einklang mit den drei Säulen der Nachhaltigkeit: Ökonomie, Ökologie und Soziales.

Unsere Verantwortung für ganzheitliche Nachhaltigkeit gliedern wir bei Werner & Mertz in fünf Handlungsfelder, die wir im Folgenden jeweils anhand eines konkreten Beispiels erläutern.

Handlungsfeld 1: Integrität & Verantwortung

Nachhaltigkeitsaspekte leiten uns in unserer Geschäftstätigkeit. Integres Handeln ist dabei selbstverständlich und unerlässlich. Das gilt für alle Mitarbeiterinnen und Mitarbeiter. Den hohen Stellenwert von Nachhaltigkeit erwartet Werner & Mertz auch von seinen Geschäftspartnern. Unseren Nachhaltigkeitsanspruch geben wir über einen umfassenden Lieferantenkodex auch in die Wertschöpfungskette weiter. So wollen wir nachhaltige Wertschöpfung und Lebensweisen durch die Einbindung unserer Partner weiter stärken.

Handlungsfeld 2: Produkte & Kund*innen

Unsere größte Marketingleistung gegenüber den Endkund*innen ist die „Demokratisierung der Nachhaltigkeit". Uns ist es gelungen, technisch-komplexe Nachhaltigkeits-Konzepte so positiv und glaubwürdig bei den Verbraucher*innen zu platzieren, dass sie Freude an der Verwendung dieser Produkte haben. Die sogenannte Entkopplung von der Verzichtswahrnehmung sehen wir dabei als Schlüssel, um nachhaltigen Konsum mehrheitsfähig zu machen.

Um gerade auch die jungen Lebenswelten besonders stark mit einzubeziehen, haben wir langfristige Nachhaltigkeits-Initiativen bei besonders relevanten Umweltherausforderungen so weit vorangetrieben, dass Nachhaltigkeit nicht nur konkret erlebbar wird, sondern auch ein hoher vertrauensspendender Umsetzungsvorsprung im Markt erreicht wurde. Diese Initiativfelder sind: europäische Tenside und maximales Kunststoffrecycling.

Beispiel: Die „Saubere Meere-Kampagne“

2012 haben wir zusammen mit Kooperationspartnern entlang der gesamten Wertschöpfungskette die „Recyclat-Initiative“ ins Leben gerufen, die zum Ziel hat, Plastik aus den Dualen Systemen (Gelber Sack oder Gelbe Tonne) nach der Nutzung wieder hochwertig aufzubereiten und für gleichwertige Verpackungen einzusetzen. Mit Erfolg: Bislang haben wir über 420 Millionen Flaschen aus 100-prozentigem Altplastik mit einem Anteil von 20 Prozent aus der Quelle „Gelber Sack/Gelbe Tonne“ in den Handel gebracht. Weltrekord!

Beide Verpackungen bestehen zu 100 % aus Altplastik aus Post Consumer-Rezyklat. Dabei hat die transparente PET-Flasche einen Anteil von 20 % aus der Quelle Gelber Sack, die HDPE-Duschgelflasche wird sogar mit 100 % Altplastik aus dem Gelben Sack gefertigt. Bild: Werner & Mertz

Der Kunststoff wird nach Gebrauch hochwertig mechanisch recycelt, bevor das sogenannte Rezyklat wieder für neue Verpackungen verwendet wird. Aus einer Spülmittelflasche kann so wieder eine Spülmittelflasche werden. Grafik: Werner & Mertz

Neben den technischen Hürden, die zu meistern waren, musste unser Marketing „Mittel und Wege" finden, dieses doch sehr komplexe Verpackungsthema Richtung Verbraucherinnen und Verbraucher zu übermitteln. Entstanden ist aus dieser Zielstellung heraus die Kampagne „Saubere Meere" – zunächst als reine Point of Sales-Kampagne anhand von Displays und Flyern.

2018 wurde die Kampagne dann in den klassischen Medien (TV, Anzeigen + Plakat) und natürlich auch in den sozialen Netzwerken sowie diversen Online-Kanälen ausgespielt.

Die „Saubere Meere"-Kampagne hatte und hat die Aufgabe, in kurzen eingängigen Botschaften die Pionier-Rolle von Frosch in Sachen Plastikflaschen aus Rezyklat emotional zu vermitteln. In den klassischen Medien werden die Themen angeteasert, auf Online-Plattformen und über Social-Media-Kanäle vertieft. Denn es gibt natürlich Verbraucherinnen und Verbraucher, die tatsächlich wissen wollen, was genau wir da tun. Gerade für die Vertiefung dieses sehr komplexen Themas war die

Wenn Kunststoffe erneut in Verpackungen eingesetzt und damit im Kreislauf gehalten werden, kann Plastik nicht in der Verbrennung oder gar als Müll im Meer landen. Diesen Grundgedanken vermittelt die Marke Frosch mit ihrer Saubere Meere-Kampagne auf emotionale Weise. Bild: Werner & Mertz

Unterstützung des Schauspielers und Umweltaktivisten Hannes Jaenicke sehr wichtig, der über seine Social-Media-Kanäle einen großartigen Beitrag leistet, um die Recyclat-Initiative von Frosch zu erklären. Er war bereits vor unserer Initiative tief in das Thema „Meeresverschmutzung durch Plastik" involviert und ist somit für uns seit drei Jahren ein sehr wichtiger Markenbotschafter geworden.

Handlungsfeld 3: Produktion & Umwelt

Zu einer nachhaltigen Lebensweise gehört auch der verantwortungsvolle Umgang mit Ressourcen. Daher ist unser Grundsatz in unseren EMAS-validierten Produktionsstätten, dass wir „die richtigen Dinge richtig tun". Durch den ressourcenschonenden Einsatz von Rohstoffen wird das Maximum an Wirkung erzielt, sodass die Umwelt – lokal, aber auch global – durch unsere Geschäftstätigkeit im Gleichgewicht bleiben kann. Wo immer möglich, schließen wir Kreisläufe. Ein hochwertiges Qualitätsmanagement und -sicherung sind für uns unerlässlich, um mögliche negative Auswirkungen zu verhindern und Störfälle zu vermeiden.

Beispiel: Das Cradle to Cradle-Prinzip

Wir entwickeln all unsere Produkte nach dem Prinzip „Cradle to Cradle®" (von der Wiege zur Wiege). Es steht für die Überwindung des weitverbreiteten linearen Produktionsprinzips „Von der Wiege zur Bahre" (Cradle to Grave), bei dem Materialströme häufig ohne Rücksicht auf den dauerhaften Erhalt von Ressourcen verschwendet werden. Stattdessen werden die Produkte konsequent für einen geschlossenen biologischen oder technischen Stoffkreislauf gestaltet. Und zwar so, dass sich Materialien entweder für eine gefahrlose und vollständige Rückkehr in die Biosphäre eignen oder qualitativ hochwertig wiedergewonnen werden können. Dieses Prinzip haben wir bei Werner & Mertz verinnerlicht.

Neue Produkte und Verpackungen werden bei uns konsequent so gestaltet, dass sie die Qualität der enthaltenden Recyclingfraktionen verbessern, damit das Recycling mindestens auf gleichem oder sogar höherem Niveau möglich wird. Die Inhaltsstoffe in den Produkten, auch solche wie Pigmente und Additive, werden so gewählt, dass während der Nutzung oder in Phasen der Herstellung, Verwertung oder Folgenutzung keine toxischen Wirkungen auftreten. Rohöl, das einmal für die Herstellung von Kunststoffen verbraucht wurde, bleibt bei Produkten nach dem C2C-Prinzip im Kreislauf erhalten und wird nicht unwiederbringlich verbrannt. Die Energie für den Recyclingkreislauf – wie für andere Produktionsverfahren auch – wird so weit wie möglich umwelt- und klimaschonend aus erneuerbaren Quellen gewonnen. Das C2C-Design umfasst einen eigenen detaillierten Bewertungsschlüssel. Danach werden die eingesetzten Materialien, deren Kreislauffähigkeit, der Verbrauch von Energie und Wasser und die sozialen Auswirkungen von Produktzyklen und Produktionsweisen in die Bewertung einbezogen.

Wir haben unsere hauseigene Rohstoff- und Rezepturbewertung mit diesem System verglichen und haben unseren Ansatz noch optimieren können. Seit 2013 lassen wir die Produkte der Marke Frosch und der green care Professional nach dem sehr anspruchsvollen Cradle to Cradle CertifiedTM-Verfahren zertifizieren. Damit erhielten wir als erstes Unternehmen der Reinigungsbranche in Europa die Auszeichnung „Cradle to Cradle CertifiedTM Gold" für unseren Frosch Citrus Dusche & Bad-Reiniger. Im gleichen Jahr erhielten auch 18 Produkte der Marke green care Professional das Prädikat Gold. Inzwischen sind schon 43 Produkte der Marke green care Professional zertifiziert.

43 Produkte der Marke green care Professional, der Professional-Sparte von Werner & Mertz, sind bereits nach dem sehr anspruchsvollen Cradle to Cradle CertifiedTM-Verfahren zertifiziert. Bild: Werner & Mertz

Handlungsfeld 4: Kultur & Mitarbeitende

Nachhaltiges Denken und Handeln steht im Mittelpunkt unserer Unternehmenskultur. Wir messen alle unsere Entscheidungen an dem Primat der Nachhaltigkeit und fördern nachhaltige Ideen, ohne Angst vor behebbaren Fehlern zu haben. Diese Haltung prägt nicht nur unsere Beziehungen und unser Miteinander, sie zeigt auch unsere ganzheitliche Sicht auf den einzelnen Menschen. Daher fördern wir jeden Mitarbeiter/jede Mitarbeiterin individuell nach seinen und ihren speziellen Bedürfnissen und Fähigkeiten. So werden unsere Beschäftigten zu Botschafter*innen der Nachhaltigkeit.

Handlungsfeld 5: Engagement & Gesellschaft

Wir wollen eine nachhaltige Lebensweise mehrheitsfähig machen und damit einen wesentlichen Beitrag zur Lösung von drängenden Umweltproblemen – wie der Vermüllung unserer Meere – leisten. Das erreichen wir unter anderem durch eine Open-Innovation-Strategie, bei der wir über die Grenzen unseres Unternehmens und unserer Branche hinaus Umweltinnovationen anderen Marktteilnehmern in der Gesellschaft zugänglich machen.

Die Optimierung des positiven Gesamtbeitrags für die Umwelt wird nach unserer Überzeugung vertrauensschaffend erreicht, wenn die von uns präferierten Lösungskonzepte zwei Kriterien erfüllen: erstens durch die konsequente Ausrichtung an der „wissenschaftlichen Mehrheitsmeinung" statt an Brancheninteressen und zweitens die weitgehende dauerhafte Zumutbarkeit für den/die Durchschnittskonsument*in durch plausible Entkopplung von der Verzichtswahrnehmung.

Beispiel: Der Open-Innovation-Gedanke unserer Rezyklat-Initiative

Unsere preisgekrönte Recyclat-Initiative ist eine „Open-Innovation", das bedeutet Nachmachen ist nicht nur erlaubt, sondern ausdrücklich erwünscht! Denn nur, wenn viele mitmachen, kann die ressourcen- und umweltschonende Kreislaufwirtschaft zum Standard werden und sich auch über Branchen- und Ländergrenzen hinweg durchsetzen.

Zu unseren frühesten Mitstreitern für die Kreislaufführung von Altplastik im Rahmen der Initiative zählen Der Grüne Punkt und der NABU, die beide von Beginn an dabei waren und mit denen wir uns beispielsweise auch auf politischer Ebene für die Incentivierung von Post Consumer-Rezyklat sowie die Festlegung und Einhaltung von Recycling-Mindestquoten stark machen.

Aber auch mit anderen Markenherstellern tun wir uns zum Wohle einer echten Kreislaufwirtschaft zusammen: So sind wir 2020 eine Kooperation mit dem Kosmetikkonzern Beiersdorf eingegangen, um mechanisches Recycling im Kosmetikbereich nach vorn zu bringen.

Bislang gibt es im Kosmetikmarkt sowohl bei Herstellern als auch bei Recyclingfirmen große Unsicherheit über die Verwendung von Post Consumer-Rezyklaten (PCR) in Kosmetikverpackungen, da nicht definiert ist, unter welchen Bedingungen es eingesetzt werden darf. Wir sind hier bereits im Mai 2019 mit der Verpackung von Frosch Duschgelen mit 100-prozentigem Altplastik aus der Quelle „Gelber Sack/Gelbe Tonne" als Pionier vorangegangen. Für die Verpackung hatten wir ein humantoxikologisches Gutachten erstellen lassen, das die gesundheitliche Unbedenklichkeit zweifelsfrei bestätigt.

Um der Branche mehr Sicherheit und Klarheit zu geben, haben wir zusammen mit Beiersdorf und dem Fraunhofer-Institut für Verfahrenstechnik und Verpackung ein Fundament für den Einsatz von mechanisch recyceltem Altplastik für Kosmetikverpackungen erarbeitet. In unserer gemeinsamen Forschungsarbeit entstanden klare Handlungsempfehlungen an die Kosmetikindustrie, welches Rezyklat sie für ihr Produkt verwenden können. Recycler erfahren, wie sich die Qualitätslage aus Sicht der Kosmetikbranche darstellt, und erhalten Hinweise darüber, wie eine hochwertige Aufbereitung von Altplastik für Kosmetikverpackungen gelingen kann und welche Qualität erforderlich ist, um die Anforderungen der Branche zu erfüllen.

Wenn viele Unternehmen unserem Beispiel folgen, wird Bedarf erzeugt, was wiederum die Investitionen in Aufbereitungsanlagen beschleunigt und den wiederkehrenden Einsatz von Altplastik wirtschaftlich macht. Dies kommt dann nicht nur den Unternehmen, sondern vor allem unserer Umwelt zugute – und genau darum geht es uns in letzter Konsequenz immer.

Über die Autorinnen

PAMELA FANDEL
kam 2016 zu Werner & Mertz und arbeitete zunächst als Managerin Nachhaltigkeitsmanagement, bevor sie 2019 die Leitung der Abteilung Nachhaltigkeitsmanagement übernahm und um den Bereich Qualitäts- und Organisationsmanagement ausweitete.

LENA HAUSCHILD
ist seit 2019 Referentin der Unternehmenskommunikation bei Werner & Mertz und dort für den Bereich interne Kommunikation verantwortlich und kommuniziert extern vor allem über die Nachhaltigkeits-Initiativen.

Kontakt

Werner & Mertz GmbH
Rheinalle 96
55120 Mainz

Pamela Fandel
Tel.: 06131/964 2602
pfandel@werner-mertz.com

Lena Hauschild
Tel.: 06131/964 2035
lhauschild@werner-mertz.com

www.werner-mertz.de
www.wir-fuer-recyclat.de
www.initiative-frosch.de

Initiativen, Verbände und Organisationen

AZUR – INNOVATIONSFORUM ALTREIFEN-RECYCLING

Das neue Netzwerk für den nachhaltigen Umgang mit Reifen

Die nackten Zahlen sind riesig. Allein in Deutschland fallen pro Jahr rund 600.000 Tonnen Altreifen an. Dies ist vergleichbar mit der Gesamtmenge an Schrottautos und mit etwa 800.000 Tonnen liegt Elektroschrott auch nicht weit entfernt. Wieviel das wirklich ist, zeigt aber ein Vergleich: 600.000 Tonnen entsprechen dem Gewicht von 3.000 Einfamilienhäusern. Pro Jahr entsteht also ein Altreifenberg in Größe eines ganzen Dorfes. Dem tritt das neue Netzwerk AZuR jetzt entgegen und sucht nach Lösungen für eine nachhaltige Zukunft.

Vergleich runderneuerte Reifen und billige Importreifen, Quelle: AZuR

Zunächst im Fokus sind die Altreifenentsorger. Denn sie sind die ersten, die mit den alten Reifen in Berührung kommen und sie in den Wertstoffkreislauf einbringen. Organisiert sind die auf Altreifen spezialisierten Entsorgungsfachbetriebe im Bundesverband Reifenhandel und Vulkaniseur-Handwerk e.V. (BRV). Innerhalb des Verbands gibt es mit den zertifizierten Altreifenentsorgern (ZARE) eine Initiative, die sich dafür einsetzt, dass Reifen nicht einfach in der Natur abgelagert werden. Alle Entsorgungsfachbetriebe, die sich zertifizieren lassen, garantieren, dass bei ihnen die alten Pneus auch umweltgerecht entsorgt oder verwertet werden.

Drei Hauptströme von Altreifen

Grundsätzlich gibt es bei der Entsorgung zwei Wege: die Wiederverwendung und die Verwertung. Die Reifenrunderneuerung ist eine sehr nachhaltige Form der Wiederverwendung. Bei der Runderneuerung wird auf eine bestehende Karkasse eine neue Lauffläche aufgebracht. Der Unterbau des Reifens wird also ein weiteres Mal im Straßenverkehr genutzt. Bei den Nutzfahrzeugen fahren rund 30 Prozent der Lkw mit solchen runderneuerten Reifen und sorgen dadurch für aktiven Um-

Blick in das Runderneuerungswerk von Reifen Ihle, Günzburg, Quelle: AzuR

weltschutz, da Ressourcen geschont werden. Allerdings lag die Quote vor einigen Jahren bei über 40 Prozent. Eine Flut von meist nicht runderneuerungsfähigen Billigneureifen aus Asien hat die Quote leider deutlich sinken lassen. Der Export der Gebrauchtreifen lässt ebenfalls eine zweite Nutzung zu.

Im Bereich der Verwertung gibt es ebenfalls zwei Hauptformen: das stoffliche Recycling und die thermische Verwertung. Stoffliche Verwertung bedeutet, dass die Reifen in ihre Bestandteile zerlegt und diese dann weiterverarbeitet werden. Ein Reifen besteht zum größten Teil aus Gummi (etwa 70 Prozent). Dazu kommen dann noch Stahl und Textilfasern. Diese drei Bausteine können gut voneinander getrennt werden und in neuen Produkten zum Einsatz kommen. Das Gummi wird beispielsweise zu Granulat oder Mehl verarbeitet und dann in Fallschutzmatten, Sportplätzen und auch Außenlampen neu genutzt.

Bei der thermischen Verwertung werden die Reifen zur Energiegewinnung verbrannt. Dadurch helfen Altreifen, Ressourcen wie Öl und Kohle zu schonen, denn der Energiegehalt ist ähnlich hoch und daher ist dieser Verwendungszweck ebenfalls sinnvoll. In der Vergangenheit waren es vor allem Zementwerke, die Altreifen thermisch verwertet haben. Doch neue Technologien und engere Umweltauflagen sorgen hier für einen starken Rückgang. Die Folge: Mehr Altreifen drängen in die anderen beiden Stoffströme.

Ein Beispiel für die stoffliche Verwertung: Stallboden aus Altreifen-Granulat, Quelle: KRAIBURG Relastec

KURZ Karkassenhandel verlegt in einem Pilotprojekt Gummiasphalt auf dem Firmengelände in Wendlingen, Quelle: KURZ Karkassenhandel

Entsorger erkannten dringenden Handlungsbedarf

Dies haben die zertifizierten Altreifenentsorger bereits frühzeitig erkannt und den Handlungsbedarf formuliert. Der BRV hat sich deshalb um ein neues Vorhaben im Rahmen der Förderrichtlinie „Innovationsforen Mittelstand" beim Bundesministerium für Bildung und Forschung (BMBF) beworben und den Zuschlag für das „Innovationsforum Altreifen-Recycling" erhalten. Die Fördermittel werden dafür genutzt, ein neues Netzwerk ins Leben zu rufen und die unterschiedlichsten Branchen interdisziplinär zusammenzuführen. Entstanden ist das neue Netzwerk AZuR. Die Abkürzung steht für **A**llianz **Zu**kunft **R**eifen.

Dieses Netzwerk agiert bewusst branchen- und verbandsübergreifend. Auch hier werden die drei Stoffströme betrachtet, wobei das Thema thermische Verwertung durch die Pyrolyse ergänzt wurde. Hierbei werden Reifen unter Sauerstoffausschluss erhitzt, also nicht verbrannt. Bei der Pyrolyse entstehen Gas, Öl und Ruß, die alle drei in der Industrie als wertvolle Rohstoffe genutzt werden.

Anders als einzelne Verbände sieht AZuR den kompletten Reifenmarkt und auf der anderen Seite den kompletten Recyclingbereich als seine Handlungsfelder. Schon bei der Herstellung von Neureifen kann und soll auf eine Verwertung nach der Nutzung am Auto oder Nutzfahrzeug geachtet werden. Dies betrifft sowohl die

Gummimischungen als auch den Aufbau der Karkassen und die grundsätzliche Zusammensetzung von Reifen. Auf der anderen Seite stehen die Industrie und das produzierende Gewerbe, die recycelte Rohstoffe nutzen, um neue Produkte herzustellen oder im industriellen Alltag zu verwenden. Welche Anforderungen stellen die Nutzer der Rezyklate an die einzelnen Stoffe?

Ein Netzwerk mit allen Akteuren

Das Ziel von AZuR ist es, alle Beteiligten an einen Tisch zu bringen und gemeinsam Wege und Lösungen für den auf Nachhaltigkeit ausgerichteten Umgang mit Reifen zu erarbeiten. Dazu müssen sowohl die großen Hersteller als auch die Verwerter und die Nutzer sich miteinander austauschen. Nur zusammen können Gemeinsamkeiten erarbeitet und mögliche Lösungen gefunden werden. Denn wenn sich die Verwerter mit den Reifenherstellern und den Abnehmern der Rezyklate direkt unterhalten, werden Hürden abgebaut und ist das Ziel einer hundertprozentigen Wiederverwertung von Reifen erreichbar.

Leicht ist die Aufgabe nicht. Der Netzwerkaufbau ist gut gestartet. Doch um die hohen Ziele zu erreichen, müssen möglichst viele Unternehmen aus den unterschiedlichsten Bereichen an Bord sein. Und sie müssen an einem Strang ziehen. Bisher sind neben Verwertern und Runderneuerern auch Industriebetriebe und zahlreiche wissenschaftliche Einrichtungen dabei. Namhafte Institute der RWTH Aachen, der TH Köln, der Universitäten Chemnitz und Twente (Niederlande) unterstützen AZuR ebenso wie das Umweltbundesamt und die Deutsche Bundesstiftung Umwelt.

Auch die Politik muss mit ins Boot

Alle Beteiligten sind sich einig: Ohne die Politik geht es nicht. Denn hier werden die Vorgaben für die Nutzung diverser Sekundärrohstoffe, wie beispielsweise Gummimehl aus Altreifen, festgelegt. Dass im Bereich Recycling unbedingt mehr geschehen muss, hat die Bundesregierung sogar im aktuellen Koalitionsvertrag festgehalten. Doch ohne den Input durch die direkten Beteiligten wird sich nichts ändern. Deshalb geht AZuR aktiv auf die Politik zu, zeigt Wege und Möglichkeiten und kämpft für einen nachhaltigen Umgang mit den Altreifen.

Nicht nur die Bundesregierung setzt auf mehr Nachhaltigkeit, auch die Vereinten Nationen haben in der Agenda 2030 17 Ziele für eine nachhaltige Entwicklung festgelegt. AZuR folgt hier Ziel 12 als Leitlinie, bei dem es um nachhaltige Konsum- und Produktionsweisen geht. Dabei ist auch wichtig, die Bevölkerung für die Themen zu sensibilisieren. Aufklärung und aktive Kommunikation aus dem Netzwerk heraus sind die wichtigsten Aufgaben. Denn eine Umfrage hat ergeben, dass zwar Millionen Menschen Autoreifen nutzen, sich die wenigsten aber darum kümmern, was damit am Ende ihres Lebenszyklus passiert. Auch hier sieht AZuR einen wichtigen Ansatzpunkt. Denn wenn letztlich alle gemeinsam an einer nachhaltigen Zukunft arbeiten, werden wir die richtigen Wege in die Zukunft finden.

azur
INNOVATIONSFORUM
ALTREIFEN-RECYCLING

Kontakt

AZuR – Innovationsforum Altreifen-Recycling
c/o CGW GmbH
Christina Guth
Karl-Arnold-Straße 8
47877 Willich
Tel.: 02154/88852-11
c.guth@c-g-w.net
https://azur-netzwerk.de

BÜNDNIS FÜR NACHHALTIGE TEXTILIEN

Gemeinsam für soziale und ökologische Verbesserungen in Textil-Lieferketten

Das Bündnis für nachhaltige Textilien wurde 2014 von Bundesentwicklungsminister Dr. Gerd Müller mit dem Ziel initiiert, die Arbeits- und Umweltbedingungen in den Wertschöpfungsketten der Textil- und Bekleidungsbranche nachweislich zu verbessern. Als Multi-Stakeholder-Initiative hat das Bündnis 140 Mitglieder (Stand: Februar 2021), darunter Unternehmen, Verbände, Gewerkschaften, zivilgesellschaftliche Akteure, Standardorganisationen und die Bundesregierung. Die Unternehmen im Textilbündnis stehen für rund die Hälfte des Einzelhandelsumsatzes der deutschen Textil- und Modebranche.

Die Ziele, Themen und Prozesse im Bündnis orientieren sich an den UN-Leitprinzipien für Wirtschaft und Menschenrechte und den ILO-Kernarbeitsnormen, vor allem aber an den von der OECD aufbereiteten Empfehlungen für die Umsetzung unternehmerischer Sorgfaltspflichten in der Textil- und Bekleidungsbranche. Durch diese Ausrichtung können Mitgliedsunternehmen auch den Anforderungen aus dem Nationalen Aktionsplan Wirtschaft und Menschenrechte der Bundesregierung gerecht werden.

„Ich bin überzeugt, dass der Kurs Richtung unternehmerischer Sorgfalt und Nachhaltigkeit richtig, wichtig und zukunftsweisend ist. Dies erfordert es gerade in diesen Krisenzeiten, auch die Geschäftspartner und die Arbeiterinnen und Arbeiter in den Fokus zu nehmen. Durch die Ausrichtung am Sorgfaltspflichtenansatz hat sich das Textilbündnis zur ersten Anlaufstelle für alle entwickelt, die ihre ökologische und menschenrechtliche Verantwortung in der gesamten Lieferkette übernehmen wollen. Dazu bieten wir ein breites Netzwerk und Unterstützung," erläutert Jürgen Janssen, Leiter des Bündnissekretariats.

Wie arbeitet das Bündnis für nachhaltige Textilien?

Die Bündnismitglieder setzen sich gemeinsam für nachweisliche soziale und ökologische Verbesserungen in der gesamten Textil-Lieferkette ein, durch individuelle Verantwortung, gemeinsames Engagement vor Ort und gegenseitige Unterstützung.

Die drei zentralen Arbeitsfelder des Bündnisses für nachhaltige Textilien.

Individuelle Verantwortung: Review-Prozess

Alle zwei Jahre durchlaufen die Mitglieder den Review-Prozess. Dabei erstellen Unternehmen zunächst eine individuelle Risikoanalyse und schauen, wo in ihrer Lieferkette soziale, ökologische und Korruptions-Risiken auftreten könnten. Dazu hat das Textilbündnis elf Sektorrisiken aus den OECD-Empfehlungen abgeleitet, mit denen sich die Mitglieder befassen müssen. Für die als besonders schwerwiegend identifizierten Risiken setzen sie sich anschließend Ziele und definieren Maßnahmen, um die Risiken zu mindern. Zwei Jahre später müssen sie zum Fortschritt berichten.

Die elf Sektorrisiken strukturieren die Risikoanalyse:

1. Vereinigungsfreiheit und Kollektivverhandlungen
2. Diskriminierung, sexuelle Belästigung und geschlechtsspezifische Gewalt
3. Gesundheit und Sicherheit
4. Lohn und Sozialleistungen, existenzsichernde Löhne
5. Arbeitszeiten
6. Kinder- und Zwangsarbeit
7. Korruption
8. Chemikalieneinsatz, Abwasser
9. Umweltschutz, Ressourceneinsatz
10. Treibhausgasemissionen
11. Tierwohl (inkl. Schafhaltung, Mulesing)

Auch die Mitglieder der übrigen Akteursgruppen – also Verbände, NGOs, Standardorganisationen, Gewerkschaften und die Bundesregierung – kommen einer Berichterstattungspflicht nach. Sie beschreiben, wie sie sich im vergangenen Berichtszeitraum in das Bündnis eingebracht und welche Maßnahmen sie zur Erreichung der Bündnisziele umgesetzt haben.

Gemeinsames Engagement: Bündnisinitiativen vor Ort

Zusammen mehr erreichen als allein – auf dieser Überzeugung bauen die Bündnisinitiativen (BI) auf. Mehrere Bündnismitglieder tun sich zusammen, um gemeinsam Verbesserungen in den Produktionsländern zu erzielen: mit der Einkaufskraft der Unternehmen, dem Know-how und den Kontakten der Nichtregierungsorganisationen und Gewerkschaften sowie mit den Einflussmöglichkeiten der Bundesregierung. Auch Zulieferer und lokale Akteure spielen eine wichtige Rolle. Zurzeit laufen vier Bündnisinitiativen, weitere sind in Planung:

- *Abwasser:* Die BI zielt auf ein nachhaltiges Abwassermanagement in Textilfabriken ab, unter anderem durch Capacity Building, die Harmonisierung von Abwasserstandards, eine verbesserte Daten- und Analysequalität sowie Austausch und Wissenstransfer.
- *Beschwerdemechanismen:* Arbeiter*innen in der Textilindustrie sollen Beschwerden melden können. Dazu braucht es effektive Beschwerde- und Abhilfemechanismen. Hier kooperiert das Bündnis mit der Fair Wear Foundation (FWF) und dem niederländischen Agreement on Sustainable Garment and Textiles (AGT).

- *Existenzsichernde Löhne:* Zwar gelten in vielen Produktionsländern Mindestlöhne, oft reichen diese zum Leben jedoch nicht aus. Deshalb setzt sich das Textilbündnis für existenzsichernde Löhne ein. Als existenzsichernd gilt ein Lohn, der die Lebenshaltungskosten von Arbeiter*innen und ihren abhängigen Familienangehörigen abdeckt und angemessene Rücklagen für Notsituationen ermöglicht. Die Mitglieder der BI widmen sich vor allem fairen Einkaufspraktiken sowie Vereinigungsfreiheit und Kollektivverhandlungen in Produktionsländern als wichtige Grundlagen für höhere Löhne.
- *Verbesserung der Arbeitsbedingungen in Tamil Nadu:* Die BI zielt darauf ab, die Arbeitsbedingungen in der Textil- und Bekleidungsindustrie im indischen Bundesstaat Tamil Nadu systemisch zu verbessern, insbesondere für Frauen und Mädchen in Spinnereien. Dazu sollen der Multi-Stakeholder-Dialog auf Staats- und Distriktebene gestärkt und Arbeiter*innen und Fabrikmanagement in Trainings über ihre Rechte aufgeklärt und geschult werden.

Gegenseitige Unterstützung: Lernen und Dialog

Das Bündnis versteht sich auch als Plattform für Lernen und Dialog. Mit Webinaren und Workshops, der Arbeit in Expert*innen- und Projektgruppen sowie mithilfe von Tools und Unterstützungsmaterial werden Informationen und Erfahrungen aufbereitet und mit allen Mitgliedern geteilt.

Das Textilbündnis verfolgt einen ganzheitlichen Ansatz, berücksichtigt die gesamte Wertschöpfungskette und deckt ein breites Themenspektrum ab. Arbeitsgruppen widmen sich einzelnen Themen wie Lieferkettentransparenz, Einkaufspraktiken, Chemikaliensicherheit oder Natur- und Chemiefasern. 2020 sind zwei Expert*innen-Gruppen zu Kreislaufwirtschaft und Klimaschutz hinzugekommen.

Internationalisierung: Strategische Kooperationen

Die Wertschöpfungsketten und Liefernetzwerke im Textilsektor erstrecken sich über die ganze Welt. Nicht zuletzt deswegen bedarf es international abgestimmter Vorgehensweisen, um Synergien zu nutzen, Kräfte zu bündeln und den Aufwand zu begrenzen.

Schon bei der Gründung des Textilbündnisses wurde erkannt: Als nationale Initiative in einer global vernetzten Branche muss das Textilbündnis den Anschluss an andere europäische und internationale Initiativen herstellen. Dazu hat es seit 2017 zehn strategische Kooperationen mit anderen Initiativen geschlossen, unter anderem mit der Fair Wear Foundation, der Sustainable Apparel Coalition, Textile Exchange und ZDHC. Durch das internationale Netzwerk erhalten Bündnismitglieder auch Zugang zu Expertise, Instrumenten und Kontakten anderer Brancheninitiativen.

2020 starteten zwei neue Kooperationen mit dem Organic Cotton Accelerator und dem Open Apparel Registry (OAR). Während es bei der ersten Kooperation um die Förderung von Bio-Baumwolle geht, strebt die zweite Kooperation nach mehr Transparenz in Textil-Lieferketten. Das OAR ist ein Open-Source-Tool, das Textil-Produktionsstätten weltweit abbildet und ihnen eine eindeutige Identifikationsnummer zuweist. Im Dezember 2020 veröffentlichte das Textilbündnis eine erste aggregierte Liste von 23 Bündnisunternehmen mit insgesamt rund 6.900 Produktionsstätten auf der OAR-Plattform.

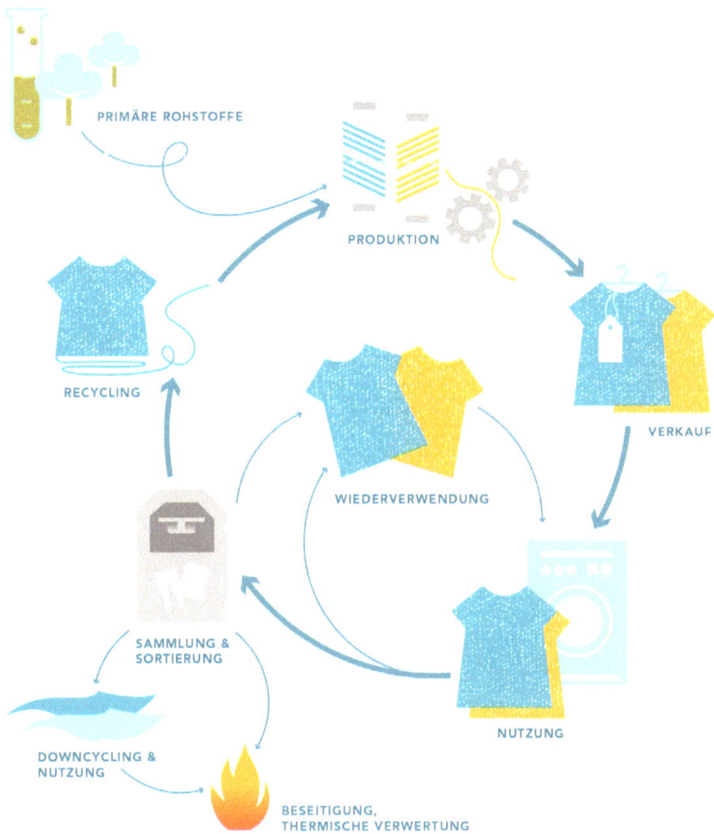

Kreislaufwirtschaft im Textilsektor. Abbildung: Textilbündnis

Kontakt

Bündnis für nachhaltige Textilien e.V.
Bündnissekretariat
c/o Deutsche Gesellschaft für Internationale Zusammenarbeit (GIZ) GmbH
Friedrich-Ebert-Allee 36
53113 Bonn
Tel.: 0228/4460-3560
mail@textilbuendnis.com
www.textilbuendnis.com

BUNDESVERBAND MITTELSTÄNDISCHE WIRTSCHAFT (BVMW)

Nachhaltigkeitsbenchmarking für mittelständische Unternehmen

Durch die zunehmende öffentliche Aufmerksamkeit und die vermehrte Forderung der Kundschaft nach nachhaltigen Produkten und Dienstleistungen gewinnt nachhaltiges Wirtschaften auch für kleine und mittlere Unternehmen Relevanz im Tagesgeschäft. Bisher sind Berichtsstandards und Methoden meist auf Großunternehmen ausgelegt. Es fehlt an KMU-tauglichen Instrumenten zur Messung und Steuerung von Nachhaltigkeitsleistungen. Hier setzt das Projekt „Nachhaltigkeitsbenchmarking für mittelständische Unternehmen" an.

Nachhaltiges Wirtschaften bietet Vorteile für Unternehmen

Oft wird Nachhaltigkeit als Add-On verstanden, welches nur in wirtschaftlich guten Zeiten mitgedacht wird. Doch gerade in Krisen wird deutlich, dass nachhaltig geführte Unternehmen resilienter aufgestellt sind und Krisen besser bewältigen. Eine nachhaltige Wirtschaftsweise bietet vielfältige Chancen für Unternehmen wie:

- Finanzielle Einsparpotenziale durch Ressourcen- und Energieeffizienz
- Sicherung von Fachkräften durch attraktive Arbeitsplätze und höhere Chancen bei der Gewinnung von Nachwuchskräften
- Glaubwürdigkeit und positives Unternehmensimage
- Frühzeitige und vorbeugende Einstellung auf sich ändernde Rahmenbedingungen wie z.B. neue regulatorische Anforderungen

- Eine Abgrenzung von Wettbewerbern durch nachhaltige Prozesse, Produkte und Dienstleistungen

Der Begriff „Nachhaltiges Wirtschaften“

Als Nachhaltiges Wirtschaften wird eine Handlungsweise verstanden, die ressourcenschonend in umweltverträglichen Prozessen und unter fairen Arbeitsbedingungen nachhaltige Produkte und Dienstleistungen erstellt und durch geschaffene unternehmerische Freiräume einen Beitrag zur Lösung gesamtgesellschaftlicher Nachhaltigkeitsherausforderungen leistet.

Nachhaltiges Wirtschaften umfasst also eine *zukunftsfähige Wirtschaftsweise*, welche die Entwicklung nachhaltiger Produkte und Dienstleistungen sowie ökologisch und sozialverträgliche Produktionsprozesse ermöglicht. Durch die Übernahme ökologischer und sozialer Verantwortung leisten Unternehmen einen Beitrag zur nachhaltigen Entwicklung. Die Reduktion des Verbrauchs von primären Ressourcen sowie der Schadschöpfung ermöglicht ein *ökologisch verträgliches Wirtschaften*, welches das ökologische System nicht beeinträchtigt. Unternehmen achten die Bedürfnisse der Mitarbeitenden und sind sich der *sozialen Verantwortung* ihres Handelns bewusst.

Benchmarking als Leistungsvergleich

Benchmarking ist eine Managementmethode, die Unternehmen dabei hilft, Potenziale durch eine relative Positionsbestimmung aufzudecken. Benchmarking hilft dabei, nach neuen Ideen für Methoden und Prozesse außerhalb der eigenen Organisation zu suchen. Die Analyse der eigenen Unternehmensleistungen zeigt die relative Position sowie die Differenz zur Bestleistung in der Branche. Dadurch wird das tatsächlich Verbesserungspotenzial für das eigene Unternehmen aufgezeigt. Durch Benchmarking können Unternehmen also:

- die Position des eigenen Unternehmens im Wettbewerb bestimmen,
- Verbesserungspotenzial erkennen und Maßnahmen definieren,
- einen systematischen Best-Practice-Transfer einleiten,
- ihre Unternehmensstrategie überprüfen und Zielsetzung kritisch hinterfragen und
- einen kontinuierlichen Verbesserungsprozess initiieren.

Im Bereich der Nachhaltigkeit ist Benchmarking noch wenig etabliert. Jedoch wird von renommierten Institutionen angeregt, Nachhaltigkeitsberichte so zu gestalten, dass diese mit früheren Leistungen, eigenen Zielen sowie möglichst mit Nachhaltigkeitsleistungen anderer Institutionen vergleichbar sind.

Ein Nachhaltigkeits-Benchmarkingsystem speziell für kleine und mittlere Unternehmen

KMU verfügen meist über weniger finanzielle und personelle Ressourcen als große Unternehmen. Während in Großunternehmen eine Nachhaltigkeitsabteilung meist fester Bestandteil ist und diese aufgrund gesetzlicher Regelungen zur CSR-Berichterstattung verpflichtet sind, ist dies im Mittelstand oft nicht der Fall. Mit dem Nachhaltigkeitsbenchmarking wurde ein System entwickelt, welches auf die spezifischen Anforderungen kleinerer Unternehmen eingeht. Neben umfangreichen Hilfestellungen zur Erhebung einzelner Messgrößen werden Kennzahlen im geringeren Umfang als bei anderen etablierten Systemen abgefragt.

Unternehmerische Nachhaltigkeit als Prozess

Nachhaltiges Wirtschaften ist eine strategische Aufgabe, welche eng verknüpft mit dem Risikomanagement auf höchster Ebene im Unternehmen angesiedelt werden sollte. Die Erfassung des Ist-Zustands sowie der Vergleich mit Unternehmen der eigenen Branche und Größe ermöglicht eine erste Bestandsaufnahme und das Ableiten von Verbesserungsmaßnahmen. Die kontinuierliche Datenerhebung und Auswertung in regelmäßigen Abständen macht Nachhaltigkeitsfortschritte im Unternehmen sichtbar und lässt die Kontrolle der Wirksamkeit ergriffener Maßnahmen zu.

Im Projekt werden laufend Good-Practice-Beispiele von Unternehmen gesammelt und den Teilnehmenden zur Verfügung gestellt. Im Sinne der Benchmarking-Methode ist der Erfahrungsaustausch zwischen Unternehmen ein zentraler Bestandteil der Projektarbeit.

Unternehmen, welche Nachhaltigkeit strategisch angehen möchten, finden mit dem kostenfreien Nachhaltigkeitsbenchmarking den idealen Einstieg ins Thema. Für Unternehmen, die bereits nach anderen Berichtsstandards wie den DNK oder ecovadis berichten, bietet das Projekt aufgrund der Vergleichbarkeit der Nachhaltigkeitsleistungen und dem Erfahrungsaustausch zwischen den Unternehmen eine neue Perspektive auf das Themenfeld unternehmerische Nachhaltigkeit. Möchten Sie auch zu einer zukunftsfähigen Wirtschaft beitragen? Mehr Infos zum Projekt unter www.mittelstand-nachhaltig.de

Das Projekt „Nachhaltigkeitsbenchmarking für mittelständische Unternehmen" wird gefördert von der Deutschen Bundesstiftung Umwelt. Projektpartner sind das Fraunhofer-Institut für Produktionsanlagen und Konstruktionstechnik IPK und der Bundesverband mittelständische Wirtschaft, Unternehmerverband Deutschlands e. V.

Kontakt

BVMW – Bundesverband mittelständische Wirtschaft,
Unternehmerverband Deutschlands e.V.
Potsdamer Straße 7
Potsdamer Platz
10785 Berlin
Tel.: 030/533206-571
nachhaltigkeit@bvmw.de

CIRCULAR ECONOMY INITIATIVE (CEID)

Deutschland auf dem Weg zur Circular Economy: Akteure vernetzen, Synergien heben

Notwendigkeit und Zielstellung einer Circular Economy

Die bisher vorherrschende Produktions- und Konsumlogik des „Take, Make, Waste", – im deutschen Sprachgebrauch pointiert auch als „Wegwerfgesellschaft" umschrieben – stößt zunehmend an ihre Belastungsgrenzen. Wenige Kennzahlen verdeutlichen die besorgniserregenden Auswirkungen linearen Wirtschaftens deutlicher als die Tatsache, dass wir als Menschheit im globalen Durchschnitt momentan die natürlichen Ressourcen von 1,6 Erden verbrauchen. Die jährlich aufgestellten Berechnungen zum Welterschöpfungstag/Earth Overshoot Day ergeben, dass auch der Blick nach Deutschland mit einem durchschnittlichen Pro-Kopf-Jahresverbrauch von ungefähr drei Erden die drängende Frage aufwirft, wie wir in einer Welt mit endlichen Ressourcen unseren gesellschaftlichen Wohlstand in Zukunft nachhaltig sichern können.

Die Grundidee einer Circular Economy lässt die Logik linearer Wertschöpfung durch eine systemische Betrachtung der gesamten Wertschöpfungskette hinter sich. Sie zeichnet die Möglichkeit eines Wirtschaftsmodells, in dem der Wert von Materialien und Produkten so lange und so hoch wie möglich erhalten bleibt, indem verschiedene Zirkularitätsstrategien zum Einsatz kommen. So kann das hochwertige Recycling von Materialien am Ende ihres Lebenswegs durch eine Vielzahl weiterer Maßnahmen, wie der Wartung, Reparatur, Zweitnutzung und Aufbereitung bereits gebrauchter Produkte oder deren Komponenten ergänzt werden. Damit weist die Idee einer Circular Economy nochmals deutlich über bereits etablierte Ansätze eines effizienten Abfallmanagements im Sinne der Kreislaufwirtschaft hinaus.

Ein kombinierter Einsatz der umrissenen Strategien kann unmittelbar dazu beitragen, den Verbrauch von Ressourcen vom Wirtschaftswachstum zu entkoppeln. Immer mehr Studien stellen jedoch auch einen mittelbaren Zusammenhang zwischen den Potenzialen der Circular Economy und der Bekämpfung der Klimakrise her, da ein werterhaltender Umgang mit bestehenden Materialien und Produkten oftmals weniger CO_2-intensiv ist, als die Herstellung komplett neuer Produkte aus Primärmaterial[1]. Auch das Argument, dass eine Circular Economy durch innovative Geschäftsmodelle eine lokale und damit resilientere Wertschöpfung schaffen und die Abhängigkeit von Rohstoffimporten reduzieren kann, gewinnt seit der globalen Corona-Pandemie nochmals verstärkt an Bedeutung.

Viele unserer europäischen Nachbarn haben diese Vorteile erkannt und sich mit entsprechenden nationalen Aktionsplänen zur Circulary Economy bereits auf den Weg gemacht[2]. Zuletzt wurden zudem seitens der Europäischen Kommission mit dem European Green Deal[3] und dem zweiten Circular Economy Action Plan[4] entscheidende Schritte zur Umsetzung zirkulärer Maßnahmen unternommen. Um auch in Deutschland die Potenziale und Synergien einer Circular Economy zu heben, bedarf es einer wertschöpfungsketten-übergreifenden Vernetzung relevanter Akteure sowie der Formulierung eines gemeinsamen Zielbilds.

Die Circular Economy Initiative Deutschland

Die Circular Economy Initiative Deutschland (CEID) wurde 2019 mit Förderung des Bundesministeriums für Bildung und Forschung (BMBF) gegründet, um in einem Multi-Stakeholder-Ansatz die Transformation Deutschlands hin zu einer zirkulären Wirtschaft voranzutreiben (Abbildung 1).

Übergeordnetes Ziel der Initiative ist die Entwicklung einer Roadmap, die darlegt, wie der Wandel Deutschlands hin zu einer Circular Economy gestaltet werden kann. Diese wird im Frühjahr 2021 an das Bundesministerium für Bildung und Forschung übergeben. Die Roadmap soll zum einen ein Zielbild für zirkulare Wertschöpfung enthalten, zum anderen begleitende steuernde Maßnahmen im Sinne der Circular Economy identifizieren.

Grundlage für die Ausgestaltung der Roadmap bilden die Ergebnisse aus drei Arbeitsgruppen, die in den letzten eineinhalb Jahren mit Akteuren aus Wissenschaft, Wirtschaft und Zivilgesellschaft entwickelt wurden (Abbildung 2). Dabei bilden die Mitglieder der Arbeitsgruppen jeweils einen Großteil der Wertschöpfungskette ab, ergänzt um die fachliche Expertise aus Wissenschaft und themenspezifischen Plattformen und Netzwerken.

Abb. 1: Die Circular Economy Initiative Deutschland basiert auf einer breiten Einbindung gesellschaftlicher Akteure.

Abb. 2: Die Circular Economy Initiative Deutschland verbindet konkrete Anwendungsfälle mit übergeordneten Themen.

Eine der Arbeitsgruppen untersucht auf sektorübergreifender Ebene die Potenziale zirkulärer Geschäftsmodelle für zentrale Akteure im Wertschöpfungskreislauf. Basierend auf einer Status-quo-Betrachtung existierender Barrieren in der Umsetzung wird die Rolle digitaler Technologien und regulatorischer Instrumente als Enabler zirkulärer Geschäftsmodelle diskutiert. Zwei weitere Arbeitsgruppen setzen den Schwerpunkt auf spezifische Anwendungsfälle, bei denen sich mit Blick auf die Umsetzung einer Circular Economy völlig unterschiedliche Herausforderungen stellen: die Lithium-Ionen-Traktionsbatterie als hochwertiges Funktionssystem für mobile Stromspeicher sowie die HDPE-Flaschen und PET-Schalen als Beispiele für geringwertige Verpackungssysteme. Einem systemischen Grundverständnis folgend vereint die Arbeitsgruppe „Mobile Stromspeicher" die Perspektiven mehrerer OEMs, Werkstoffhersteller, Systemdienstleister, Recyclingunternehmen und Software-Anbieter. Die Arbeitsgruppe „Verpackung" bündelt die Expertise von Kunststoffherstellern, Convertern, Markenartiklern, dem Handel und Recyclingunternehmen. Ziel der beiden Arbeitsgruppen ist die Definition von Pilotprojekten bzw. Fallbeispielen, die aufzeigen, welche Weichenstellungen für ein zirkuläres Material- und Produktmanagement entlang des gesamten Lebenszyklus notwendig sind.

Erfolgskritische Fragestellungen aus Unternehmenssicht

Für die erfolgreiche Umsetzung einer Circular Economy bedarf es eines abgestimmten Zusammenwirkens von Maßnahmen zwischen Wirtschaft, Politik und Wissenschaft, die in den verschiedenen Veröffentlichungen der CEID detailliert beschrieben werden. Gerade die grundsätzliche Frage, ob sich ein Geschäftsmodell, das auf den Prinzipien einer Circular Economy beruht, ökonomisch „rechnet", hängt dabei wesentlich von den durch die Politik zu gestaltenden ordnungspolitischen Rahmenbedingungen ab. Dennoch bleiben die konkrete Entwicklung und die Umsetzung zirkulärer Geschäftspraktiken originär unternehmerische Aufgaben, die es mit strategischer Weitsicht zu verwirklichen gilt. Die Beantwortung folgender Leitfragen, die in der Arbeitsgruppe „Zirkuläre Geschäftsmodelle" vertieft behandelt wurden, kann dabei helfen, die Transformation hin zu einer Circular Economy im eigenen Unternehmen erfolgreich zu gestalten:

Welche spezifische Rolle übernimmt ein Unternehmen im Wertschöpfungskreislauf?

Je nach eingenommener Rolle in der Wertschöpfungskette sind Unternehmen bei der Umsetzung zirkulärer Geschäftsmodelle mit spezifischen Herausforderungen und Chancen konfrontiert. Der Wandel hin zu einer Circular Economy geht mit erheblichen dynamischen Veränderungen in den jeweiligen Branchen einher, sodass die Akteure gegebenenfalls jenseits ihrer traditionellen Rollenbeschreibungen agieren müssen. Um ihre Geschäftspraktiken auf andere Bereiche des Wertschöpfungskreislaufs auszuweiten, stehen Unternehmen dabei grundsätzlich verschiedene strategische Optionen offen: Da der bloße Einkauf („Buy") zirkulärer Komponenten und Produkte jedoch oftmals wenig Möglichkeiten bieten, Feedback und Lernfortschritte in das Design zirkulärer Produkte zu integrieren, treffen Unternehmen hier bevorzugt Entscheidungen zur vertikalen Integration („Make") oder zur strategischen Partnerschaft („Ally").

Wie lassen sich ausgewählte Zirkularitätsstrategien und verschiedene Service-Levels zu tragfähigen Geschäftsmodellen kombinieren?

In der konkreten Entwicklung des eigenen Geschäftsmodells kommt es darauf an, sowohl synergetische Potenziale aus komplementären Zirkularitätsstrategien zu nutzen (z.B. zwischen der Wartung und Reparatur), als auch mögliche Zielkonflikte frühzeitig zu erkennen (z.B. zwischen dem Ziel einer umfassenden Zweitnutzung von Produkten und deren möglichst effizientem Recycling). Darüber hinaus müssen Entscheidungen getroffen werden, auf welcher Service-Ebene die Leistungserbringung primär erfolgen soll. Während bei produktorientierten Geschäftsmodellen für ein Unternehmen der Produktumsatz im Vordergrund steht, können nutzungs- und ergebnisorientierte Geschäftsmodelle durch die gezielte Neugestaltung von Eigentumsverhältnissen ressourcenschonendes Wirtschaften incentivieren. Verbleibt beispielsweise das Eigentum an einem Produkt beim Hersteller und wird es nur durch einen Leasing-Vertrag an Konsument*innen zur Nutzung weitergegeben, kann dies die Rückwärtslogistik und das Recycling der Produkte erheblich erleichtern.

Wie kann der Einsatz digitaler Technologien die Umsetzung zirkulärer Maßnahmen unterstützen?

Digitale Technologien spielen bei der Implementierung zirkulärer Geschäftsmodelle eine zentrale Rolle, da sie relevante Informationen zur Verfügung stellen und verschiedene Akteure und Geschäftsmodelle innerhalb der Wertschöpfungskette besser vernetzen können. Beispielsweise können durch ein möglichst gezieltes Monitoring bestimmter Produktparameter automatisiert Wartungsprozesse ausgelöst werden, sobald bestimmte Grenzwerte über- oder unterschritten werden. Zudem können digitale Technologien wie das Data Mining oder auch der Einsatz KI-basierter Verfahren dabei helfen, zukünftiges Nutzungsverhalten und möglichen Materialverschleiß frühzeitig vorherzusagen und entsprechend gegenzusteuern. Auch Entscheidungen hinsichtlich der optimalen Weiterverwendung von Produkten und deren Komponenten am Ende von deren Erstnutzung werden durch die systematische Verfügbarkeit von Daten (z.B. durch einen digitalen Produktpass) erst ermöglicht.

Der Weg zur Circular Economy: Perspektiven wechseln!

Zusammenfassend lässt sich sagen, dass es einer Reihe grundsätzlicher „Perspektivenwechsel“ bedarf, um von einer linearen zu einer zirkulären Art des Wirtschaftens zu gelangen. So reicht es nicht länger aus, Abfall im Sinne einer recyclingorientierten Kreislaufwirtschaft lediglich möglichst effizient zu verwerten, sondern es muss vielmehr vermieden werden, dass werthaltige Produkte überhaupt den Status von „Abfall“ annehmen. Für eine erfolgreiche Transformation unserer Wirtschaft hin zu einer Circular Economy wird es zudem erforderlich sein, wettbewerblichen Formen der marktwirtschaftlichen Zusammenarbeit verstärkt auch kooperative Elemente zur Seite zu stellen. Denn echte Zirkularität wird in Zukunft nur zusammen mit Partnern in einem gemeinsamen Wertschöpfungsverbund möglich sein!

---

1 Vgl. International Resource Panel 2020.
2 Vgl. Weber/Stuchtey 2019.
3 Vgl. Europäische Kommission 2019.
4 Vgl. Europäische Kommission 2020.

Kontakt

Circular Economy Initiative Deutschland

Circular Economy Initiative Deutschland
c/o acatech | Geschäftsstelle München
Karolinenplatz 4
80333 München
Tel.: 089/520309-846
Assistenz-CEID@acatech.de
www.circular-economy-initiative.de

Literaturverzeichnis

Alle Veröffentlichungen der CEID finden sich unter: https://www.circular-economy-initiative.de/publikationen

Earth Overshoot Day s.a.
Earth Overshoot Day: Data and Methodology, s.a. URL: https://www.footprintnetwork.org/resources/data/ [Stand: 02.12.2020].

Earth Overshoot Day 2020
Earth Overshoot Day: Country Overshoot Days, 2020. URL: https://www.overshootday.org/newsroom/country-overshoot-days/ [Stand: 02.12.2020].„Der diesjährige Earth Overshoot

Day / Erdüberlastungstag ist am 22. August mehr als drei Wochen später als letztes Jahr" (Pressemitteilung vom 05.06.2020). URL:https://www.overshootday.org/newsroom/press-release-june-2020-german/ [Stand: 02.12.2020].

Europäische Kommission 2019
Europäische Kommission: Der europäische Grüne Deal, 2019.

Europäische Kommission 2020
Europäische Kommission: A new Circular Economy Action Plan. For a Cleaner and more Competitive Europe, 2020. URL: https://eur-lex.europa.eu/resource.html?uri=cellar:9903b325-6388-11ea-b735-01aa75ed71a1.0017.02/DOC_1&format=PDF [Stand: 11.06.2020].

International Resource Panel 2020
International Resource Panel: Resource Efficiency and Climate Change, Nairobi, Kenya, 2020.

Weber/Stuchtey 2019
Weber, T./Stuchtey, M.: Deutschland auf dem Weg zur Circular Economy – Erkenntnisse aus europäischen Strategien (Vorstudie), München, 2019.

HANDELSVERBAND DEUTSCHLAND (HDE) E.V.

Die Klimaschutzoffensive des Handels

JELENA NIKOLIC

Mehr als 300.000 Einzelhändlerinnen und Einzelhändler gibt es in Deutschland. Der Großteil gehört zu den kleinen und mittleren Unternehmen (KMU). Gerade in diesen Handelsbetrieben gehört die Beschäftigung mit Klimaschutz, Energieeffizienz und technisch gelagerten Themen nicht zum üblichen Tagesgeschäft.

Die großen Einzelhandelsfilialisten, die rund ein Prozent der Einzelhändler in Deutschland ausmachen, sind in ihren Maßnahmen für mehr Klimaschutz schon sehr gut aufgestellt: Sie verfügen über zentral gesteuerte Expertenteams, die sich sowohl um einen reibungslosen technischen Ablauf der Energiezentralen kümmern als auch langfristig angelegte Klimaschutzstrategien konzipieren, die kontinuierliche Einsparmöglichkeiten ermöglichen.

Kleinen und mittleren Handelsunternehmen fehlt dieses umfangreiche Fachwissen in den meisten Fällen. Genau hier setzt die Klimaschutzoffensive des Handels an: Sie vermittelt KMU technisches Know-how praxisnah und bietet ihnen Maßnahmen und Möglichkeiten an, mit denen sie nicht nur klimaschädliche Emissionen vermeiden, sondern vor allem auch ihre Energiekosten senken können. Mithilfe des umfassenden Informations- und Veranstaltungsangebots können Einzelhändler*innen selbst aktiv werden und einen Beitrag zu Klimaschutz und Energieeffizienz im Einzelhandel leisten.

V.l.n.r.: Staatssekretär Jochen Flasbarth (BMUB), Stephan Tromp (HDE) und Klaus Töpfer (ehem. Bundesumweltminister und Exekutivdirektor des Umweltprogramms der Vereinten Nationen/UNEP) bei der Auftaktveranstaltung der Initiative 2018. Foto: HDE-Klimaschutz-offensive

Das Webseitenangebot: Virtuell erkennen, was in der Realität machbar ist

Konkrete Hilfestellung bietet die Webseite der Klimaschutzoffensive www.HDE-Klimaschutz.de. Sie ist so angelegt, dass sie die Einzelhändler*innen direkt anspricht und aufzeigt, wo genau Einsparmöglichkeiten im eigenen Ladengeschäft möglich sind. Einen ganz realistischen Eindruck bietet die virtuelle Marktstraße, auf der man spielerisch erkunden kann, wo Einsparpotenziale schlummern: Der Rundgang per Mausklick – hinein in ein Modegeschäft, einen Supermarkt, vorbei an einer E-Ladesäule und Lieferfahrzeugen – illustriert die Vielfalt der Energieverbräuche im Handel mit den spezifischen Anforderungen an den täglichen Geschäfts- und Kundenbetrieb.

Ob Kühlmöbel und Beleuchtung, Lüftungsrohre und Heizungen, Schaufenster und Photovoltaikanlagen, Lagerräume oder Parkplätze – die virtuelle Marktstraße zeigt alle Orte, die für Energieeinsparungen wichtig sind. Klickt man sie an, werden sogleich Einsparmöglichkeiten, weiterführende Informationen und hilfreiche Downloads angezeigt.

Ein „Energieberater für die kleinen Handelsbetriebe“

Der Internetauftritt begreift sich mit seinen Anwendungen als „Energieberater für die kleinen Händler*innen“: Leitfäden und Checklisten zeigen, dass sich viele Klimaschutzmaßnahmen in Eigenregie und ohne große Kosten umsetzen lassen. Weiterhin können Händler*innen mit dem Benchmark-Rechner „Energie-Check“ feststellen, ob sie im Vergleich zu Branchenkolleg*innen in ihrem Betrieb zu viel Energie verbrauchen.

Ist das Interesse am Klimaschutz geweckt und kommen größere Investitionen in Frage, können die Einzelhändler*innen auf der Webseite ermitteln, ob sie eine Förderung in Anspruch nehmen können. Wie hoch Investitionen ausfallen – etwa für eine neue LED-Beleuchtung – lässt sich mit dem „Invest-Check“ (einem Investitionsrechner) bequem kalkulieren. Eine Datenbank mit Energieberater*innen, die auf den Einzelhandel spezialisiert sind, findet sich ebenfalls auf der Webseite.

Best-Practice-Beispiele: Erfolgsgeschichten erzählen, die motivieren

Wie gut Klimaschutz tatsächlich funktioniert, davon erzählen die Erfolgsgeschichten auf der Webseite. Ob kleines Reformhaus oder größeres Modegeschäft: Die Best-Practice-Beispiele zeigen, dass sich Klimaschutzmaßnahmen erfolgreich umsetzen lassen und einen echten Mehrwert bieten. Neben konkreten Einsparungen bei den Betriebskosten verbessert sich in den Geschäften, je nachdem, was in dem Projekt umgesetzt wurde, das Raumklima, die Präsentation der Waren und das Image bei den Kunden. Die Erfolgsgeschichten werden fortlaufend um neue Beispiele erweitert, die die Win-Win-Situation für Einzelhändler*innen und Klima darstellen. Die grünen Pioniere aus ganz Deutschland werden dabei auch in den Sozialen Netzwerken – wie dem Instagram-, Facebook-, YouTube- und Twitter-Kanal der Klimaschutzoffensive – vorgestellt.

Die Events der Klimaschutzoffensive

Einzelhändler*innen stehen heute vor großen Herausforderungen: Die Digitalisierung und ein neues Kaufverhalten verändern die Branche rasant und von Grund auf. Umso wichtiger ist es, Einsparpotenziale im eigenen Geschäft zu nutzen und die Betriebskosten langfristig zu senken, um sich zukunftssicher aufzustellen.

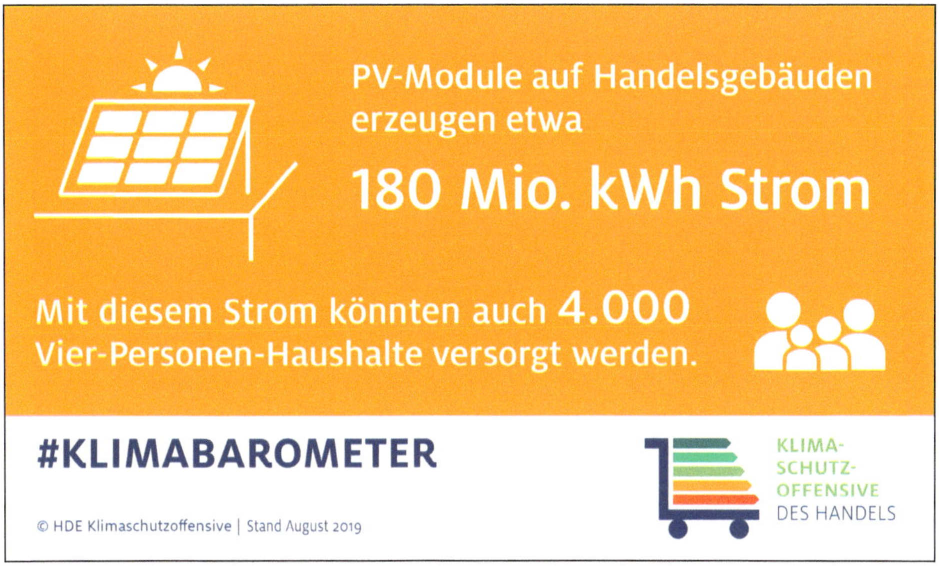

Die Webseite der Klimaschutzoffensive HDE-Klimaschutz.de bietet viele Informationen und zeigt konkrete Maßnahmen auf. Grafik: HDE-Klimaschutzoffensive

Energiekosten sind nach den Personal- und Mietausgaben der größte Kostenfaktor im Einzelhandel.

Mit den Workshops und Klimafrühstücken bietet die Klimaschutzoffensive Veranstaltungsformate an, die passgenau auf die Bedürfnisse von Einzelhändler*innen zugeschnitten sind: Noch bevor das eigene Geschäft geöffnet wird, treffen sich Kaufleute mit Energieprofis aus der Region bei einem Frühstück zum produktiven Austausch. Anhand praktischer Projektbeispiele wird gezeigt, wo bei der Beleuchtung, Heizung, Kühlung, Raumluft oder Logistik Einsparpotenziale schlummern und wie sich diese erfolgreich heben lassen. Tipps und Tricks halten diejenigen bereit, die bereits Energiesparmaßnahmen in ihrem Betrieb realisiert und ihre Betriebskosten damit langfristig reduziert haben. Zusätzlich klären Fördermittelexpert*innen über aktuelle Zuschussprogramme auf. In angenehmer Atmosphäre ist Raum für persönlichen Erfahrungsaustausch und produktive Vernetzung.

Die Präsenzveranstaltungen werden durch Onlineveranstaltungen ergänzt – die Retail Sessions. Ob Smart Metering oder E-Ladesäulen, PV-Anlagen oder Gewerbekälte: Die moderierten Online-Foren bieten Raum für Fragen und Erfahrungsaustausch, für die Vorstellung innovativer Lösungen und den Ausbau von Netzwerken.

Auf einem Händlerfrühstück wie hier in Frankfurt am Main können sich die Teilnehmenden vernetzen und austauschen. Foto: HDE-Klimaschutzoffensive

Sensibilisieren und ein Bewusstsein entwickeln für mehr Klimaschutz

Die Klimaschutzoffensive arbeitet bundesweit mit Partner*innen zusammen, um Einzelhändler*innen direkt vor Ort zu erreichen und für Klimaschutzmaßnahmen zu begeistern. Die bundesweiten Workshops und Klimafrühstücke werden durch Themen-Events und Impulsvorträge ergänzt.

Dabei wird auch das Themenportfolio sukzessive erweitert. Nicht nur die Senkung des Energieverbrauchs steht auf der Agenda. Im Rahmen der Kampagne wurde 2019 auch eine Studie veröffentlicht, in der die stärkere Nutzung von Rezyklaten im Fokus stand. Das Ergebnis der Analyse zeigte: In Deutschland könnten viel mehr recycelte Kunststoffe für Verpackungen genutzt werden. Dafür bräuchte es jedoch mehr qualitativ hochwertige Rezyklate auf dem Markt und weniger gesetzliche Hürden für deren Verwendung. Die Studie wurde von der Gesellschaft für Verpackungsmarktforschung (GVM) im Auftrag der HDE-Klimaschutzoffensive durchgeführt.

Online-Live-Events wie diese Retail Sessions ergänzen die Veranstaltungen vor Ort.
Bild: HDE-Klimaschutzoffensive

Weniger Verpackungen

Die Handelsunternehmen in Deutschland arbeiten seit Jahren daran, ihre Produkte in weniger und besser recycelbare Verpackungen auf den Markt zu bringen. Welche Konzepte sie dabei verfolgen, zeigt die neue Webseite des Handelsverbandes Deutschland wenigerverpackung.de.

Die Plattform macht deutlich, dass insbesondere bei den Eigenmarken tausende Tonnen an Verpackungen eingespart werden konnten, indem die Verpackungen verkleinert, bzw. im Design optimiert wurden. Zudem konnte auch die Recyclingfähigkeit immer weiter verbessert werden. Gerade in diesem Bereich wollen die Handelsunternehmen besonders aktiv werden und arbeiten an Lösungen für eine nachhaltige Kreislaufwirtschaft bei ihren Eigenmarkenverpackungen.

Förderung und Laufzeit

Die Klimaschutzoffensive startete 2017 und wird mit der adelphi research gGmbH als Projektpartner umgesetzt. Die Kampagne wird mit Mitteln der Nationalen Klimaschutzinitiative (NKI) des Bundesministeriums für Umwelt, Naturschutz und nukleare Sicherheit (BMU) gefördert.

Der Handelsverband Deutschland (HDE) ist die Spitzenorganisation des deutschen Einzelhandels. Insgesamt erwirtschaften in Deutschland 300.000 Einzelhandelsunternehmen mit drei Millionen Beschäftigten an 450.000 Standorten einen Umsatz von über 535 Milliarden Euro jährlich.

Über die Autorin

JELENA NIKOLIC
ist Projektleiterin der Klimaschutzoffensive des Handels

Kontakt

KLIMA-SCHUTZ-OFFENSIVE DES HANDELS

Handelsverband Deutschland – HDE – e.V.
Jelena Nikolic
Am Weidendamm 1A
10117 Berlin
Tel.: 030/726250-68
klimaschutz@hde.de
www.hde-klimaschutz.de

INITIATIVE FÜR NACHHALTIGE AGRARLIEFERKETTEN (INA)

Gemeinsam für faire Lieferketten

Mehr als 400 Millionen Menschen leben vom Anbau verschiedener Agrarrohstoffe wie Kaffee, Kakao, Bananen, Palmöl oder Baumwolle. Oft sind es Kleinbäuerinnen und Kleinbauern, die diese Rohstoffe anbauen. Sie sind es, die die Weltbevölkerung mit Nahrungsmitteln versorgen. Gleichzeitig sind sie häufig nicht in der Lage, sich und ihre Familien zu ernähren. Armut, ausbeuterische Kinderarbeit, Umweltprobleme und veraltete Anbaumethoden gehören nach wie vor zu den großen Herausforderungen in globalen Lieferketten.

Rohstoffübergreifendes Engagement

In den letzten Jahren wurden verschiedene rohstoffspezifische Multi-Akteurs-Partnerschaften (MAP) gegründet, um Agrarlieferketten nachhaltiger zu gestalten. Zahlreiche Unternehmen sind Mitglieder der relevanten MAP-Plattformen und investieren darüber hinaus in eigene Nachhaltigkeitsprogramme. Auch die Zertifizierung durch freiwillige Nachhaltigkeitsstandards leistet einen wichtigen Beitrag zur Entwicklung von nachhaltigen Agrarlieferketten. Die zentralen Probleme – niedrige Löhne und Einkommen sowie Umweltzerstörung durch Entwaldung – können langfristig allerdings nur bekämpft werden, wenn alle Akteure sektorübergreifend zusammenarbeiten.

„WIR MÜSSEN DIE LIEFERKETTEN NEU GESTALTEN. DENN AM ANFANG STEHT IMMER EIN MENSCH, DER VON SEINER ARBEIT LEBEN MUSS."

DR. GERD MÜLLER, BUNDESENTWICKLUNGSMINISTER

Zusammenschluss für mehr Nachhaltigkeit in globalen Agrarlieferketten

Die Initiative für nachhaltige Agrarlieferketten (INA) versammelt mehr als 90 Akteure aus Privatwirtschaft, Zivilgesellschaft und Politik. Sie wurde im Herbst 2018 auf Initiative des Bundesministeriums für wirtschaftliche Zusammenarbeit und Entwicklung (BMZ) ins Leben gerufen. Die INA versteht sich als offene Plattform und arbeitet über die Grenzen der jeweiligen Lieferketten hinweg. Gemeinsam wollen die Akteure durch ganzheitliche Lösungsansätze die Lebensbedingungen von Kleinbäuerinnen und Kleinbauern verbessern und mehr Nachhaltigkeit in globale Agrarlieferketten bringen. Die INA konzentriert sich besonders darauf, natürliche Ressourcen zu schützen und existenzsichernde Löhne und Einkommen durchzusetzen.

Akteurinnen und Akteure der INA bei der Jahresversammlung 2019, © GIZ/Imo

Schutz natürlicher Ressourcen

Wir arbeiten ganzheitlich für den Schutz natürlicher Ressourcen. Damit Lieferketten entwaldungsfrei werden und keine Insellösungen bleiben, müssen ganze Landschaften und verschiedene Rohstoffe berücksichtigt werden. Dafür unterstützen wir Lokalregierungen dabei, Nachhaltigkeitsmaßnahmen in der jeweiligen Verwaltungseinheit (Jurisdiktion) zu entwickeln und umzusetzen. Daher ist das Konzept der nachhaltigen Anbauregionen auch als „jurisdiktionaler Ansatz“ bekannt. Lokalregierung, Zivilgesellschaft und Wirtschaft legen in enger Zusammenarbeit fest, in welchen Gebieten nachhaltige landwirtschaftliche Produktion stattfindet und welche Gebiete geschützt werden. Die partizipative Landnutzung ermöglicht gemeinsame Entscheidungen. So gehen wirtschaftliche und ökologische Entscheidungen Hand in Hand.

Existenzsichernde Einkommen

Die meisten Kleinbauernfamilien am Anfang der Lieferkette können nicht von ihrer Arbeit leben. Unfaire Einkaufspraktiken wie niedrige Rohstoffpreise und kurzfristige Lieferverträge tragen dazu bei, dass ihr Einkommen nicht ausreicht, um die Kosten eines angemessenen Lebensstandards zu decken. Die Familien benötigen ein existenzsicherndes Einkommen, um in eine ausgewogene Ernährung, in Bildung und in ihre Betriebe investieren zu können. Die Höhe des existenzsichernden Einkommens variiert je nach Land und Region.

Die folgende Grafik zeigt die Einkommenslücke zwischen dem tatsächlichen Einkommen und einem existenzsichernden Einkommen am Beispiel einer siebenköpfigen kakao-produzierenden Familie in Côte d'Ivoire. Die Berechnungen geben eine wichtige Orientierung für die Entwicklung nachhaltiger Handelspraktiken.

Beispiel: Die große Einkommenslücke zwischen tatsächlichem und existenzsicherndem Einkommen. Quelle: Living Income Community of Practice, Grafik: INKOTA-netzwerk

Akteure aus Privatwirtschaft, Zivilgesellschaft und Politik erarbeiten im Rahmen der INA gemeinsame Strategien für die Schließung der Einkommenslücke. Der rohstoff-übergreifende Ansatz ist hierfür wesentlich, denn das Einkommen der Kleinbauernfamilien setzt sich in der Regel aus mehreren Einkommensquellen zusammen. Durch Pilotprojekte prüfen die INA-Stakeholder wie sie ihr Engagement so bündeln können, dass sie tatsächlich zur Verbesserung der Lebensbedingungen von Kleinbäuerinnen und Kleinbauern beitragen.

In Umsetzungsprojekten ist die INA gemeinsam mit Akteuren aus Privatwirtschaft, Zivilgesellschaft und Politik in Partnerländern aktiv.

Faire Einkommen in Baumkulturen in Westafrika

In der INA setzt das Bundesministerium für wirtschaftliche Zusammenarbeit und Entwicklung (BMZ) gemeinsam mit Fairtrade und der REWE Group das Projekt „Faire Einkommen in Baumkulturen“ um. Wesentliche Rohstoffe sind Baumfrüchte wie Kakao und Cashew. Hauptanliegen ist es, kleinbäuerliche Betriebe am Anfang der Lieferkette zu unterstützen, damit sie existenzsichernde Einkommen erzielen können.

Ein Bestandteil des Projekts ist eine Lieferkette, deren Rohstoffe gesondert rückverfolgbar sind. In solch einer segregierten Lieferkette erhalten die Kakaobäuerinnen und -bauern der ghanaischen Kooperative Fanteakwa neben der Fairtrade-Prämie und dem Fairtrade-Mindestpreis eine zusätzliche Geldzahlung in Höhe der von Fairtrade ermittelten Einkommenslücke für die Existenzsicherung. Am Ende dieser Kakaobohnen-Lieferkette stehen verschiedene Tafelschokoladen für die REWE- und Penny-Märkte, für die der von Fairtrade errechnete Mindestpreis für ein existenzsicherndes Einkommen gezahlt wurde.

Die zweite Komponente des Projekts geht über die Kooperative Fanteakwa hinaus. Insgesamt zehn Kakao- und Cashew-Kooperativen in Ghana und in Côte d'Ivoire sollen wirtschaftlich unabhängig werden und aus den Einnahmen ihrer Landwirtschaft ein existenzsicherndes Einkommen für ihre Mitglieder erzielen. Gemeinsam mit dem ghanaischen Landwirtschaftsministerium (Ministry of Food and Agriculture Republic of Ghana) werden praxisnahe Fortbildungen für Kleinbäuerinnen und Kleinbauern (Farmer Business Schools) angeboten. Dazu gehört auch die Analyse, ob das bestehende Anbausystem – beispielsweise aus Cashew, Erdnuss und Mango – das wirtschaftlich tragfähigste ist oder ob es Alternativen gibt. Ziel ist die Schließung der erheblichen Einkommenslücke. Gleichzeitig sollen die natürlichen Ressourcen erhalten und die Anpassung an den Klimawandel ermöglicht werden.

Aus der Fotoserie "What must I attain to believe that I am earning a living income?", links: "Living Income to me means building a home for my children & grandchildren and handing over the farm to my children." Rechts: "Living income to me is group savings to invest together.", © GIZ / ComCashew

Bienenwachs und Kaffee in Äthiopien

In Äthiopien rückt die INA seit Sommer 2019 Bienenwachs als bisher vernachlässigten Rohstoff in den Fokus. In der Region des Woreda Nono Sale wird in erster Linie Kaffee angebaut, parallel dazu betreiben viele der Kleinbauernfamilien Bienenzucht, manche von ihnen bauen zudem Gewürze an. Der Honig wird genutzt, das Wachs wurde bisher oftmals nicht verwertet. Auf dem Weltmarkt ist Bienenwachs in Bioqualität jedoch ein gefragter Rohstoff.

Durch die offene und engagierte Zusammenarbeit von Wachsunternehmen und Kaffeeunternehmen in der INA werden nun neue Absatzmärkte geschaffen. Die Kleinbauernfamilien können so ihr Einkommen aus dem Verkauf verschiedener Rohstoffe gestalten. Maßnahmen zur Professionalisierung ihrer Aktivitäten in Bereichen Honig, Bienenwachs und Gewürze sollen zur Schließung der Einkommenslücke hin zu einem existenzsichernden Einkommen beitragen. Dazu gehört auch die Anpassung der Produktion und Verarbeitungsschritte an die Anforderungen des internationalen Marktes als Voraussetzung für den Aufbau von Exportkapazitäten.

Das Ziel des INA-Projekts ist der Aufbau einer nachhaltigen Anbauregion auf Ebene des Woreda Nono Sale in der Oromia Region. Im Zentrum des Projekts stehen Kaffee, Bienenwachs, Honig, Gewürze. Zudem soll die Rückverfolgbarkeit dieser Rohstoffe mit digitalen Lösungen verbessert werden.

Blockchain für Kaffee aus Ruanda

Seit 2020 arbeitet die INA in Ruanda an der Digitalisierung der Lieferkette eines Spezialitätenkaffees, der allein von ruandischen Frauen angebaut wird. Die Frauen produzieren ihren Kaffee schon länger für den deutschen Markt. Dennoch wissen Konsumentinnen und Konsumenten in Deutschland nur wenig über die Herkunft und Entstehung ihres täglichen Heißgetränks. Die globalen Lieferketten sind meist intransparent, und das Endprodukt im Supermarkt verrät nur wenig über die sozialen, ökonomischen und ökologischen Bedingungen im Anbauland. Das möchte die INA mithilfe einer „Blockchain" ändern.

Um Transparenz entlang der gesamten Lieferkette sicherzustellen, hat das INA-Projekt eine übertragbare, quelloffene Blockchain-basierte Rückverfolgbarkeitslösung entwickelt, die den Weg der Kaffeekirsche vom Anbau bis zum fertigen Pro-

Trocknung von Kaffeebohnen in Ruanda, © GIZ/Denyse Uwera

dukt dokumentiert. Wie die Lieferkette im Detail aussieht, etwa welche Preise gezahlt werden und welche Akteure involviert sind, wird zu diesem Zweck digital gespeichert und ist über einen QR-Code beim Kauf im Supermarkt abrufbar. So können einerseits Unternehmen Missstände und mögliche Stellschrauben erkennen und so ihren Sorgfaltspflichten nachgehen. Andererseits erhalten die Verbraucherinnen und Verbraucher auf dem deutschen Markt wichtige Informationen für einen nachhaltigen Einkauf.

Wissensplattform mit Werkstätten und Podcast

Neben Umsetzungsprojekten dient die INA ihren Akteurinnen und Akteuren als Plattform für Informations- und Wissensaustausch. Im Format der INA-Werkstatt geht es mit spannenden Referentinnen und Referenten um Themen wie Lieferkettengesetz, Kinderarbeit, Produzentenbeziehungen oder Blockchain. Gemeinsam wird rohstoffübergreifend an einem Thema gearbeitet und mögliche neue Lösungen gefunden.

Der Podcast „Vom Feld ins Regal" lädt alle zwei Wochen Gäste aus dem Umfeld von Agrarlieferketten ein: Von der jungen Aktivistin für fairen Handel bis zum

Der INA-Podcast „Vom Feld ins Regal" ist bei Spotify, Apple Podcast und anderen Plattformen verfügbar und auf der Website nachhaltige-agrarlieferketten.org. © GIZ / Ursula Meissner

Bundesumweltminister a.D. Klaus Töpfer, von nachhaltigen Unternehmen bis zu Projekten in Partnerländern bieten die Podcast-Episoden interessante Gespräche.

Neben der Website nachhaltige-agrarlieferketten.org bieten der monatliche Newsletter sowie monothematische Sondernewsletter einen Überblick über Termine, Studien und Aktivitäten aus dem Feld nachhaltiger Agrarlieferketten.

Aktiv werden

Die INA wird durch das Bundesministerium für wirtschaftliche Zusammenarbeit und Entwicklung (BMZ) finanziert und durch ein Team der Deutschen Gesellschaft für internationale Zusammenarbeit (GIZ) GmbH koordiniert. Die INA arbeitet ohne formale Mitgliedschaft und ist stets offen für interessierte Akteure, die sich rohstoffübergreifend gemeinsam engagieren möchten.

INA Initiative für nachhaltige Agrarlieferketten

Kontakt

Initiative für nachhaltige Agrarlieferketten (INA)
Deutsche Gesellschaft für Internationale Zusammenarbeit (GIZ) GmbH
Friedrich-Ebert-Allee 36 + 40
53113 Bonn
ina@giz.de
www.nachhaltige-agrarlieferketten.org

INITIATIVE NEW LIFE

Neues Leben für alte Reifen

Existenzgrundlage Recycling

Klimawandel, Energiewende, Digitalisierung und E-Mobilität sind die großen Herausforderungen des Jahrhunderts. Gerade, weil auch diese neue Rohstoffbedarfe mit sich bringen, ist nachhaltiges Handeln gefordert. Um dabei einen Lebensstandard zu erhalten, der dem heutigen entspricht, muss unsere gesamte Gesellschaft einen Paradigmenwechsel vollziehen. Jede und jeder Einzelne muss daran mitwirken, den Weg von der Wegwerfwirtschaft zur Kreislaufwirtschaft einzuschlagen und konsequent zu verfolgen. Um dieses Ziel zu erreichen, arbeiten Forschung und Politik heute daran, Ressourcenverbrauch und Wirtschaftswachstum zu entkoppeln: Rohstoffe müssen effizienter eingesetzt, Stoffströme verlangsamt und Recycling und Rohstoffrückgewinnung gefördert werden.

Recycling stellt dabei eine wichtige Existenzgrundlage für zukünftige Generationen dar und schafft Arbeitsplätze. Langfristig werden Kreislaufwirtschaftsprodukte nicht mehr die Ausnahme darstellen, sondern die Regel sein müssen. Jeder gewonnene oder importierte Rohstoff muss so lange wie möglich eingesetzt werden. Es gilt, das Bewusstsein in der Bevölkerung zu schärfen und Verhaltensänderungen zu fördern und zu unterstützen. Der erste und wichtigste Schritt: mit gutem Beispiel vorangehen. Denn jeder einzelne Mensch muss sich angesprochen fühlen und sich für mehr Nachhaltigkeit einsetzen, ob im privaten Bereich oder bei der Beschaffung am Arbeitsplatz.

VON DER WEGWERF- ZUR KREISLAUFWIRTSCHAFT

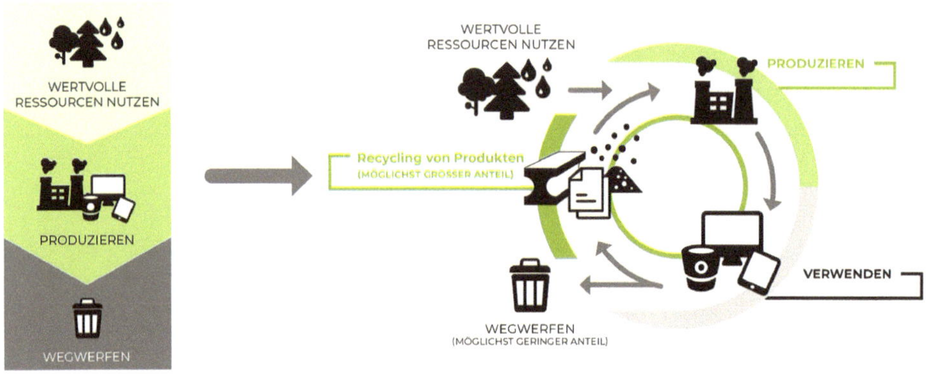

Grafik: Initiative NEW LIFE

Die Initiative NEW LIFE

Die Partner der Initiative NEW LIFE verfolgen ein ganz konkretes Ziel und sind aktive Treiber der Kreislaufwirtschaft: Sie verarbeiten Recycling-Material aus ELT (End-of-Life-Tyres, deutsch: Altreifen) als nachhaltigen Rohstoff zu hochwertigen Produkten mit langer Lebensdauer.

Jedes Jahr fallen allein in Deutschland 583.000 Tonnen Altreifen (End-of-Life-Tires, ELT) an. In Deutschland und Europa dürfen Reifen – zu Recht – nicht deponiert werden. Schließlich haben Reifen bei Deponierung eine Halbwertszeit von circa 2.000 Jahren. Als Alternativen bleiben die Vermeidung von Altreifen, was zumindest mittelfristig kaum möglich sein wird, die Wiederverwendung, zum Beispiel in Form von Runderneuerung sowie die stoffliche und die thermische Verwertung. Die Wiederverwendung von Reifen ist unter den aktuellen wirtschaftlichen Rahmenbedingungen kaum darstellbar.

Wie alte Reifen zu Spielplatzböden und Vasen werden

Um die Verbrennung und damit die Vernichtung wertvoller Rohstoffe zu vermeiden, setzen sich die Partner der Initiative NEW LIFE für die stoffliche Verwertung der Altreifen ein. Aus ELT-Granulat entsteht eine große Bandbreite langlebiger Produkte: Das vielseitige Material dient als Basis für Dämmmaterialien und Schall-

ABFALLHIERACHIE DER EU

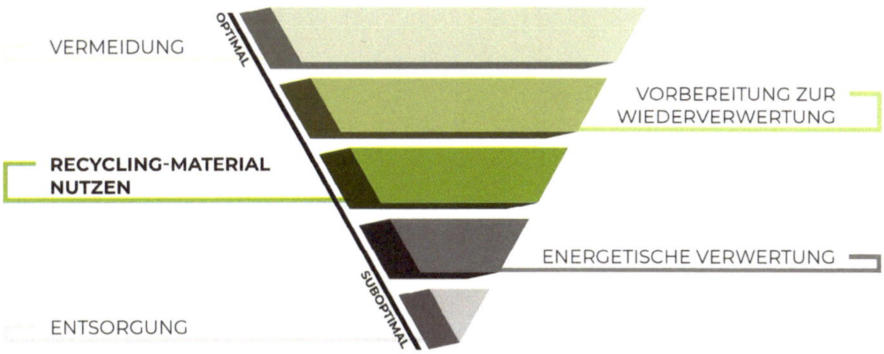

Grafik: Initiative NEW LIFE

schutz, für Sport- und Spielplatzböden bis hin zu Designobjekten wie Vasen oder Lampen.

Damit diese Produkte entstehen können, müssen die Altreifen zunächst von zertifizierten Recyclingunternehmen in ihre Einzelteile zerlegt werden: Nach einer Sichtprüfung durchlaufen jene Altreifen, die nicht mehr wiederverwendet oder runderneuert werden können, einen mehrstufigen Aufbereitungsprozess. Dabei werden die Reifen in ihre ursprünglichen Bestandteile zerlegt: rund 75 Prozent Gummi, rund 15 Prozent Reifendraht und etwa zehn Prozent Textilfaser. Im ersten Schritt werden die Reifen von einem Schredder in handtellergroße Stücke zerrissen, im nächsten zerkleinern Messer das Material so stark, dass mit Hilfe von Magneten der Reifendraht entfernt werden kann. Erst danach gehen die Gummichips in die sogenannte Feingranulierung. Hier entsteht das ELT-Granulat, das in verschiedenen Qualitäten und Körnungen hergestellt werden kann. Die freigesetzten Textilfasern werden während des Prozesses kontinuierlich abgesaugt und in der Regel der thermischen Verwertung zugeführt, die Stahlreste werden zu kurzen Stahlfäden aufbereitet und von der Stahlindustrie genutzt.

TIPP:
Im Film „Neues Leben für alte Reifen“ zeigt die Initiative NEW LIFE den Weg von Altreifen zu langlebigen Recycling-Produkten auf. Der Film ist abrufbar über www.initiative-new-life.de.

Breite Palette an Recycling-Produkten aus ELT

Die Bandbreite der Recycling-Produkte aus ELT ist riesig. Sie können im Bau und im öffentlichen Raum, aber auch zuhause genutzt werden:

Abdeckungen und Wandsysteme aus ELT dienen u.a. als Ramm- oder Kantenschutz gegen Kratzer am Auto. *Antirutschmatten* aus ELT sind ideal für die Ladungssicherung beim Transport. Sie verringern die erforderliche Vorspannkraft beim Niederzurren und die Anzahl der benötigten Zurrmittel. Seine hervorragenden Eigenschaften entfaltet ELT ganz besonders im Bereich der *Bodenbeläge für Spiel, Sport, Freizeit und Bau.* ELT ist nicht nur ein hervorragender Fallschutz, sondern darüber hinaus schalldämmend, robust und federnd. Das macht ihn für unzählige Einsatzbereiche interessant:

- Ausgleichsschüttungen
- Bautenschutz
- Fallschutzböden und -platten
- Fitnessböden
- Garagenplatten
- Kunstrasen und Kunstrasen-Elastikschichten

Der Düsseldorfer Kö-Bogen mit REGUPOL Trittschalldämmung aus Recyclingmaterial. Bild: REGUPOL BSW GmbH

- Messeböden
- Pflastersteine
- Schwingungsisolierung
- Sportböden
- Tartanbahnen
- Trittschalldämmung

Risse und Löcher in Bauwerken können optimal mit *Dichtmasse* mit ELT repariert werden. *Einfassungen und Begrenzungssysteme* aus ELT sind einfach zu reinigen, extrem witterungsbeständig und vermindern Schäden bei Kollisionen. Eingesetzt werden können sie als Wegeinfassung, Stützpalisade, Begrenzungspfosten oder Zylinder. Aus ELT werden witterungsbeständige und haltbare *Überfahr- und Bordstein-Rampen* gefertigt. Sie sind sowohl für Fahrzeuge als auch für Rollatoren und Rollstühle geeignet. *Schallschutzwände* aus ELT lassen sich auf öffentlichen Spiel- und Sportflächen, z.B. in Skateparks, einsetzen und dienen auch als Sichtschutz. *Schutz- und Trennlagen für Photovoltaikanlagen* sorgen dafür, dass Elemente von Solaranlagen die Dachabdichtungen auf Flachdächern nicht beschädigen. *Spielplatzzubehör:* Toben, Rennen, Spielen – auf Spielplätzen ist eine Menge los. Damit die Verletzungsgefahr minimiert wird, sind Fallschutzplatten unverzichtbar. Aber

Schallschutzwände aus ELT-Recyclingmaterial sind witterungsbeständig, robust und können auch als Sichtschutz verwendet werden. Bild: Conradi+Kaiser GmbH

Dieser Spielplatz ist mit Fallschutzplatten von KRAIBURG Relastec ausgestattet.
Bild: Kraiburg Relastec GmbH & Co. KG

auch andere Spielgeräte auf dem Spielplatz sind aus Produkten mit ELT-Anteil gefertigt und bieten so den größten Spielspaß ohne Gefahr.

Wer steht hinter NEW LIFE?

Partner von NEW LIFE sind Conradi+Kaiser living industries, Estato Umweltservice, Genan, KRAIBURG Relastec, KURZ Karkassenhandel, Melos, MRH, PVP und REGUPOL BSW. Alleine in der Bundesrepublik fallen im Jahr rund 583.000 Tonnen Altreifen an, die einer neuen Verwertung zugeführt werden müssen. Die daraus gewonnenen Recycling-Produkte, insbesondere Gummigranulate und -mehl eignen sich hervorragend für die ressourcenschonende Entwicklung innovativer Produkte in unterschiedlichsten Anwendungsfeldern. Diese Partner-Unternehmen der Kampagne NEW LIFE haben es sich zum Ziel gesetzt, nachhaltige Produkte aus ELT zu fördern und Menschen dafür zu sensibilisieren, bewusst zu konsumieren.

Kontakt

Initiative NEW LIFE
c/o CGW GmbH
Anna-Maria Guth
Karl-Arnold-Straße 8
47877 Willich
Tel.: 02154/88852-23
medien@initiative-new-life.de
https://initiative-new-life.de

NIEDERSACHSEN ALLIANZ FÜR NACHHALTIGKEIT (NAN)

Förderung betrieblicher Nachhaltigkeit in niedersächsischen Unternehmen

Die Niedersachsen Allianz für Nachhaltigkeit ist eine Kooperation zwischen der Landesregierung, Wirtschaftsverbänden, Gewerkschaften und Kammern.

Ihr Hauptziel ist die Förderung der nachhaltigen Entwicklung in Unternehmen und damit die Stärkung des Wirtschaftsstandortes Niedersachsen. Dabei bildet sie einen Schwerpunkt der Nachhaltigkeitsstrategie Niedersachsens. Die Allianz wird vom Niedersächsischen Ministerium für Umwelt, Energie, Bauen und Klimaschutz finanziert.

Leitbild

Betriebliche Nachhaltigkeit kann nur durch den ausgewogenen Dreiklang von Ökologie, Sozialem und Ökonomie erreicht werden. Dazu müssen Umwelt, Klima und Ressourcen geschützt, gleichzeitig die soziale Gerechtigkeit gewahrt und die Wettbewerbsfähigkeit der niedersächsischen Wirtschaft gestärkt werden. Über allem steht dabei das Ziel, die sozialen und wirtschaftlichen Interessen mit der langfristigen Sicherung unserer natürlichen Lebensgrundlagen in Einklang zu bringen.

Wie setzt die NAN dieses Leitbild um?

Mit praxisnahen Angeboten will die Nachhaltigkeitsallianz Unternehmen aller Art und Größe motivieren, sich für mehr Nachhaltigkeit zu engagieren. Konkrete Projekte und Arbeitsschwerpunkte helfen dabei, das Thema Nachhaltigkeit in betrieblichen Prozessen zu verankern. Den Informations- und Erfahrungsaustausch niedersächsischer Unternehmen fördert die NAN aktiv mit Veranstaltungen, Seminaren und Netzwerken. So soll eine kontinuierliche Verbesserung angestoßen und die Wirtschaft bei der anstehenden Transformation zu Klimaneutralität und Nachhaltigkeit aktiv unterstützt werden.

Um ihre Ziele zu erreichen, bedient sich die Allianz einer gemeinsamen Geschäftsstelle, in der Mitarbeiter der Klimaschutz- und Energieagentur Niedersachsen (KEAN), der Technologieberatungsstelle des Deutschen Gewerkschaftsbundes Niedersachsen – Bremen – Sachsen-Anhalt (TBS) und der Unternehmerverbände Niedersachsen e.V. (UVN) zusammenarbeiten. Ihren Sitz hat die Geschäftsstelle bei der Klimaschutz- und Energieagentur Niedersachsen (KEAN) in Hannover.

Erklärtes Ziel dieser bundesweit einmaligen Konstellation ist es, jeder der drei Säulen der Nachhaltigkeit (Ökonomie, Sozialem und Ökologie) eine Stimme zu geben. Durch die Partner der Allianz wird eine große Reichweite garantiert. Folgende Partner sind an der Niedersachsen Allianz für Nachhaltigkeit beteiligt:

- das Niedersächsische Ministerium für Umwelt, Energie, Bauen und Klimaschutz
- das Niedersächsische Ministerium für Wirtschaft, Arbeit, Verkehr und Digitalisierung
- die Unternehmerverbände Niedersachsen e.V. (UVN)
- der Deutsche Gewerkschaftsbund (DGB), Bezirk Niedersachsen – Bremen – Sachsen-Anhalt
- die Landesvertretung der Handwerkskammern Niedersachsen (LHN)
- die IHK Niedersachsen (IHKN)

Angebote für Unternehmen schaffen

Um allen interessierten Unternehmen einen praktikablen Einstieg zu ermöglichen, hat sich die Allianz für einen niedrigschwelligen und themenorientierten Ansatz entschieden.

So besteht die Möglichkeit, in einzelnen Feldern der Nachhaltigkeit aktiv zu werden und sich Schritt für Schritt dem ganzheitlich nachhaltigen Betrieb anzunähern. Dabei steht der Mehrwert für den Betrieb im Vordergrund. Die Umsetzung erfolgt in sogenannten Modulen, die sich jeweils einer oder mehreren Säulen der Nachhaltigkeit zuordnen lassen:

- Digitalisierung
- Material- und Energieeffizienz
- Gesundheit und Kompetenzentwicklung
- Wissensmanagement
- Nachhaltige Mobilität

Neben zahlreichen Fach- und Informationsveranstaltungen, die den Austausch zwischen verschiedenen Akteuren ermöglichen und den Betrieben aktuelle Themen der Nachhaltigkeit näherbringen, hat die NAN eigene Angebote entwickelt, die sich den einzelnen Säulen der Nachhaltigkeit zuordnen lassen.

Ökonomische Säule

In der von Technologie und Information dominierten Gesellschaft ist Wissen zum entscheidenden Wettbewerbsfaktor avanciert. Hierbei gewinnt nur derjenige das Rennen, der die Flut von Informationen in für ihn entscheidendes Wissen umwandeln und auch im Unternehmen halten kann. Durch jährlich stattfindende Seminare im Bereich „Wissensmanagement in Unternehmen" sollen Unternehmerinnen und Unternehmer dabei unterstützt werden, aktiv Wissenssicherung zu betreiben, um bspw. dem Verlust von stellenspezifischem Wissen durch personelle Fluktuation vorzubeugen. Die Seminare sind für die Unternehmen kostenfrei.

Ökologische Säule

Materialkosten sind für Unternehmen aus dem verarbeitenden Gewerbe der größte Kostenblock. Die ressourcen- und energieeffiziente Gestaltung von Produkten und Produktionsverfahren trägt zum Klimaschutz bei und ermöglicht Unternehmen, Kosten zu senken und somit ihre Wettbewerbsfähigkeit zu verbessern und Arbeitsplätze zu sichern. Die NAN bietet Unternehmen aus diesem Grund eine Impulsberatung für Material- und Energieeffizienz an, in der sich kleine und mittlere Unternehmen (KMU) aus Niedersachsen kostenfrei zu Effizienzpotenzialen beim Energie- und Materialeinsatz beraten lassen können. Die Beratungen werden vor Ort durch qualifizierte und unabhängige Effizienzberaterinnen und -berater durchgeführt, die extra geschult wurden. Ziel dieser „Impulsberatung für KMU – Energie- und Materialeffizienz" ist es, die Unternehmen dabei zu unterstützen, durch Effizienzmaßnahmen den Energie- und Materialverbrauch zu senken, somit die

Kosten zu reduzieren und gleichzeitig etwas für den Klimaschutz zu tun. Dazu kommen die Beraterinnen und Berater ins Unternehmen, analysieren die Einsparpotenziale und geben Empfehlungen für entsprechende Maßnahmen.

Zudem bietet die NAN eine Impulsberatung „Solar“ für KMU an. Dabei werden die Potenziale von Solarstrom und -wärme im Betrieb identifiziert, um eine erste Entscheidungsgrundlage für die Nutzung zu liefern. Speziell geschulte Solarberater*innen geben individuelle und wertvolle Hinweise zu einer Photovoltaik-Anlage, zur Stromspeicherung, zu Förderprogrammen sowie zur Nutzung von Solarthermie.

Soziale Säule

Gesunde, kompetente und motivierte Beschäftigte sind die wichtigste Ressource eines Unternehmens. Betriebliches Gesundheitsmanagement, Kompetenzentwicklung, der demografische Wandel und die Vereinbarkeit von Beruf und Privatleben, all dies sind Herausforderungen im Bereich der sozialen Nachhaltigkeit.

Mit Blick auf die Belange der Belegschaften und die Sicherung guter Arbeit führt die NAN regelmäßige Veranstaltungen zu verschiedenen Themen im Bereich Gesundheit- und Kompetenzentwicklung durch. Neben Angeboten zur Digitalisierung bilden Angebote zur nachhaltigen Mobilität einen aktuellen Arbeitsschwerpunkt. So wird der Transformationsprozess der Automobilindustrie mit seinen Auswirkungen auf Beschäftigung und Verkehrswende im „Zukunftsdialog Nachhaltige Mobilität“ beleuchtet. Parallel wird ein Beratungsangebot zum betrieblichen Mobilitätsmanagement entwickelt, um die Mobilitätsbedarfe von Betrieben und Mitarbeitenden klimafreundlicher und wettbewerbsfähiger zu gestalten und gleichzeitig die Gesundheit der Belegschaft zu verbessern.

Kommunikation

Kennzeichnung „Wir sind dabei.“

Damit Unternehmen ihr Engagement im Bereich der betrieblichen Nachhaltigkeit besser nach außen tragen und als gutes Beispiel vorangehen können, hat die Allianz die Kampagne „Wir sind dabei.“ ins Leben gerufen. Hier werden besonders nachhaltig engagierte Unternehmen mit einer öffentlichkeitswirksamen Kennzeichnung des Landes ausgezeichnet.

Niedersächsische Unternehmen haben die Möglichkeit, einen kostenfreien Antrag auf Kennzeichnung des eigenen Betriebes zu stellen. Grundvoraussetzung für diese Kennzeichnung ist das Erfüllen jeweils einer ökologischen, sozialen und ökonomischen Maßnahme oder aber stellvertretend für die drei Säulen das Erfüllen einer integrativen Maßnahme. Nachhaltiges Engagement muss dabei über die gesetzlichen Vorgaben hinausgehen. Auch eine individuelle Umsetzung nachhaltiger Maßnahmen kann bei der Bewertung des Unternehmens berücksichtigt werden. Die entsprechenden Nachweise werden von der Geschäftsstelle der Niedersachsen Allianz für Nachhaltigkeit im Rahmen das Antrags überprüft.

Nachhaltige Unternehmensführung ist ein wichtiger Faktor, um sich auch zukünftig wettbewerbsfähig für Kunden und für die Belegschaft aufstellen zu können. Ziel der Kampagne ist es, das Engagement der Unternehmen sichtbar zu machen und zur Nachahmung anzuregen. Die Kennzeichnung kann deshalb für die gesamte Öffentlichkeitsarbeit und Geschäftsausstattung genutzt werden. Das Auszeichnungsverfahren ist für jedes Unternehmen, unabhängig von Umsatz, Unternehmensgröße und Branchenzugehörigkeit kostenlos.

Verleihung des Klima-Innovationspreises Niedersachsen

Nachdem das niedersächsische Umweltministerium zehn Jahre lang einen „Sonderpreis Umwelt“ im Rahmen des Innovationspreises des Landkreises Göttingen ausgelobt hat, wurde dieser Sonderpreis im Jahr 2020 erstmals zu einem landesweiten „Klima-Innovationspreis Niedersachsen“ weiterentwickelt. Jährlich ausgezeichnet werden von nun an niedersächsische Betriebe, die mit Ideen, Kreativität und unternehmerischer Gestaltungskraft zeigen, dass im Klimaschutz eine Chance für eine nachhaltige und zukunftsfähige Wirtschaft liegt.

Der Klima-Innovationspreis wird im Auftrag des Niedersächsischen Umweltministeriums von der Niedersachsen Allianz für Nachhaltigkeit verliehen und ist mit 10.000 Euro Preisgeld dotiert.

KLIMA — INNOVATIONSPREIS 2020 NIEDERSACHSEN

Der Wettbewerb wird in Kooperation mit dem Innovationspreis des Landkreises Göttingen und der WRG Wirtschaftsförderung Region Göttingen durchgeführt.

Der im Jahr 2020 erstmalig verliehene Klima-Innovationspreis Niedersachsen fand aufgrund der Covid19-Pandemie unter schwierigen äußeren Bedingungen statt. Umso erfreulicher war die große Resonanz der niedersächsischen Wirtschaft: der Eingang von mehr als 70 Bewerbungen zeigt, dass viele Unternehmen den unbedingt notwendigen Wandel zur CO_2-armen Wirtschaft trotz der Pandemie aktiv angehen.

Niedersachsen
Allianz für Nachhaltigkeit

Kontakt

Niedersachsen Allianz für Nachhaltigkeit
c/o Klimaschutz- und Energieagentur Niedersachsen GmbH
Osterstraße 60
30159 Hannover
Tel.: 0511/897039-31
info@nachhaltigkeitsallianz.de
www.nachhaltigkeitsallianz.de

SEND E.V.

Wirtschaft NEU denken!

KATRIN ELSEMANN

Wenn uns die Corona-Pandemie eins zeigt, dann dass unsere globalen, auf Effizienz getriebenen Systeme sehr verletzlich sind und es kein einfaches „Weiter so“ geben kann. Die vermeintliche Rückkehr zur Normalität muss vielmehr ein mutiger Schritt zu einer nachhaltigen Transformation sein, um die drängenden Probleme auch neben Corona, wie den Klimawandel, demographischen Wandel oder die Spaltung unserer Gesellschaft wirkungsvoll anzugehen. Aber wie kann so eine Transformation aussehen? Welche Rolle spielen Wirtschaft und Unternehmen?

Social Entrepreneurship ist ein Wirtschaftszweig, der zeigt, wie dringend benötigte sozial-ökologische Innovationen mit unternehmerischen Mitteln kombiniert werden können.

Was ist Social Entrepreneurship?

Schon seit einigen Jahren steigt die Anzahl der Unternehmer*innen in Deutschland, die mit ihrer Gründung nicht profitorientiert arbeiten, sondern in erster Linie gesellschaftliche Verantwortung übernehmen möchten. Diese sogenannten Social Entrepreneurs oder Sozialunternehmer*innen leisten damit einen wichtigen Beitrag zu einer sozial und ökologisch nachhaltigen Gesellschaft. Und auch wenn insbesondere in den letzten Jahren ein Trend zu sozialunternehmerischen Gründungen zu erkennen ist, ist das kein neues Phänomen: Schon im 19. Jahrhundert entwickelte z.B. Friedrich Wilhelm Raiffeisen das Genossenschaftsmodell, um

Landwirten eine bessere Absicherung von Ernteausfällen zu ermöglichen – ein echter Sozialunternehmer. Ebenso Florence Nightingale, die im gleichen Jahrhundert die Krankenpflege mit der ersten, nicht konfessionellen Krankenpflegeschule professionalisierte.

Auch heute gründen Sozialunternehmer*innen genossenschaftliche Unternehmen, genauso wie GmbHs oder auch gemeinnützige Organisationen. Die Rechtsformen sind unterschiedlich und die inhaltlichen Wirkungsfelder und einzelnen Geschäftsmodelle vielfältig. Sozialunternehmen/Social Enterprises zielen aber immer darauf ab, soziale oder ökologische Herausforderungen durch unternehmerische Mittel und innovative Lösungen anzugehen. Neben finanziellen Kennzahlen wird dabei auch die soziale Rendite gemessen, die im Fokus des unternehmerischen Handelns steht.

Definition

In Deutschland gibt es bisher keine einheitliche Definition für Social Entrepreneurship. Das Social Entrepreneurship Netzwerk Deutschland (SEND) hat 2019 gemeinsam mit Akteuren des Sektors eine solche entwickelt.

> Das primäre Ziel von Social Entrepreneurship ist die Lösung gesellschaftlicher Herausforderungen. Dies wird durch kontinuierliche Nutzung unternehmerischer Mittel erreicht und resultiert in neuen und innovativen Lösungen. Durch steuernde und kontrollierende Mechanismen wird sichergestellt, dass die gesellschaftlichen Ziele intern und extern gelebt werden. (Definition, SEND 2019)

Die Definition von Social Entrepreneurship lässt sich in drei unterschiedliche Bereiche oder „Dimensionen" untergliedern:

- In der gesellschaftlichen Dimension liegt das Hauptaugenmerk auf der Lösung einer (sozialen oder ökologischen) gesellschaftlichen Herausforderung. Charakterisierend ist hierbei die positive Wirkung auf mindestens eines der von der UN definierten 17 Ziele für nachhaltige Entwicklung. Dies wird durch ein Wirkungsmodell erkennbar und durch Wirkungsmessung, die Bestandteil des Controllings ist, evaluiert.
- Die unternehmerische Dimension betrachtet die finanzielle Nachhaltigkeit der eigenen Unternehmung. Kennzeichnend für die unternehmerische Aktivität ist die Schaffung neuer und innovativer Lösungen durch Produkte oder Dienstleis-

tungen. Der Vertrieb dieser stellt im Social Entrepreneurship eine Möglichkeit der Finanzierung dar. Aber auch öffentliche/private Förderungen oder Spenden sind bei vielen Sozialunternehmen Teil der Einkommensquellen.

- Die Governance-Dimension dient der nachhaltigen Steuerung und Kontrolle der gesellschaftlichen Wirkung. Gewinne werden nicht an eventuelle Shareholder ausgeschüttet, sondern weitgehend reinvestiert. Damit soll ein Mission-Drift, d.h. ein Abdriften vom intendierten Ziel, verhindert und das Ziel der möglichst hohen gesellschaftlichen Wirkung gesichert werden. Einen hohen Stellenwert nehmen bei den Governance-Strukturen ebenso die Partizipation, im Sinne einer Einbindung der Zielgruppe, Kund*innen und Mitarbeitenden bei strategischen Entscheidungen sowie ein hohes Maß an Transparenz ein.

Sozialunternehmerische Beispiele:

Social Enterprises arbeiten häufig an gesellschaftlichen Herausforderungen, die auch für konventionelle Unternehmen sehr relevant sind, wie zum Beispiel der Klimawandel, der Fachkräftemangel oder ein verantwortungsvoller Umgang mit globalen Lieferketten. Im Folgenden einige Beispiele erfolgreicher Sozialunternehmen:

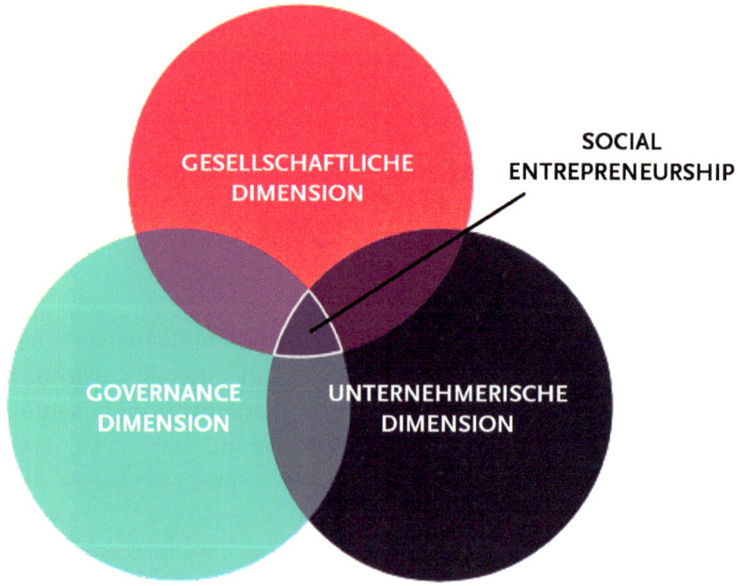

Die drei Dimensionen des Social Entrepreneurship. Grafik: SEND

- AfB gGmbH ist als Dienstleister vieler Unternehmen auf die Aufbereitung und Vermarktung gebrauchter IT-Hardware spezialisiert und integriert dabei Menschen mit Behinderungen in den Arbeitsmarkt.
- Social-Bee gGmbH qualifiziert und vermittelt als Zeitarbeitsfirma geflüchtete Menschen an Unternehmen und erreicht dabei eine weitaus höhere Integrationsquote als gängige Maßnahmen.
- Ecosia GmbH ist Europas größte Suchmaschine (ecosia.org) und investiert 100 Prozent ihrer Gewinne global in Aufforstungsprojekte.
- Sustify GmbH unterstützt Unternehmen dabei, ihre Sorgfaltspflicht innerhalb der Lieferkette wahrzunehmen und bietet dafür digitale Trainings zur Verbesserung der Compliance in Fabriken.
- FairAfric GmbH ist derzeit das einzige europäische Unternehmen, das seine Schokolade komplett in Afrika produziert und damit den Großteil der Wertschöpfung im Ursprungsland hält.
- Payactive GmbH ist eine digitale Paymentplattform für Unternehmen, die mit jeder Zahlung sozial-ökologische Projekte unterstützt.

Der ehrbare Kaufmann 2.0

Auch darüber hinaus sind sich Sozialunternehmen und Unternehmen aus dem klassischen Mittelstand oft sehr ähnlich. Beide berufen sich eher auf die Werte der ehrbaren Kaufleute als auf die sogenannten Unicorns aus dem Silicon Valley. Die langfristige Einbindung von Kund*innen, Mitarbeitenden und die regionale Verankerung sind ihnen wichtig. Sie handeln werteorientiert und gesellschaftlich verantwortungsvoll und wollen diese Werte auch zukünftig verankert wissen. Sie beschäftigen sich mit der Herausforderung, wie sie diese Werte an nachfolgende Generationen weitergeben und eine Unternehmensnachfolge dementsprechend gestalten können.

Deshalb unterstützten viele Sozialunternehmen, gemeinsam mit vielen mittelständischen Unternehmen, den Gesetzentwurf einer Rechtsform für Verantwortungseigentum (siehe auch https://stiftung-verantwortungseigentum.de), um den Unternehmenszweck und somit die Wirkung zukünftig sicherzustellen. Hierbei bleibt das Vermögen an das jeweilige Unternehmen gebunden und die Entscheidungshoheit liegt immer bei den Personen, die in dem Unternehmen zum jeweiligen Zeitpunkt Verantwortung tragen.

Das Social Entrepreneurship Netzwerk Deutschland will Brücken bauen

Gegründet im Juni 2017 hat das Social Entrepreneurship Netzwerk Deutschland (SEND) mittlerweile über 600 Mitglieder. SEND ist angetreten, um Sozialunternehmen zu vernetzen, zu stärken und eine gemeinsame Stimme zu geben. Dafür baut SEND wichtige Brücken zur Politik, Zivilgesellschaft und Wirtschaft, um positiven Wandel in unserer Gesellschaft voranzutreiben und die Rahmenbedingungen für soziale und ökologische Innovationen zu verbessern.

Solche Innovationen starten oft im Kleinen und benötigen zu ihrer Entfaltung etablierte Strukturen und unterschiedliche Perspektiven, um nachhaltig wirken zu können. Dafür ist eine sektorübergreifende Zusammenarbeit und kollaboratives Handeln, insbesondere mit Akteuren aus der „klassischen" Wirtschaft so wichtig, um die notwendige Transformation zu gestalten.

Über die Autorin

Katrin Elsemann ist Geschäftsführerin des Social Entrepreneurship Netzwerk Deutschland (SEND). Sie ist studierte Entwicklungsökonomin und war lange in der internationalen Zusammenarbeit tätig, darunter beruflich viele Jahre im südlichen Afrika und in Lateinamerika. Danach gründete sie selber zwei Sozialunternehmen. Seit September 2017 leitet sie das operative Geschäft von SEND, um den Social Entrepreneurship-Sektor in Deutschland zu vernetzen, die Sozialunternehmer*innen zu stärken und ihnen eine Stimme gegenüber Politik, Wohlfahrt und Wirtschaft zu geben.

Kontakt

Social Entrepreneurship Netzwerk Deutschland e. V.
c/o Bundesverband Deutsche Startups e. V.
im Haus der Bundespressekonferenz
Schiffbauerdamm 40
10117 Berlin
Tel.: 030/64477658
info@send-ev.de
www.send-ev.de

SOCIAL IMPACT GGMBH

Eine nachhaltigere Zukunft sozialunternehmerisch mitgestalten

Die Social Impact gGmbH wurde vor über 30 Jahren mit dem Ziel gegründet, einen sozialinnovativen Beitrag für mehr Chancen- und Bildungsgerechtigkeit in unserer Gesellschaft zu leisten. Seither wurde bereits eine Vielzahl an Maßnahmen und Projekten entwickelt, um Lösungen für gesellschaftliche Herausforderungen, wie Klimawandel, Fragen der Migration und Integration, Rechtspopulismus sowie dem Stadt-Land-Gefälle zu entwickeln. Als im September 2015 die „Agenda 2030 für nachhaltige Entwicklung" mit 17 globalen Nachhaltigkeitszielen von der UN Vollversammlung verabschiedet wurde, war die Hoffnung auf Veränderung groß.

Laut Agenda sollten die Staaten gemeinsam Ungleichheiten und Armut bekämpfen, die Bildungschancen verbessern, neue Maßnahmen zur Gesundheitsförderung aufsetzen und gegen den Klimawandel vorgehen. Leider ist die Agenda 2030 bisher noch für die wenigsten Staaten eine verbindliche Handlungsanleitung für politische Entscheidungsprozesse. Nach wie vor werden die politischen und ökonomischen Handlungsstrategien weitestgehend von anderen Interessen geleitet.

Mit gutem Vorbild vorangehen

Allein werden die politischen Entscheidungsträger*innen diese Ziele nur schwer erreichen können. Die Sustainable Development Goals sollten vielmehr als Handlungsempfehlungen für uns alle aufgefasst werden. Jede*r bekommt die Möglichkeit, durch eigenes Handeln einen Beitrag zu einer nachhaltigen Sicherung unserer

Teilnehmende des Global Goals Labs 2019/20. Foto: Social Impact

Lebenswelt zu leisten. Es existieren bereits viele Projekte, Akteure und Unternehmen, die mit gutem Beispiel vorangehen. In ihrer Arbeit spiegelt sich jetzt schon wider, wie wichtig es ist, als Gemeinschaft zu agieren und diese in Entwicklungsprozesse mit einzubinden. Mit einem sozialunternehmerischen Ansatz setzt die Social Impact deshalb seit 2018 mit dem Förderprogramm Global Goals Lab an dieser Stelle an, um einen eigenen Beitrag zur Erreichung der UN-Entwicklungsziele zu leisten.

Als gemeinsame Initiative mit der Deutsche Bank wurde das Förderprogramm als eine Chance für all diejenigen entwickelt, die mit ihren sozialunternehmerischen Konzepten einen Beitrag für eine bessere Welt erzielen wollen. Hier werden ausgewählte soziale Innovatoren durch Fachberatung, Vernetzung und Qualifizierungsangebote bei der Weiterentwicklung ihrer Geschäftsmodelle und neuer Partnerschaften unterstützt.

Fünf Jahre nach Verabschiedung der Agenda 2030 definierte im Jahr 2020 die Covid-19-Pandemie die Herausforderungen der 17 nachhaltigen Entwicklungsziele neu. Die weltweite Rezession gefährdete Arbeitsplätze und öffnete gleichzeitig die Möglichkeit für neue Formen des Arbeitens. Bereits vorher existierende Ungleichheiten drohen sich im Angesicht der Pandemie immer weiter zu verstetigen. Deswegen fokussiert das Global Goals Lab 2020/21 die Themenbereiche „Für weniger Ungleichheiten und gute Arbeitsbedingungen“.

Graphic Recording während des Global Goals Labs im Februar 2020. Foto: Social Impact

Der Wirkungsfonds-Preis

Den Höhepunkt des Global Goals Labs bildet unter normalen Umständen die Wirkungsfonds-Preisverleihung. Nach erfolgreicher Teilnahme an einem 4-tägigen Qualifizierungsworkshop präsentieren hier sechs Finalist*innen Lösungen für konkrete Herausforderungen ihrer Organisationen. Die drei überzeugendsten Initiativen erhalten ein Preisgeld von 20.000 Euro, 10.000 Euro und 5.000 Euro.

2020 konnte der öffentliche Pitch mitsamt Preisverleihung des Wirkungsfonds jedoch aufgrund der Covid-19-Pandemie nicht wie geplant stattfinden. Stattdessen wurde gemeinsam mit allen Partner*innen und Finalist*innen über die paritätische Ausschüttung des Preisgeldes entschieden. So konnten mit sofortiger Wirkung 6.000 Euro an alle teilnehmenden Social Start-ups ausgeschüttet werden und diese in einer schwierigen Zeit direkte Unterstützung erhalten.

Denn klar ist bereits heute: Nachhaltige, soziale Innovationen können nur durch gemeinsames Handeln ermöglicht werden. Umso mehr freuen wir uns 2021 auf weitere Nachhaltigkeits-Pioniere, die mit uns im Global Goals Lab an Lösungen für die gesellschaftlichen Herausforderungen unserer Zeit arbeiten möchten!

Social Impact Geschäftsführer Norbert Kunz begrüßt die Teilnehmenden des Global Goals Labs. Foto: Social Impact

Kurzporträt

Die Social Impact gGmbH steht für soziale Innovationen und ist führender Experte für Gründungsberatung in Deutschland. Das Unternehmen unterstützt insbesondere Sozialunternehmer*innen und sozial benachteiligte Personengruppen auf ihrem Weg in die Selbstständigkeit. Mehrere hundert Unternehmen wurden bereits mit der Unterstützung von Social Impact gegründet. Seit 2011 baut Social Impact Labs auf, in denen Gründungs-, Vernetzungs- und Qualifizierungsprogramme angeboten werden. Die Labs bieten Raum für Coworking, Coaching, Workshops sowie Networking und Events. Sie sind inspirierende und lebendige Hotspots für soziale Innovationen und die Gründerszene.

Kontakt

Social Impact gGmbH
Heilbronner Straße 20
10779 Berlin
kommunikation@socialimpact.eu
www.socialimpact.eu
www.globalgoalslab.eu

TRANSFAIR E.V.

Anpacken. Mit Fairtrade.

Mit 84 Prozent Bekanntheit ist das blau-grün-schwarze Fairtrade-Siegel der bekannte bunte Hund unter den Nachhaltigkeitssiegeln in Deutschland. Aber, was steckt eigentlich hinter Fairtrade?

Fairtrade ist eine internationale Bewegung. Produkte, die mit einem Fairtrade-Siegel gekennzeichnet sind, erfüllen konsistente international gültige Standards. Wörtlich übersetzt bedeutet Fairtrade „fairer Handel", was Mission und Ziel beschreibt. 1,7 Millionen Menschen in Ländern des globalen Südens profitieren vom fairen Handel: von stabilen Preisen als Sicherheitsnetz gegen Preiseinbrüche auf dem Weltmarkt, einem zusätzlichen finanziellen Aufschlag – der Fairtrade-Prämie, von Richtlinien zu Arbeitsschutz und -sicherheit, festen Arbeitsverträgen, Verbot von Diskriminierung und ausbeuterischer Kinderarbeit sowie klaren Regeln zum nachhaltigen Umgang mit Wasser, Boden und Umwelt.

Eines der Alleinstellungsmerkmale von Fairtrade: Hier sind die Organisationen aus globalem Norden und Süden gleichberechtigt an Entscheidungsprozessen beteiligt. Im obersten Gremium des Dachverbands Fairtrade International halten die Produzentennetzwerke, die die Produzent*innen aus den Anbauländern repräsentieren, 50 Prozent des Stimmrechts.

Nationale Fairtrade Organisationen kümmern sich in ihren Ländern darum, den fairen Handel bekannter zu machen und den Verkauf von fair gehandelten Produkten zu fördern, denn Fairtrade verfolgt das Ziel „Wandel durch Handel" herbeizuführen. In Deutschland steht der gemeinnützige Verein TransFair (Fairtrade Deutschland) hinter dem Fairtrade-Siegel.

Das einprägsame Fairtrade-Siegel macht auf einen Blick klar, ob ein Produkt fair gehandelt wurde und erleichtert die Kaufentscheidung. ©Transfair, Foto: Wolf Sondermann

TransFair wurde 1992 von zehn Organisationen gegründet – darunter Brot für die Welt und Misereor – und wird heute von 36 Mitgliedsorganisationen aus Bereichen wie Entwicklungszusammenarbeit, Kirche, Sozialarbeit, Verbraucherschutz, Bildung, Politik und Umwelt getragen. Idee und Ziel der Gründungsorganisationen: Faire Produkte sollten flächendeckend in allen Verkaufskanälen verfügbar gemacht werden und für Verbraucherinnen und Verbraucher leicht erkennbar sein. So sollte der faire Handel aus der Nische in die breite Gesellschaft getragen werden. Die Idee des Produktsiegels war geboren.

Fairer Handel – ein Erfolgskonzept mit wachsendem Potenzial

Die Produktvielfalt ist seit den Anfangsjahren stark gewachsen: Über 7.000 Produkte sind in hiesigen Supermärkten, Bioläden, Discountern und Drogerien sowie in rund 800 Weltläden erhältlich. In Cafés, Bäckereiketten, Kantinen und Mensen und seit 2018 auch in Fernverkehrszügen der Deutschen Bahn werden faire Heiß- und Kaltgetränke und weitere Fairtrade-Produkte angeboten. Die Warenpalette erstreckt sich von Kaffee über Kakao, Bananen, Tee, Orangensaft, Zucker, Wein, Reis

Nicht nur Kaffee, Tee oder Schokolade, sondern auch Blumen und Textilien können mit dem FairTrade-Siegel zertifiziert werden. ©TransFair, Foto: Wolf Sondermann.

und Honig über Eis, Gebäck und Schokolade bis hin zu Kosmetik, Textilien aus fairer Baumwolle und sogar Schmuck mit fairem Gold. In Deutschland bieten über 440 Partner Produkte mit dem Fairtrade-Siegel an.

Die Bedeutung von nachhaltigem Konsum und damit die des Fairtrade-Siegels als bekanntestem Nachhaltigkeitssiegel wächst stetig: Im vergangenen Jahr lagen die Fairtrade-Umsätze in Deutschland bei gut zwei Milliarden Euro. Die Marktanteile von fairen Produkten wie Bananen (20 Prozent), Kakao (17 Prozent), Rosen (30 Prozent) oder Kaffee (fünf Prozent) zeugen von dem gewachsenen Bewusstsein für nachhaltigen Konsum in der Bevölkerung.

Das System hinter den Produkten wurde und wird kontinuierlich ausgebaut, erneuert und verbessert: Die internationalen Standards werden vom Dachverband Fairtrade International in transparenten Konsultationsprozessen entwickelt und regelmäßig überarbeitet. Die Kontrolle der Kriterien liegt bei der unabhängigen Zertifizierungsgesellschaft Flocert mit Sitz in Bonn. Flocert beschäftigt über 100 Auditorinnen und Auditoren in den Anbauländern vor Ort, die sowohl zertifizierte Produzentenorganisationen als auch Händler*innen auf die Einhaltung der Fairtrade-Standards kontrolliert.

Mit Fairtrade die Ziele für Nachhaltige Entwicklung SDG konkret umsetzen und zur menschenrechtlichen Sorgfaltspflicht beitragen

Deutschland hat sich verpflichtet, die Ziele für nachhaltige Entwicklung (SDG) umzusetzen. SDG 12 steht für nachhaltige Produktion und Konsum. Das Fairtrade-Siegel kennzeichnet Produkte, bei deren Herstellung soziale, ökologische und ökonomische Kriterien eingehalten werden und leistet einen konkreten Beitrag, dieses UN-Ziel sowie weitere umzusetzen.

Der menschenrechtsbasierte Ansatz von Fairtrade ist in den Standards und Regelwerken fest etabliert, zum Beispiel durch Kriterien zu Kinderrechten, Geschlechtergerechtigkeit, Diskriminierungsverbot, körperlicher Unversehrtheit, Vereinigungsfreiheit und Landrechte. Um ihre Lieferketten verantwortungsvoller zu gestalten, suchen sich Unternehmen vermehrt Fairtrade als Partner. Die Organisation mit ihrem weltweiten Netzwerk, den Standards, Mindestpreisen und Prämien sowie ihrem Know-how ist für Unternehmen ein wertvoller Partner bei der Umsetzung der menschenrechtlichen Sorgfaltspflichten.

Das Fairtrade-Siegel zahlt insbesondere auf die SDGs 1, 12 und 8, aber auch auf weitere wie 2, 3, 4, und 13 ein.

Fairer Handel in Unternehmen: nicht nur Chefsache. Aktiv auf allen Ebenen

Fairer Handel bietet für unterschiedlichste Unternehmenstypen und Größen auf allen Ebenen Anknüpfungspunkte. Denn selbst Soloselbständige können darauf achten, dass ihr Tag im Büro mit einem fairen Kaffee oder Tee beginnt. Die Umstellung auf fairen Kaffee ist ein einfacher erster Schritt, um das Engagement für Nachhaltigkeit auszudrücken und nach außen sichtbar zu machen.

Mit der Umstellung auf fairen Tee und Zucker, faire Limos oder Säfte und darüber hinaus den Bezug von ökologischen, regionalen und saisonalen Produkten zeigt man als Arbeitgeber*in auch in kleinen Unternehmen eine klare Haltung für bewussten Konsum und nachhaltige Beschaffung – sowohl intern gegenüber Mitarbeitenden als auch gegenüber Kundinnen und Kunden.

Auch Arbeitskleidung aus fairer Baumwolle oder Textilien wie Handtücher sind verfügbar. Unternehmen wie der Lebensmittelvollsortimenter Kaufland oder der Süßwarenhersteller Ferrero haben ihre Arbeitskleidung bereits umgestellt und auch die Stadt Würzburg hat die Mitarbeitenden der Stadtreinigung mit nachhaltig hergestellter Arbeitskleidung ausgestattet.

Ob im Büro oder in der Remote Work – fairer Konsum ist überall möglich.
©Fairtrade, Foto: Ilkay Karakurt.

Neben einer klassischen Zusammenarbeit mit Fairtrade – einem Lizenzvertrag für den Verkauf von Fairtrade-Produkten wie Kaffee, Kakao oder Bananen – bietet TransFair verschiedene Optionen zur Kooperation über eine Produktzertifizierung hinaus. Spezielle Möglichkeiten, sich für fairen Handel zu engagieren und dieses Engagement gegenüber Kundinnen und Kunden zu zeigen, gibt es beispielsweise für Kleinröstereien, Goldschmieden, Confiserien, Florist*innen oder für den Außer-Haus-Markt: https://www.fairtrade-deutschland.de/fuer-unternehmen.

Global denken – lokal handeln: Kampagnenarbeit von TransFair

Mit verschiedenen Kampagnen macht der Verein auf fairen Handel aufmerksam und lädt zum Mitmachen ein. Darunter beispielsweise die Kampagnen „Fairtrade-Towns", bei der sich Kommunen für fairen Handel auf lokaler Ebene stark machen. Über 700 Kommunen sind bereits aktiv und erfüllen folgende Kriterien für den Titel „Fairtrade-Town": ein offizieller Ratsbeschluss, eine Steuerungsgruppe für die Koordination sowie Aktivitäten aus der Zivilgesellschaft – wie Schulen, Kirchen oder Vereinen –, aus Handel und Gastronomie sowie die Berichterstattung darüber. Aus der Zusammenarbeit entstanden bereits faire Einkaufsführer, regional-saisonal-faire Stadtfeste, Gutscheinhefte, Stadtkaffees und Stadtschokoladen sowie ganze Stadtmarketing-Kampagnen. Die Faire Metropolregion Nürnberg oder die faire Metropole Ruhr zeigen, wie das Engagement über die eigene Kommune hinausgeht und für die Vernetzung einer ganzen Region sorgt.

Nach demselben Mitmachprinzip funktionieren auch die Kampagnen Fairtrade-Schools und Fairtrade-Universities. Sie richten sich gezielt an junge Menschen, um das Bewusstsein für ethischen Konsum und Bildung für nachhaltige Entwicklung zu fördern.

Jährlich wiederkehrende Aktionen wie die Rosenaktion für Frauenrechte rund um den Valentinstag und den Weltfrauentag, die „Faire Woche" im September, der größte Aktionszeitraum bundesweit zum fairen Handel, oder die Verleihung der Fairtrade Awards, die alle zwei Jahre stattfindet und herausragendes Engagement aus Wirtschaft und Zivilgesellschaft ehrt, bieten weitere Anknüpfungspunkte. TransFair in Köln unterstützt in der Kommunikation, mit Informationsmaterialien und bei der Umsetzung von Ideen.

Gemeinsam lässt sich viel bewegen. Wir müssen nur einen ersten Schritt gehen. Fairtrade geht diesen Schritt und lädt Sie herzlich ein mitzugehen.

Weitere Informationen finden Sie unter der Website von TransFair u.a. zu folgenden Themen:

- Kampagnenarbeit: www.fairtrade-kampagnen.de
- Optionen zur Zusammenarbeit und Ihre Ansprechpartner*innen bei TransFair: www.fairtrade-deutschland.de/fuer-unternehmen
- Die „Oscars des fairen Handels“ Fairtrade Awards: www.fairtrade-deutschland.de/fairtrade-awards

Kontakt

TransFair – Verein zur Förderung des Fairen Handels in der Einen Welt
Remigiusstraße 21
50937 Köln-Sülz
Tel.: 0221/9420400
info@fairtrade-deutschland.de
www.fairtrade-deutschland.de

UNITED NATIONS GLOBAL COMPACT

Nachhaltige und verantwortungsvolle Unternehmensführung – weltweit

Der United Nations Global Compact ist die weltweit größte und wichtigste Initiative für nachhaltige, ressourcenschonende und verantwortungsvolle Unternehmensführung. Auf Grundlage zehn universeller Prinzipien und der 17 SDGs verfolgt er die Vision einer inklusiven und nachhaltigen Weltwirtschaft zum Nutzen aller Menschen. Die zehn Prinzipien umfassen vier entscheidende Themenfelder: Menschenrechte, Arbeitsnormen, Umwelt und Korruptionsbekämpfung.

Über 16.000 Unternehmen und Organisationen aus Zivilgesellschaft, Politik und Wissenschaft in mehr als 170 Ländern sind bereits Unterzeichnende des UN Global Compact und tragen zur globalen Vision bei. Der UNGC bietet allen Teilnehmenden umfangreiche Unterstützungsangebote mit führenden Akteuren zu zentralen Nachhaltigkeitsthemen sowie hochkarätig besetzte internationale Veranstaltungen. Dabei versteht sich die Initiative nicht als zertifizierbarer Standard oder als Regulierungsinstrument, sondern als ein offenes Forum, um Veränderungsprozesse anzustoßen und Ideen zu teilen.

Deutsches Global Compact Netzwerk

Im Deutschen Global Compact Netzwerk (DGCN) versammeln sich deutsche Unterzeichnende des UN Global Compact: Derzeit sind dies rund 560 Unternehmen, von DAX-Konzernen über Mittelständler bis hin zu kleinen Spezialisten, und knapp 60 Organisationen aus Zivilgesellschaft, Wissenschaft und dem öffentli-

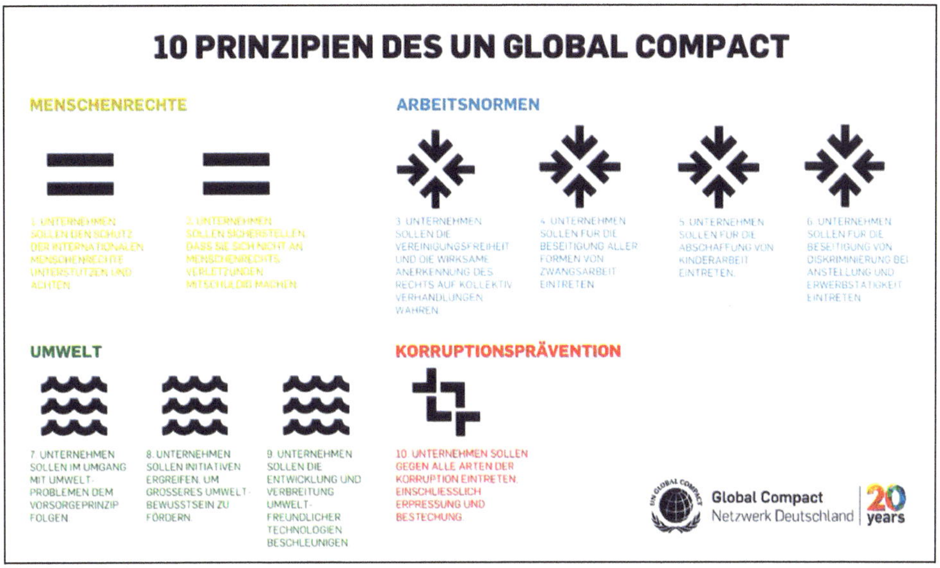

Die 10 Prinzipien des UN Global Compacts. Abbildung: DGCN

chen Sektor. Im Netzwerk können sie sich über alle Themen der unternehmerischen Verantwortung informieren, Ideen austauschen und gemeinsam an praxisorientierten Lösungen arbeiten. Das DGCN entstand auf die Initiative deutscher Unternehmen im Jahr 2000 als eine der ersten nationalen Plattformen. Mit dem Ziel, Veränderungsprozesse in Unternehmen anzustoßen und Nachhaltigkeit strategisch zu verankern, orientiert sich das DGCN an den Themen Wirtschaft & Menschenrechte, Umwelt & Klima, Korruptionsprävention sowie Reporting und den SDGs.

Warum teilnehmen?

Die Unterzeichnung des UN Global Compact bietet Unternehmen die Chance, ihre Geschäftsbeziehungen entlang international anerkannter Nachhaltigkeitsstandards zu gestalten. Eine Entscheidung mit Mehrwert:

- Sie sind Teil der weltweiten UN-Initiative und tragen zu einer gerechteren und nachhaltigeren Weltwirtschaft bei.
- Sie etablieren konstruktive Partnerschaften mit Stakeholdern aus Wirtschaft, Zivilgesellschaft und Politik.

- Sie haben Zugang zu praxisnahen Lern- und Dialogformaten des UN Global Compact und des DGCN.
- Sie schaffen Vertrauen und stärken die Glaubwürdigkeit Ihres Unternehmens.
- Sie identifizieren neue Geschäftsmöglichkeiten.
- Sie erreichen Ihre Nachhaltigkeitsziele.
- Sie mindern Risiken, setzen Ressourcen effizienter ein und sparen Kosten.

Die Arbeitsweise des DGCN

Mit vielfältigen Lern- und Dialogformaten fördern der UN Global Compact und das DGCN den Dialog und Wissensaustausch. Das Angebot ist vielfältig und deckt sowohl den Bedarf von Einsteigern als auch den von bereits Fortgeschrittenen und Experten. Es reicht von Leitfäden, Webinaren über Coachings, Tools und Lerngruppen bis hin zu Netzwerktreffen und Veranstaltungen.

Ziel ist es, Unternehmen auf die Relevanz von sozialen und ökologischen Standards für ihr Kerngeschäft hinzuweisen und sie bei der Umsetzung zu unterstützen. Weiterhin sollen Innovations- und Geschäftsmöglichkeiten im Rahmen der nachhaltigen Entwicklungsziele (SDGs) aufgezeigt und vorangetrieben werden. Das thematische Angebot des DGCN, basierend auf den zehn Prinzipien des UN Global Compact sowie den Nachhaltigen Entwicklungszielen (SDGs), umfasst:

Menschenrechtliche Sorgfalt

Die Diskussion über einen gesetzlichen Sorgfaltsstandard für menschenrechtliche Aspekte wird sowohl in Deutschland als auch auf EU-Ebene konkret. Das erfordert ein Umdenken bei Unternehmen: Im Fokus stehen beim Thema Menschenrechte nämlich nicht die Risiken für das Unternehmen, sondern Risiken für die Rechteinhaber*innen entlang der gesamten Wertschöpfungskette – sprich Arbeitskräfte, Erzeuger*innen, Kundschaft, lokale Gemeinden und viele weitere Stakeholdergruppen. Unternehmen haben die Verantwortung, ihre menschenrechtlichen Risiken zu kennen und ihren Einfluss zu nutzen, diesen entgegenzuwirken. Dafür müssen sie Strategien zum Ermitteln und Beheben der Risiken entwickeln und in Unternehmensprozesse integrieren. Hierbei unterstützt das Infoportal mr-sorgfalt.de des Deutschen Global Compact Netzwerks: mr-sorgfalt.de enthält umfassende Informationen, die Unternehmen Orientierung bei der Konzeption und Weiterentwicklung ihrer menschenrechtlichen Sorgfaltsprozesse bieten, gerade mit Blick auf globale Lieferketten.

Das kostenlose Informationsportal orientiert sich eng an den Inhalten der UN Leitprinzipien für Wirtschaft und Menschenrechte sowie dem Nationalen Aktionsplan (NAP) Wirtschaft und Menschenrechte der Bundesregierung. Es bündelt Informationen, ermöglicht eine Selbsteinschätzung und verweist auf weiterführende Ressourcen, Leitfäden, Informationsquellen sowie Praxisbeispiele.

Das kostenlose Informationsportal des DGCN zum Thema Wirtschaft und Menschenrechte: mr-sorgfalt.de

Die Möglichkeit zur Selbsteinschätzung bietet das „Human Rights Capacity Diagnostic“: Es beurteilt anhand von differenzierten Fragen den Stand der Umsetzung zentraler Aspekte menschenrechtlicher Sorgfalt und gibt Tipps für deren weitere Verankerung. Für Unternehmen mit wenig oder keiner Vorerfahrung bietet der Bereich Einstieg einen Weg, sich in fünf einfachen Schritten dem Thema menschenrechtliche Sorgfalt anzunähern und zeigt relevante, weiterführende Ressourcen auf.

Im Bereich Vertiefung stehen die Kernelemente menschenrechtlicher Sorgfalt im Fokus: Wie können Prozesse zur Risikoermittlung aussehen? Was gehört in eine Grundsatzerklärung? Worauf ist beim Thema Beschwerdemechanismen und Abhilfe zu achten? Konkrete Anregungen für die Umsetzung geben Praxisbeispiele, umfassende weiterführende Materialien und sektorspezifische Informationen. Dazu gehören auch die Aufzeichnungen der Webinar-Reihe „Menschenrechtliche Sorgfalt“ des DGCN: In den Webinaren werden die einzelnen Prozessschritte systematisch erläutert und durch Stimmen aus der Unternehmenspraxis ergänzt.

Kontakt

Global Compact
Netzwerk Deutschland

Geschäftsstelle Deutsches Global Compact Netzwerk (DGCN)
c/o Deutsche Gesellschaft für Internationale Zusammenarbeit (GIZ) GmbH
Reichpietschufer 20
10785 Berlin
Tel.: 030/72614-32
globalcompact@giz.de
www.globalcompact.de
@GlobalCompactDE

INITIATIVE FÜR NACHHALTIGKEIT IN DER DEUTSCHEN ZEMENTINDUSTRIE

Zement verbindet nachhaltig

Die Sozialpartner in der deutschen Zementindustrie haben im Jahr 2002 eine Vereinbarung zur nachhaltigen Entwicklung in der Branche unterzeichnet und damit die Initiative für Nachhaltigkeit in der deutschen Zementindustrie begründet. Träger der Nachhaltigkeitsinitiative sind die Industriegewerkschaften Bauen-Agrar-Umwelt (IG BAU) und Bergbau, Chemie, Energie (IG BCE) sowie die Sozialpolitische Arbeitsgemeinschaft der Deutschen Zementindustrie (SPADZ) und der Verein Deutscher Zementwerke e.V. (VDZ). Gemeinsam arbeiten die Träger an Themen, die für die künftige nachhaltige Entwicklung der Branche von zentraler Bedeutung sind.

Gründung und Aufgaben der Initiative

Als die Sozialpartner 2002 ihre Vereinbarung zur Gründung der Initiative für Nachhaltigkeit in der deutschen Zementindustrie unterzeichneten, wagten sie sich auf gesellschaftliches Neuland. Die Vereinbarung von Zementherstellern, Gewerkschaften und Branchenverbänden zur nachhaltigen Entwicklung ihrer Industrie war die erste Branchenvereinbarung dieser Art in Deutschland. Das Thema „Nachhaltige Entwicklung“ stieg in dieser Zeit zunehmend zu einem zentralen gesellschaftspolitischen Leitbild auf. Allgemein fehlte jedoch noch ein sach- und praxisgerechtes Verständnis von Nachhaltigkeit.

Im Rahmen der Nachhaltigkeitsinitiative wurden daher mit der „Dokumentation von Beiträgen und Handlungsoptionen“ im Jahr 2002 eine erste Standortbestimmung verfasst, bisherige Erfolge analysiert und Handlungsfelder für künftige Aufgaben zur nachhaltigen Entwicklung der Zementindustrie identifiziert. Die Sozialpartner legten ihrer Initiative ein Verständnis von Nachhaltigkeit als kontinuierlichen Such- und Lernprozess zugrunde, der die gesamte Wertschöpfungskette zementgebundener Baustoffe umfasst und durch Investitionen und Innovationen schrittweise vorangebracht wird, um ökologische, soziale und ökonomische Bedürfnisse zu integrieren.

Zentrale Aufgaben der Nachhaltigkeitsinitiative:

- Die weitere Verankerung des Leitbildes der nachhaltigen Entwicklung in Unternehmen und Organisationen der Branche
- Die Durchführung von Projekten, die als beispielhafte Lösungen wichtige Anstöße für eine nachhaltige Entwicklung geben
- Die Förderung des Dialogs zwischen den Sozialpartnern innerhalb der Branche sowie mit wichtigen Ansprechpartnern außerhalb der Branche
- Die Vermittlung von Informationen zur nachhaltigen Entwicklung an Beschäftigte, Unternehmen und Organisationen der deutschen Zementindustrie

Themen und Publikationen

Nach fast 20 Jahren kann die Initiative auf viele erfolgreiche Projekte und häufig auch wegweisende Veröffentlichungen blicken. Die Sozialpartner unterstützen Vorhaben, die sich mit den verschiedenen Facetten des Themas Nachhaltigkeit in der Zementindustrie befassen. Dazu gehören die Qualifizierung der Beschäftigten und die Steigerung der Artenvielfalt ebenso wie Fragen des Klimaschutzes, der Ressourceneffizienz und der Digitalisierung.

Bedeutende inhaltliche Anknüpfungspunkte ergeben sich auch zur neuen VDZ-Studie „Dekarbonisierung von Zement und Beton – Minderungspfade und Handlungsstrategien“ von November 2020.

Die Studie ist eine CO_2-Roadmap für die deutsche Zementindustrie. Sie zeigt anhand von zwei Dekarbonisierungspfaden, welche CO_2-Einsparungen entlang der Wertschöpfungskette von Zement und Beton bis zum Jahr 2050 erreicht werden können. Die Studie stellt heraus: Für eine klimaneutrale Betonbauweise bedarf es einer Vielzahl an Maßnahmen entlang der gesamten Wertschöpfungskette, zu denen sowohl konventionelle als auch ganz neuartige Minderungsoptionen bei der Herstellung sowie Anwendung von Zement und Beton gehören.

VDZ-Studie „Dekarbonisierung von Zement und Beton – Minderungspfade und Handlungsstrategien“

Die Projekte der Nachhaltigkeitsinitiative befassen sich mit verschiedenen Facetten von Nachhaltigkeit. Eine Studie aus dem Jahr 2019, die mit der RWTH Aachen durchgeführt wurde, analysiert so etwa den Status quo und die Potenziale von Industrie 4.0 in der deutschen Zementindustrie. Zu den weiteren Arbeiten gehören eine vom Wuppertal Institut für Klima, Umwelt, Energie durchgeführte Studie zur Rohstoffversorgung und Ressourcenproduktivität in der deutschen Zementindustrie (2015) und eine Untersuchung zur Hochwertigkeit des Abfalleinsatzes in der deutschen Zementindustrie – durchgeführt vom Institut für Energie- und Umweltforschung Heidelberg (2018). 2012 wurde eine Studie veröffentlicht, die sich anlässlich des demografischen Wandels und sich ändernder Anforderungen mit der Beschäftigung in der Zementindustrie befasst.

Die gesamte Wertschöpfungskette im Blick

Die vielfältigen Projekte der Nachhaltigkeitsinitiative gründen auf einem Verständnis von Nachhaltigkeit, das den Blick auf die gesamte Wertschöpfungskette von Zement und Beton richtet. Dabei werden ökologische (Wert der Natur), soziale (Grundbedürfnisse) und ökonomische Aspekte (Kapitalerhaltung) integriert. Gleich-

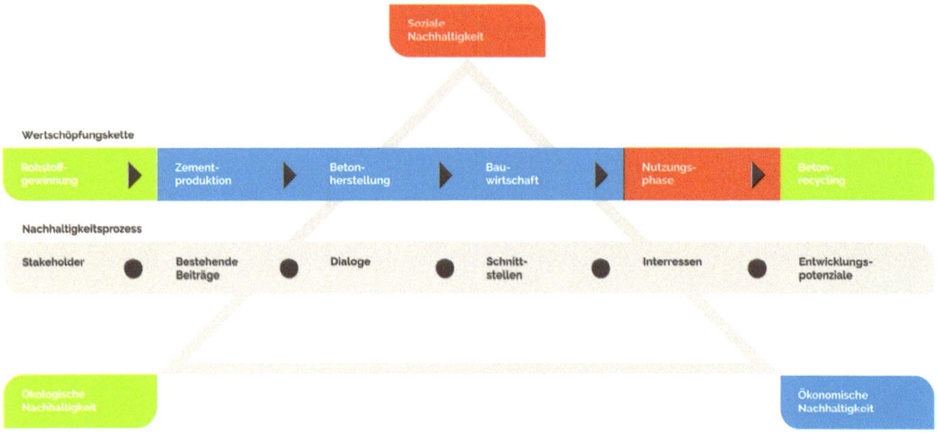

Nachhaltigkeit entlang der Wertschöpfungskette von Zement und Beton in ökologischer, sozialer und ökonomischer Dimension. Grafik: VDZ

zeitig liegt der Initiative das Verständnis zugrunde, dass eine nachhaltige Entwicklung ein fortlaufender Prozess ist, der immer wieder neue Handlungsstrategien erfordert und nie abgeschlossen ist. Gemeinsam werden die Sozialpartner auch in Zukunft neue Handlungsfelder identifizieren und weiter an einer Verbesserung der ökologischen, sozialen und ökonomischen Aspekte ihrer Branche arbeiten. In den nächsten Jahren wird insbesondere die Frage der CO_2-Minderung im Zentrum des Handelns der Branche stehen.

Auf dem Weg zur Klimaneutralität

Der Klimawandel und seine Folgen stellen die Menschheit vor gewaltige Herausforderungen: Gilt es doch, die Treibhausgasemissionen weltweit innerhalb weniger Jahrzehnte drastisch zu reduzieren. Die Zementindustrie in Deutschland ist bereit, ihren Beitrag für eine klimaneutrale Zukunft zu leisten. In den vergangenen Jahrzehnten hat die Branche bereits umfangreiche Klimaschutzmaßnahmen ergriffen, sodass die CO_2-Emissionen seit 1990 bereits um etwa ein Viertel reduziert werden konnten. Bei der weiteren CO_2-Minderung stößt die Zementindustrie jedoch an ihre Grenzen, da prozessbedingte Emissionen der Klinkerherstellung mit heute verfügbarer Technik nicht minderbar sind. Im Bewusstsein dieser Herausforderungen arbeiten die deutschen Zementhersteller unter dem Dach des VDZ und der European Cement Research Academy (ECRA) seit Jahren mit Hochdruck daran, die heute verfügbaren Minderungsoptionen weiter zu verbessern sowie neue Technologien zu entwickeln.

Die Transformation hin zur Klimaneutralität ist aber nicht nur eine technische, sondern auch eine gesellschaftliche Herausforderung. Entscheidend dabei ist ein ganzheitlicher Ansatz, der nicht nur die Akteure in der gesamten Wertschöpfungskette Bau einschließt; auch der Schulterschluss mit anderen Industrien sowie mit Politik, Wissenschaft und Zivilgesellschaft ist von überragender Bedeutung, um rechtzeitig die nötigen externen Voraussetzungen und Rahmenbedingungen für Klimaneutralität zu schaffen. Dies betrifft insbesondere die nachfolgenden Voraussetzungen und Handlungsfelder.

Die Dekarbonisierung von Zement und Beton basiert auf einem umfassenden Maßnahmenmix, der auch in erheblichem Umfang auf grünen Strom angewiesen ist. So wird sich der Strombedarf der Klinkerherstellung u.a. durch den breiten Einsatz von Technologien zur CO_2-Abscheidung mehr als verdoppeln. Insofern stellt die Verfügbarkeit erneuerbarer Energien und leistungsfähiger Stromnetze sektorübergreifend eine wichtige Voraussetzung für Klimaneutralität dar. Besonders bedeutsam für die Zementindustrie ist darüber hinaus der langfristige Zugang zu ausreichenden Mengen alternativer, biomassehaltiger Brennstoffe, die bei der Minimierung der brennstoffbedingten CO_2-Emissionen in der Zementindustrie bereits heute eine wichtige Rolle spielen.

Darüber hinaus kommt dem Aufbau einer funktionierenden CO_2-Infrastruktur eine entscheidende Bedeutung zu – das gilt sowohl für die Dekarbonisierung von Zement und Beton als auch für die Entstehung von neuen Wertschöpfungsketten zur CO_2-Nutzung (Carbon Capture & Utilisation, CCU) und -Speicherung (Carbon Capture & Storage, CCS). Nur unter dieser Voraussetzung kann es gelingen, abgeschiedenes CO_2 einer geeigneten Nutzung oder Speicherung zuzuführen. Zweifellos muss in diesem Kontext der Aufbau entsprechender Infrastrukturen für Wasserstoff und CO_2-freien Strom berücksichtigt werden. Um alle verfügbaren CO_2-Minderungsoptionen vollständig auszuschöpfen, ist es zudem notwendig, auch den effizienten Einsatz von Klinker, Zement und Beton in der Wertschöpfungskette weiter

Voraussetzungen und Handlungsfelder für eine klimaneutrale Industrie, Grafik: VDZ

voranzutreiben. Die Herstellung klinkereffizienter Zemente allein reicht dabei allerdings nicht aus – vielmehr müssen sie auch ihren Weg in die Anwendung finden. Insgesamt gilt es somit, dem Thema CO_2 beim Bauen eine größere Bedeutung beizumessen.

Die Dekarbonisierung von Zement und Beton führt zu einem Transformationsprozess von bislang nicht vorstellbarem Ausmaß. Die Zementhersteller in Deutschland wissen um die Verantwortung, die sie hierbei tragen. In vielen technischen Fragen sind sie bereits heute, auch im weltweiten Vergleich, Technologieführer. Es gilt, diese Technologieführerschaft zu erhalten und hierfür die entsprechenden Rahmenbedingungen zu schaffen. Wettbewerbsfähigkeit und Innovation sind dabei letztlich zwei Seiten einer Medaille. Demnach sollte ein Mix von Politikinstrumenten entlang der gesamten Wertschöpfungskette von Zement und Beton die richtigen Anreize und Rahmenbedingungen setzen, um wirtschaftliches Handeln an Klimaschutzgesichtspunkten ausrichten zu können.

Der weitaus größte Beitrag zur Dekarbonisierung von Zement und Beton kann nur durch die CO_2-Abscheidung im Zementwerk erfolgen. Ohne diese neue Technologie wird die Zementindustrie es nicht schaffen, im Jahre 2050 klimaneutral zu sein.

Die Diskussion zur Frage des Einsatzes von CCUS-Technologien versachlicht sich im Kontext der Pariser Klimaziele und des Europäischen Green Deals zwar zunehmend – insbesondere im Hinblick auf prozessbedingte CO_2-Emissionen, die ansonsten nicht minderbar sind. Gleichzeitig gibt es aber noch immer Vorbehalte bei diesem Thema. Daher ist es notwendig, einen neuen Grundkonsens zwischen Politik, Wirtschaft, Wissenschaft und Zivilgesellschaft für einen klimaneutralen Technologiemix der Zukunft zu entwickeln. Dieser wird aus einer Vielzahl an teils sektorspezifischen und teils sektorübergreifenden Minderungsoptionen bestehen. Am Ende gilt es, den Transformationsprozess in das Zeitalter der Dekarbonisierung gemeinsam zu gestalten.

Die deutsche Zementindustrie ist bereit, auch weiterhin Verantwortung für eine klimaneutrale Zukunft zu übernehmen und stellt die ganzheitliche Dekarbonisierung von Zement und Beton ins Zentrum ihres Handelns. Letztlich müssen aber auch die Menschen vor Ort und die Gesellschaft insgesamt bereit sein, die technischen und wirtschaftlichen Veränderungen mitzutragen, damit die Dekarbonisierung der Industrie gelingen und das Ziel einer klimaneutralen Gesellschaft erreicht werden kann. Die Nachhaltigkeitsinitiative wird auch in Zukunft einen wichtigen Beitrag dazu leisten, drängende Nachhaltigkeitsthemen wie Dekarbonisierung und Klimaneutralität zu bearbeiten, und dabei ein besonderes Augenmerk auf Fragen des ökologischen, sozialen und ökonomischen Gleichgewichts legen.

ZEMENT
VERBINDET
NACHHALTIG

Kontakt

Initiative für Nachhaltigkeit in der
deutschen Zementindustrie,
vertreten durch die
Sozialpolitische Arbeitsgemeinschaft der
Deutschen Zementindustrie e.V.
Toulouser Allee 71
40476 Düsseldorf
Tel: 0211/45780
nachhaltigkeit@vdz-online.de
www.zement-verbindet-nachhaltig.de

Wettbewerbe
& Awards

An Wettbewerben teilzunehmen, Zertifikate zu erwerben und Preise zu gewinnen, können wichtige Bestandteile bei der Einführung eines Nachhaltigkeitsmanagements in Unternehmen sein. Die Außenwirkung und der Imagegewinn solcher Awards liegen auf der Hand, wenn eine unabhängige Jury aus Expertinnen und Experten die eigenen Leistungen im Bereich Nachhaltigkeit beurteilt, bestätigt und auszeichnet. Das erleichtert die Dialoge mit Stakeholdern und stärkt die Glaubwürdigkeit in der Kommunikation mit Geschäftspartnern.

Auch nach innen lässt sich die Implementierung eines Nachhaltigkeitsmanagements in die Unternehmensprozesse mithilfe von Wettbewerben und Zertifikaten steuern. Die Anforderungsprofile und Regelwerke können gute Leitfäden bei der Unternehmensführung sein und helfen, die Anstrengungen zu messen. Nicht zuletzt motiviert eine Auszeichnung die Mitarbeiterinnen und Mitarbeiter.

Deutscher Nachhaltigkeitspreis

Der Deutsche Nachhaltigkeitspreis ist die nationale Auszeichnung für Spitzenleistungen der Nachhaltigkeit in Wirtschaft, Kommunen und Forschung. Mit fünf Wettbewerben (darunter der Next Economy Award für „grüne Gründer“), über 800 Bewerbern und 2.000 Gästen zu den Veranstaltungen ist der Preis der größte seiner Art in Europa. Die Auszeichnung wird von der Stiftung Deutscher Nachhaltigkeitspreis in Zusammenarbeit mit der Bundesregierung, kommunalen Spitzenverbänden, Wirtschaftsvereinigungen, zivilgesellschaftlichen Organisationen und Forschungseinrichtungen vergeben.

Aufgrund der Corona-Pandemie fanden der Deutsche Nachhaltigkeitstag und die Verleihung der Nachhaltigkeitspreise 2020 online statt. Erstmalig wurden die Trophäen nicht mehr nach Unternehmensgröße, sondern in „Transformationsfeldern“ vergeben. Der Preis würdigt nach Aussage der Veranstalter „Akteure aus der Wirtschaft, die in den wichtigen Feldern Klima, Ressourcen, Biodiversität und Gesellschaft wirksame Beiträge zur Transformation leisten.“ Mit dem „Nachhaltigkeitspreis Verpackung“ verlieh die Stiftung in Kooperation mit der REWE Group 2020 zum zweiten Mal eine Sonderauszeichnung, die umweltfreundlichere Verpackungslösungen prämiert.

Deutscher Nachhaltigkeitspreis 2021
(Preisverleihung im Dezember 2020)

TRANSFORMATIONSFELD BIODIVERSITÄT

Demeter-Felderzeugnisse GmbH
Aus der Jurybegründung: „Die Jury würdigt die Demeter-Felderzeugnisse GmbH für ihre Pionierrolle in der ökologischen Landwirtschaft und ihren wertvollen Beitrag zum Klima- und Artenschutz mit der Auszeichnung des Deutschen Nachhaltigkeitspreises für Unternehmen 2021.“

TRANSFORMATIONSFELD GESELLSCHAFT & FAIRNESS

AfB gemeinnützige GmbH

Aus der Jurybegründung: „Die Jury würdigt die AfB gemeinnützige GmbH für seine vorbildliche Verbindung von Umweltschutz und gesellschaftlicher Verantwortung und die Entwicklung und Pflege von langfristigen Partnerschaften mit der Auszeichnung des Deutschen Nachhaltigkeitspreises für Unternehmen 2021."

ECF Farmysystems GmbH

Aus der Jurybegründung: „ECF leistet mit seinem innovativen Konzept der gesunden und nachhaltigen Lebensmittelproduktion und -versorgung einen wertvollen Beitrag zum Umdenken in der Gesellschaft. Die Jury würdigt diesen transformierenden Ansatz der Lebensmittelzüchtung mitten in der Stadt mit der Auszeichnung des Deutschen Nachhaltigkeitspreises für Unternehmen 2021."

TRANSFORMATIONSFELD KLIMA

ARMOR Solar Power Films GmbH

Aus der Jurybegründung: „Die Jury würdigt diese umweltfreundliche und innovative Stromerzeugung und den wertvollen Beitrag der ARMOR solar power films GmbH zur Energiewende mit der Auszeichnung des Deutschen Nachhaltigkeitspreises für Unternehmen 2021."

Ecosia GmbH

Aus der Jurybegründung: „Ecosia ermöglicht eine nachhaltige Suche im Internet und sorgt so bei vielen Nutzer/innen für ein Umdenken. Die Jury würdigt das innovative Geschäftsmodell und den wertvollen Beitrag des Unternehmens zum Klima-, Natur- und Artenschutz mit der Auszeichnung des Deutschen Nachhaltigkeitspreises für Unternehmen 2021."

Ørsted Wind Power Germany GmbH

Aus der Jurybegründung: „Ørsted zeigt, wie Transformation erfolgreich gelingen kann. Die Jury würdigt den Energiekonzern für seinen maßgeblichen Beitrag zum Klimaschutz mit der Auszeichnung des Deutschen Nachhaltigkeitspreises für Unternehmen 2021."

WILO SE

Aus der Jurybegründung: „Mit seinen innovativen und smarten Produkten gelingt es Wilo, große Mengen an Energie und Ressourcen einzusparen und leistet so einen wesentlichen Beitrag zur Nachhaltigkeit und Transformation einer energieintensiven Branche. Die Jury würdigt die WILO SE mit der Auszeichnung des Deutschen Nachhaltigkeitspreises für Unternehmen 2021."

TRANSFORMATIONSFELD RESSOURCEN

Grohe AG

Aus der Jurybegründung: „Die Grohe AG überzeugt mit ambitionierten Zielen und umfassenden Konzepten zur maximalen Ressourceneffizienz und Klimaschonung. Mit ihren innovativen Technologien leistet die Marke einen wertvollen Beitrag zur Ressourcenschonung und zum Wandel in der Sanitärbranche. Die Jury würdigt GROHE für ihr vorbildliches Engagement mit der Auszeichnung des Deutschen Nachhaltigkeitspreises für Unternehmen 2021."

Klass Filter GmbH

Aus der Jurybegründung: „Mit den innovativen Filtersystemen gelingt es Klass Filter, Energie- und Wasserressourcen nachhaltig zu schonen. Die Jury würdigt die Klass Filter GmbH für ihr Engagement und ihren wertvollen Beitrag zur Ressourcenschonung mit der Auszeichnung des Deutschen Nachhaltigkeitspreises für Unternehmen 2021."

W. Neudorff GmbH KG

Aus der Jurybegründung: „Neudorff leistet mit seinen Produkten für das naturgemäße Gärtnern einen wertvollen Beitrag zum Ressourcen-, Klima- und Insektenschutz und trägt als Vorreiter zum Wandel der Branche bei. Die Jury würdigt das Engagement des Unternehmens mit der Auszeichnung des Deutschen Nachhaltigkeitspreises für Unternehmen 2021."

DEUTSCHER NACHHALTIGKEITSPREIS FORSCHUNG 2021

loopsai – Künstliche Intelligenz natürlich integriert

Aus der Jurybegründung: „loopsai erscheint als vielversprechende Lösung, um hochkomplexe Stoffströme nicht nur zu erfassen und besser zu verstehen; sie bietet auch die Gelegenheit sie so miteinander zu vernetzen, dass am Ende ein geschlossener Kreislauf entsteht. So könnten nicht nur Angebot und Nachfrage besser bedient, sondern auch wertvolle Ressourcen eingespart und Transportwege verkürzt werden. Die Jury würdigt die Idee von loopsai durch die Auszeichnung mit dem Deutschen Nachhaltigkeitspreis Forschung 2021."

DEUTSCHER NACHHALTIGKEITSPREIS UNTERNEHMENS-PARTNERSCHAFTEN 2021

Brands Fashion mit Sags Apparels (Indien)
Aus der Jurybegründung: „Die Partnerschaft von Brands Fashion und Sags Apparels in Indien strebt einen ganzheitlichen Kreislaufgedanken an. Ziel der Kooperation ist eine langfristige Verbesserung sozialer und ökologischer Bedingungen beim Partner in Indien. Umweltschutz und eine ressourcenschonende Ausrichtung dienen dabei als Grundlage für eine nachhaltige Entwicklung vor Ort."

SONDERPREIS VERPACKUNG 2021

Frosta Tiefkühlkost GmbH
Aus der Jurybegründung: „Die Jury würdigt, dass FRoSTA sich als Lebensmittelhersteller für die Entwicklung nachhaltiger Verpackungsmaterialien einsetzt und in Eigenregie mit Kooperationspartnern eine innovative und nachhaltige Verpackungslösung für Tiefkühlgemüse entwickelt hat. Sie wählt den Papierbeutel zum Sieger des Sonderpreises Verpackung des Deutschen Nachhaltigkeitspreises 2021."

Deutscher Nachhaltigkeitspreis 2020
(Preisverleihung im Dezember 2019)

DEUTSCHLANDS NACHHALTIGSTES GROSSUNTERNEHMEN

fischerwerke GmbH & Co

DEUTSCHLANDS NACHHALTIGSTES UNTERNEHMEN MITTLERER GRÖSSE

Develey Senf und Feinkost GmbH

DEUTSCHLANDS NACHHALTIGSTES KMU

Taifun-Tofu GmbH

SONDERPREIS DIGITALISIERUNG UNTERNEHMEN

SWT – Anstalt des öffentlichen Rechts der Stadt Trier

DEUTSCHER NACHHALTIGKEITSPREIS ARCHITEKTUR

Alnatura Campus – Neubau der Alnatura Arbeitswelt

SONDERPREIS DIGITALISIERUNG ARCHITEKTURPROJEKTE

BUGA Holzpavillon

Quelle: https://www.nachhaltigkeitspreis.de/

Kontakt

Stiftung Deutscher Nachhaltigkeitspreis
Neuer Zollhof 3
40221 Düsseldorf
Tel.: 0211/55045510
buero@nachhaltigkeitspreis.de
www.nachhaltigkeitspreis.de

CSR-Preis der Bundesregierung

Die Bundesregierung prämiert Betriebe, die nachhaltiges Handeln in ihre Geschäftstätigkeit integrieren. Mit dem CSR-Preis sollen herausragende Beispiele gesellschaftlicher Verantwortung honoriert werden und zur Nachahmung motivieren: Ausgezeichnet werden Unternehmen, die vorbildlich faire Geschäftspraktiken und eine mitarbeiterorientierte Personalpolitik umsetzen, natürliche Ressourcen sparsam nutzen, Klima und Umwelt schützen, sich vor Ort engagieren und Verantwortung auch in der Lieferkette übernehmen. Der CSR-Preis der Bundesregierung würdigte bereits 2013, 2014 und 2017 Unternehmen für ihr vorbildliches gesellschaftliches, soziales und ökologisches Engagement. 2020 wurde online der vierte CSR-Preis verliehen.

Darüber hinaus erhält jedes teilnehmende Unternehmen eine Einzelauswertung, um sein CSR-Engagement weiter auszubauen. Innerhalb der Bundesregierung ist das Bundesministerium für Arbeit und Soziales (BMAS) federführend.

4. CSR-Preis der Bundesregierung 2020

UNTERNEHMEN MIT ÜBER 1.000 BESCHÄFTIGTEN

BASF SE

Aus der Jurybegründung: „Die Jury hat sich für die Auszeichnung der BASF SE in dem Bewusstsein entschieden, dass die Geschäftsfelder des Chemiekonzerns eine ausgeprägte Form verantwortungsvollen Unternehmenshandelns erfordern und damit einhergehende Geschäftsabläufe fortwährend neue und spezifische Entwicklungspotenziale offenbaren."

UNTERNEHMEN MIT 250 BIS 999 BESCHÄFTIGTEN

Unternehmensgruppe Nassauische Heimstätte | Wohnstadt

Aus der Jurybegründung: „Insbesondere die Selbstverpflichtung, bis 2050 einen vollständig klimaneutralen Gebäudebestand zu erlangen, wird von der Jury ausdrücklich als ambitionierte Strategie zur Erreichung des im Übereinkommen von Paris 2015 fixierten Zwei-Grad-Ziels begrüßt."

UNTERNEHMEN BIS 249 BESCHÄFTIGTE

Neumarkter Lammsbräu Gebr. Ehrnsperger KG
Aus der Jurybegründung: „Die Neumarkter Lammsbräu Gebr. Ehrnsperger KG überzeugt die Jury als sozial-ökologisches Vorreiter-Unternehmen, das seit fast 25 Jahren kontinuierlich seine Umweltleistung im Rahmen des europäischen Umweltmanagementsystems EMAS verbessert und über die ganze Breite seiner Geschäftstätigkeit Aspekte der Übernahme gesellschaftlicher Verantwortung verinnerlicht."

SONDERPREIS „CSR UND DIGITALISIERUNG"

HEAG Holding AG
Aus der Jurybegründung: „Das Gewinnerunternehmen zeigt mit diesem Ansatz eindrucksvoll, wie herkömmliche Geschäftsmodelle durch Digitalisierung nachhaltiger gestaltet werden können, und übernimmt Verantwortung für die gesamte Region."

SONDERPREIS „VERANTWORTUNGSVOLLES LIEFERKETTENMANAGEMENT"

GEPA – The Fair Trade Company
Aus der Jurybegründung: „Das Preisträgerunternehmen zeigt eindrucksvoll, dass nachhaltige Lieferketten auch in Ländern mit überaus schwierigen politischen und gesellschaftlichen Rahmenbedingungen etabliert werden können."

Quelle: http://www.csr-in-deutschland.de/DE/CSR-Preis/

Kontakt
Wettbewerbsbüro zum CSR-Preis der Bundesregierung
c/o Scholz & Friends Reputation
Tel.: 030/700186718
info@csr-preis-bund.de
www.csr-preis-bund.de

EMAS Award

Die Europäische Kommission, das Bundesumweltministerium (BMU) und der Deutsche Industrie- und Handelskammertag (DIHK) zeichnen EMAS-Organisationen aus, die sich durch besondere Leistungen im Umweltmanagement hervorbringen. EMAS-Organisationen können sich für die alle zwei Jahre ausgeschriebenen Wettbewerbe „Europäische EMAS-Awards“ und nationaler Preis „EMAS-Umweltmanagement“ bewerben, die im jährlichen Wechsel stattfinden. Die Gewinner des „EMAS-Umweltmanagement“ sind gleichzeitig für die „European Business Awards for the Environment“ (EBAE) in der Kategorie Management nominiert.

Deutsche Preisträger EMAS-Award 2019

KATEGORIE: KLEINE UNTERNEHMEN UND DER EHRENPREIS

Markus Glöckner Natursteine

KATEGORIE: MITTELSTÄNDISCHE UNTERNEHMEN

Neumarkter Lammsbräu, Gebr. Ehrnsperger KG

Quelle: https://www.emas.de/emas-wettbewerbe

Kontakt

Umweltgutachterausschuss (UGA)
beim Bundesministerium für Umwelt, Naturschutz und
nukleare Sicherheit
Bernburger Straße 30/31
10963 Berlin
Tel.: 030/297732-30
info@uga.de
www.emas.de

DIHK Deutscher Industrie- und Handelskammertag
Breite Straße 29
10178 Berlin
Tel.: 030/20308-2205
emas@dihk.de
www.emas.de

Deutscher Innovationspreis für Klima und Umwelt (IKU)

Die Veranstalter – das Bundesumweltministerium und der Bundesverband der Deutschen Industrie – zeichnen alle zwei Jahre industriell verwertbare Innovationen aus, die Umwelt und Klima schützen. Bewerben können sich Unternehmen und Organisationen der Wirtschaft sowie Forschungseinrichtungen. Um die große Bandbreite der Innovationen abzubilden, wird der IKU in sieben Wettbewerbskategorien vergeben. Die eingereichten Bewerbungen werden vom Fraunhofer-Institut für System- und Innovationsforschung wissenschaftlich bewertet. Auf dieser Grundlage wählt eine hochrangig besetzte Jury die Preisträger aus.

Die Bewerbungsphase des IKU 2022 beginnt am 3. März 2021 und endet am 21. Juni 2021.

IKU-Preisträger 2020

PROZESSINNOVATIONEN FÜR DEN KLIMASCHUTZ

„Schwungmassenspeicher Gerotor HPS" der Gerotor GmbH

PRODUKT- UND DIENSTLEISTUNGSINNOVATIONEN FÜR DEN KLIMASCHUTZ

„Kom.EMS – Qualitätssicherung für das kommunale Energiemanagement" der Arbeitsgemeinschaft der Landesenergieagenturen Baden-Württembergs (KEA), Sachsens (SAENA), Sachsen-Anhalts (LENA) und Thüringens (ThEGA)

UMWELTFREUNDLICHE TECHNOLOGIEN

„Peptide Chemistry goes Green – Clean Peptide Technology" der Sulfotools GmbH
„cera2heat: Das präzise und sekundenschnelle Heizsystem" der wattron GmbH

UMWELTFREUNDLICHE PRODUKTE UND DIENSTLEISTUNGEN

„Voll kreislaufwirtschaftsfähige Smart Water Meters für die Wasserversorgung 4.0" von Lorenz GmbH & Co. KG

INNOVATION UND BIOLOGISCHE VIELFALT

„Biotop- und Artenschutz im laufenden Betrieb" von Bahnlog GmbH

NUTZUNG DES DIGITALEN WANDELS FÜR KLIMA- UND UMWELTFREUNDLICHE INNOVATION

„Selbstlernendes und klimafreundliches Wärmemanagement für Nichtwohngebäude" der vilisto GmbH

Quelle: https://www.iku-innovationspreis.de

Kontakt

Fraunhofer-Institut für System- und Innovationsforschung ISI
Breslauer Straße 48
76139 Karlsruhe
Tel.: 0721/6809-0
www.iku-innovationspreis.de

Deutscher Umweltpreis

Mit dem Umweltpreis würdigt die Deutsche Bundesstiftung Umwelt (DBU) Leistungen von Persönlichkeiten, die vorbildlich zum Schutz der Umwelt beitragen. Ihre Leistungen sollten modellhaft und praktisch umsetzbar sein, um einen möglichst großen Nachahmungseffekt zu erzielen. Die Auszeichnung wendet sich an Personen, deren innovative Produkte und technische Prozessverbesserungen, erfolgreiche Forschungsergebnisse oder Lebensleistungen im Zeichen eines nachhaltigen Umweltschutzes stehen. Jedes Jahr erreichen die DBU-Geschäftsstelle in Osnabrück viele Vorschläge. Die Empfehlungen werden dann einer unabhängigen 16-köpfigen Fachjury aus Wissenschaft, Wirtschaft und Gesellschaft vorgelegt.

Preisträger*innen 2020

KLIMAWANDEL

Prof. Dr. Ottmar Edenhofer (Potsdam-Institut für Klimafolgenforschung)
Aus der Jurybegründung: „Durch seine exzellenten Forschungen, wissenschaftsbasierten Politikberatungen sowie sein hohes Engagement schafft er es, über den wirtschaftlichen Denkansatz Lösungen gegen den Klimawandel anzubieten, die auch Fragen der sozialen Gerechtigkeit behandeln."

ENERGIE- UND RESSOURCENEFFIZIENZ IM KLIMASCHUTZ DURCH HIGH TECH-DIGITALISIERUNG

Annika und Hugo Trappmann (Blechwarenfabrik Limburg)
Aus der Jurybegründung: „Die ergriffenen Maßnahmen gehen weit über das übliche Maß hinaus und sind als Best-Practice-Beispiel richtungsweisend für viele andere produzierende Branchen."

EHRENPREIS BIODIVERSITÄT

Dr. Martin Sorg

Aus der Jurybegründung: „Dr. Martin Sorg war treibende Kraft der beim Entomologischen Verein Krefeld entwickelten Methodenstandards und Biodiversitätsstudien zu Insekten."

Quelle: https://www.dbu.de

Kontakt

Deutsche Bundesstiftung Umwelt
Referat Deutscher Umweltpreis
An der Bornau 2
49090 Osnabrück
Birgit Diekhaus (Sekretariat)
Tel.: 0541/9633-422
b.diekhaus@dbu.de
www.dbu.de/umweltpreis

B.A.U.M. Umweltpreis

Mit dem B.A.U.M.-Umweltpreis zeichnet B.A.U.M. ganz bewusst engagierte Einzelpersonen und nicht Organisationen aus. Der Preis wurde 1993 ins Leben gerufen, um vor allem die Arbeit der „Macher" in Unternehmen und Institutionen, die Arbeit derer, die das Umwelt- und Nachhaltigkeitsmanagement verantworten und operativ umsetzen, anzuerkennen. Aber auch CEOs, die für nachhaltige Entwicklung in ihrem Unternehmen stehen, werden ausgezeichnet. Außerdem werden Journalist*innen und Wissenschaftler*innen geehrt, die sich durch ihre Publikationen bzw. ihre Forschung um Umweltschutz und Nachhaltigkeit verdient gemacht haben. Seit 2004 wird auch ein Internationaler B.A.U.M.-Sonderpreis an bekannte Persönlichkeiten vergeben, die sich auf besondere Weise für den internationalen Natur- und Umweltschutz bzw. im sozialen Bereich engagieren.

Preisträger*innen 2020

GROSSUNTERNEHMEN

Valentina Daiber, Telefónica Deutschland Holding AG

KLEINE UND MITTELSTÄNDISCHE UNTERNEHMEN

Christian Faggin, Alpensped GmbH Internationale Logistik
Lothar Hartmann, memo AG
Alexander Hofmann, Wiegel-Gruppe
Patricia Siebel, edding AG

WISSENSCHAFT

Prof. Dr. Maja Göpel, Wissenschaftlicher Beirat der Bundesregierung Globale Umweltveränderungen (WBGU)
Prof. Dr. Franz-Theo Gottwald, Schweisfurth Stiftung

DIGITALISIERUNG

Uta Mühleis, RESET – Digital for Good

Kontakt

Bundesdeutscher Arbeitskreis für Umweltbewusstes Management (B.A.U.M.) e.V.
Osterstraße 58
20259 Hamburg
Tel.: 040/49071100
info@baumev.de
www.baumev.de/preistraeger_2020.html

Weitere Preise

Mein gutes Beispiel

„Mein gutes Beispiel" ist ein bundesweiter Preis für das gesellschaftliche Engagement von kleinen, mittelständischen und familiengeführten Unternehmen mit einer ständigen Kategorie für das Handwerk. Hinzu kommt die Kategorie „Jung und Innovativ". Der Wettbewerb wird seit 2011 jährlich durchgeführt. Thematisch zielt der Preis auf Engagement für Mitarbeitende sowie auf Engagement für das Gemeinwesen. Der Wettbewerb wird federführend von der Bertelsmann Stiftung in Kooperation mit DIE JUNGEN UNTERNEHMER, dem Zentralverband des Deutschen Handwerks (ZDH), dem Reinhard-Mohn-Institut für Unternehmensführung (RMI) an der Universität Witten/Herdecke und engagierten mittelständischen Unternehmen durchgeführt. (Quelle: Homepage)

Kontakt
Wettbewerbsbüro „Mein gutes Beispiel"
Bertelsmann Stiftung
Tel.: 05241/8181856
http://mein-gutes-beispiel.de

Fairtrade Award

Die Auszeichnung prämiert Unternehmen und Zivilgesellschaft, die sich vorbildlich für die Fairtrade-Idee eingesetzt haben, und soll einen neuen Fokus auf die Entwicklung des fairen Handels werfen: durch Inspiration der Akteure und als Podium für die Kommunikation beispielhafter Arbeit für Fairtrade in Deutschland. (Quelle: Homepage)

Kontakt

TransFair – Verein zur Förderung des Fairen Handels in der Einen Welt
Remigiusstraße 21
50937 Köln
Tel: 0221/9420400
info@fairtrade-deutschland.de
www.fairtrade-deutschland.de/aktiv-werden/aktuelle-aktionen/ifc-awards-2020/fairtrade-awards.html

Deutscher CSR-Preis

Mit der Verleihung des Deutschen CSR-Preises geben Veranstalter, Mitveranstalter und Beirat des Deutschen CSR-Forums herausragenden Leistungen im Bereich CSR eine öffentlichkeitswirksame Plattform. Sie tragen dazu bei, dass gesellschaftliche Verantwortung von Unternehmen und im Unternehmen wahrgenommen wird. Die verschiedenen Kategorien des Preises berücksichtigen die vielfältigen Möglichkeiten, CSR zu leben und nachhaltig zu wirtschaften.

Kontakt

Deutsches CSR-Forum
c/o Kolping Bildungswerk Württemberg e.V.
Theodor-Heuss-Straße 34
70174 Stuttgart
Tel.: 0711/217439-40
wir@csrforum.eu
www.csrforum.eu/csr-preis

Sustainability Heroes

Unternehmen können sich für die Sustainability Heroes Awards bewerben. Um aktives Engagement in der Wirtschaft weiter anzuspornen, zeichnen die DQS und DGQ Vorreiter im Bereich Nachhaltigkeit mit dem Preis aus. Der Award wird in acht verschiedenen Kategorien verliehen (Quelle: Homepage)

Kontakt

DQS CFS GmbH
Deutsche Gesellschaft für Nachhaltigkeit
August-Schanz-Straße 21
60433 Frankfurt am Main
Tel.: 069/95427-190
https://www.sustainability-heroes.com/

Green Product Award & Green Concept Award

Die Awards sind für Produkte & Services sowie Konzepte, die sich hinsichtlich der Aspekte Design, Innovation und Nachhaltigkeit auszeichnen. Die Awards bieten eine gemeinsame Plattform für etablierte Unternehmen und Start-ups sowie Studierende, um sich in Deutschland einer Fachöffentlichkeit und der Öffentlichkeit vorzustellen. Der Green Product Award zeichnet Produkte und Services aus, die bereits am Markt sind. Er richtet sich an Start-ups und Unternehmen. Der Green Concept Award, der in Kooperation mit der IKEA Stiftung verliehen wird, widmet sich den Konzepten von Studierenden, Absolvent*innen, Start-ups und Unternehmen. Beide Awards werden in elf Kategorien verliehen.

Kontakt

White lobster GmbH & Co. KG
Tempelhofer Ufer 23–24
10963 Berlin
Tel.: 030/25742880
service@gp-award.com
www.gp-award.com

Bundespreis Ecodesign

Mit dem Bundespreis Ecodesign werden herausragend gestaltete, nachhaltige Produkte, Dienstleistungen und Konzepte ausgezeichnet. Das Bundesumweltministerium (BMU) und das Umweltbundesamt loben den Bundespreis Ecodesign seit 2012 jährlich in Kooperation mit dem Internationalen Design Zentrum Berlin e.V. aus. Der Preis richtet sich an Unternehmen aller Branchen und Größen. Start-ups oder Marktführer, lokale Anbieter oder Global Player sind genauso angesprochen wie Designagenturen, Architektur- oder Ingenieurbüros. In der Kategorie Nachwuchs steht der Wettbewerb Studierenden offen.

Kontakt
Büro Bundespreis Ecodesign
Internationales Design Zentrum Berlin e. V. (IDZ)
Hagelberger Straße 52
10965 Berlin
Tel.: 030/6162321-0
info@bundespreis-ecodesign.de
https://bundespreis-ecodesign.de

Umweltpreis für Unternehmen Baden-Württemberg

Der Wettbewerb wird alle zwei Jahre vom Ministerium für Umwelt, Klima und Energiewirtschaft Baden-Württemberg ausgeschrieben und richtet sich an Unternehmen und Selbstständige aus den Kategorien Industrie, Handel, Handwerk und Dienstleistung. Mit dem Preis werden Unternehmen gewürdigt, die herausragende Leistungen bei der ökologischen und klimaschonenden Ausrichtung von Tätigkeiten und Produkten aufweisen.

Eine nächste Ausschreibung für den Umweltpreis für Unternehmen 2022 erfolgt voraussichtlich im 3. Quartal 2021.

Kontakt
LUBW Landesanstalt für Umwelt Baden-Württemberg
Griesbachstraße 1
76185 Karlsruhe
Monika Grübel
Tel.: 0721/5600-1270
Monika.Gruebel@lubw.bwl.de
https://um.baden-wuerttemberg.de/de/wirtschaft/betrieblicher-umweltschutz/umweltpreis-fuer-unternehmen

Nachhaltigkeitswettbewerbe für Start-ups

Next Economy Award

Der Next Economy Award (NEA) ist ein Nachhaltigkeitspreis für Gründer*innen. Träger der Auszeichnung ist die Stiftung Deutscher Nachhaltigkeitspreis e.V. in Zusammenarbeit mit dem Bundesministerium für Wirtschaft und Energie, dem Rat für Nachhaltige Entwicklung und dem Deutschen Industrie- und Handelskammertag (DIHK). Der NEA richtet sich an Unternehmen und Organisationen, die mit ihrer auf Wachstum und Verbreiterung angelegten Idee Antworten auf die sozialen und ökologischen Fragen unserer Zeit geben. (Quelle: Homepage)

Preisträger des Next Economy Awards 2021

Bracenet GmbH
RITTEC Umwelttechnik GmbH
Too Good To Go GmbH

Kontakt
Stiftung Deutscher Nachhaltigkeitspreis
Neuer Zollhof 3
40221 Düsseldorf
Tel.: 0211/5504-5510
buero@nachhaltigkeitspreis.de
www.nexteconomyaward.de

StartGreen Award

Der StartGreen Award stärkt Gründerinnen und Gründern der Green Economy den Rücken. Er unterstützt innovative Start-ups im Bereich Klimaschutz und Nachhaltigkeit und macht sie sichtbar. (Quelle: Homepage)

Kontakt

Borderstep Institut für Innovation und Nachhaltigkeit gGmbH
Alexander Schabel (Organisation)
Clayallee 323
14169 Berlin
Tel.: 030/30645-1004
schabel@borderstep.de
https://start-green.net/

WIWIN AWARD

Der WIWIN AWARD prämiert Vorreiter der Nachhaltigkeit. Aus allen Bewerbungen aus den Bereichen Erneuerbare Energien, Energieeffizienz, Elektromobilität, Nachhaltiges Bauen, Ökologische Landwirtschaft sowie Sozialunternehmen prämiert WIWIN in einem mehrstufigen Bewerbungsverfahren das beste deutsche Start-up für Nachhaltigkeit. WIWIN vernetzt ökologisch und sozial orientierte Anleger und Start-ups und bereitet somit den Weg für eine nachhaltige Zukunft. (Quelle: Homepage)

Kontakt

wiwin GmbH & Co. KG
Große Bleiche 18–20
55116 Mainz
Tel.: 06131/9714-142
info@wiwin.de
www.wiwin.de/award

Glossar
Register

Glossar wichtiger Begriffe

AGENDA 21

Die Agenda 21 ist ein weltweites Aktionsprogramm zur nachhaltigen Entwicklung, das die Vereinten Nationen auf der Konferenz für Umwelt und Entwicklung (UNCED) 1992 verabschiedet haben. In der Agenda sind Handlungsempfehlungen formuliert, die z.B. auf den Umweltschutz, Ressourcenschonung, Armutsbekämpfung und Gesundheitsschutz abzielen. Die Regierungen der 172 Staaten, die die Agenda unterzeichnet haben, sollen in Kooperation mit NGOs konkrete nationale Nachhaltigkeitsstrategien und Maßnahmenkataloge entwickeln. Auf kommunaler Ebene spricht man von der „Lokalen Agenda 21". 2015 haben sich die Vereinten Nationen auf neue nachhaltige Entwicklungsziele geeinigt, man spricht auch von der Agenda 2030 (siehe UN Sustainable Development Goals).

BIODIVERSITÄT

Die Biodiversität umfasst drei Aspekte: zum einen die Artenvielfalt, zweitens die genetische Vielfalt innerhalb der Arten sowie drittens die Vielfalt der Ökosysteme. Die Vernichtung von Lebensraum (Rodung, Versiegelung der Landschaft, Gewässerverschmutzung, etc.) gilt als größte Bedrohung der Biodiversität, gefährdet ist sie aber auch durch die Folgen des Klimawandels. Wichtige politische Schritte sind die Biodiversitätskonvention („Convention on Biological Diversity") und die Gründung des Weltbiodiversitätsrats IPBES mit Sitz in Bonn.

CODE OF CONDUCT/VERHALTENSKODEX

Der Code of Conduct ist eine Zusammenstellung von Verhaltensregeln, die sich Unternehmen freiwillig selbst auferlegen. Er definiert in der Regel Werte und Normen eines Unternehmens und legt Verhaltensstandards fest. Oft ist der Kodex der erste Schritt im Compliance-Management von Unternehmen oder auch Bestandteil eines fairen Lieferkettenmanagements. Die Anweisungen dienen nicht nur Beschäftigten, sondern auch Geschäftspartnern, Zulieferern und Dienstleistern als Handlungsorientierung.

CORPORATE SOCIAL RESPONSIBILITY/CSR

CSR meint die gesellschaftliche Verantwortung von Unternehmen, die sozialen, ökologischen und ökonomischen Auswirkungen der Geschäftstätigkeiten, in die Unternehmensführung und in die Wechselbeziehungen mit den Stakeholdern zu integrieren und die Geschäftsprozesse anhand der Wertschöpfungskette entsprechend auszurichten. Oft werden in der unternehmerischen Praxis CSR und Nachhaltigkeit synonym verwendet.

CRADLE-TO-CRADLE-PRINZIP/C2C

Die wörtliche Übersetzung meint „Von der Wiege zur Wiege". Das „Cradle-to-Cradle"-Konzept haben der deutsche Chemieprofessor Michael Braungart und der US-Architekt William McDonough entwickelt. Es beschreibt die Vision einer vollständig abfallfreien Produktion. Alle Roh- und Nährstoffe sowie Materialien sollen dauerhaft (potenziell unendlich) in natürlichen, biologischen oder technischen Kreisläufen gebunden sein. (siehe auch Kreislaufwirtschaft)

CSR-RICHTLINIE-UMSETZUNGSGESETZ

Das „Gesetz zur Stärkung der nichtfinanziellen Berichterstattung der Unternehmen in ihren Lage- und Konzernlageberichten" ist am 9. März 2017 in Kraft getreten. Es besagt, dass große Unternehmen (mehr als 500 MA) und Institute verpflichtet sind, über nichtfinanzielle Aspekte zu Umwelt-, Arbeitnehmer- und Sozialbelangen zu berichten. Die Berichterstattung umfasst dabei auch die Achtung der Menschenrechte und die Bekämpfung von Korruption. Das Gesetz setzt eine entsprechende EU-CSR-Richtlinie um.

DEUTSCHER NACHHALTIGKEITSKODEX

Der Deutsche Nachhaltigkeitskodex (DNK) ist ein internationaler Berichtsstandard für Nachhaltigkeitsaspekte. Der Kodex macht unternehmerische Nachhaltigkeitsleistungen sichtbar und besser vergleichbar, kann von kleinen und großen Organisationen jeder Rechtsform genutzt werden und bietet eine transparente und verbindliche Basis für die Bewertung von Nachhaltigkeit in Unternehmen. Der Rat für Nachhaltige Entwicklung hat den Kodex 2011 beschlossen und seitdem mehrfach aktualisiert.

DIVERSITY MANAGEMENT

Diversity Management ist Teil des Personalwesens/HR-Managements. Grundsätzlich soll eine produktive Gesamtatmosphäre geschaffen und die Vielfältigkeit der Beschäftigten – in Bezug auf Herkunft, Kultur, Alter, Geschlecht, sexuelle Orientierung, Religion, Weltanschauungen, Lebensführung, etc. – für den Unternehmenserfolg nutzbar gemacht werden. Es dient der Verbesserung von Chancengleichheit und als Instrument, frühzeitig und umfassend gegen Diskriminierungen vorzugehen. Im Zuge des demographischen Wandels, des Fachkräftemangels, eines internationalen und multikulturellen Arbeitsumfeldes erhält Diversity Management in der Praxis mehr und mehr Relevanz.

ELEKTROMOBILITÄT

Elektromobilität umfasst Fahrzeuge, die von einem Elektromotor angetrieben werden und ihre Energie überwiegend aus dem Stromnetz beziehen, also extern aufladbar sind. Die Elektromobilität ist eine zentrale Säule der angestrebten Verkehrswende hin zu einem klimaschonenden Verkehrssystem.

ECO-MANAGEMENT AND AUDIT SCHEME (EMAS)

EMAS ist ein Gemeinschaftssystem aus Umweltmanagement und Umweltbetriebsprüfung. Im Rahmen des Umweltmanagementsystems werden die direkten oder indirekten Auswirkungen auf die Umwelt für alle Tätigkeiten, Produkte und Dienstleistungen erfasst und in die betrieblichen Strukturen und Verfahrensweisen einbezogen. Hierzu werden Leitlinien verabschiedet, Ziele vereinbart und erforderliche Maßnahmen getroffen. An EMAS teilnehmende Organisationen müssen eine Umwelterklärung veröffentlichen, in der sie u.a. über die Auswirkungen, Ziele und Maßnahmen berichten. Die Erklärung wird von einem/einer unabhängigen Umweltgutachter*in kontrolliert. Auf diese Weise geprüfte Organisationen können sich in das EMAS-Register eintragen lassen (in Deutschland wird dies bei den zuständigen Industrie- und Handelskammern sowie den Handwerkskammern geführt) und dürfen das EMAS-Logo nutzen.

ERNEUERBARE ENERGIEN

Erneuerbare oder regenerative Energien wie Wind- und Wasserkraft, Sonnen- und Bioenergie oder Geothermie sind Energieformen, die nicht auf endliche Ressourcen zurückgreifen. Die Nutzung erneuerbarer Energien vermindert die Emission von Treibhausgasen. Ihr Ausbau ist deshalb eine zentrale Säule der Energiewende.

FAIRER HANDEL

Fairer Handel ist eine Handelspartnerschaft, die auf Dialog und Transparenz beruht und mehr Gerechtigkeit in internationalen Handelsbeziehungen durchsetzen möchte. Über die Verbesserung der reinen Handelsbedingungen hinaus, z.B. durch das Festlegen eines Mindestpreises unabhängig vom Weltmarktpreis, sollen auch die Produktions- und Lebensbedingungen verbessert werden. Kinder- und Zwangsarbeit sind verboten. Kleinbauern, Plantagen- oder Fabrikarbeiter*innen erhalten eine angemessene Bezahlung und profitieren u.a. von Arbeitsschutzmaßnahmen und sozialer Vorsorge.

FRIDAYS FOR FUTURE

Fridays for Future (FFF) ist eine globale Graswurzel-Bewegung, die sich für möglichst umfassende, schnelle und effiziente Klimaschutz-Maßnahmen einsetzt. Immer freitags gehen Schüler*innen und Studierende während der Unterrichtszeit protestieren. Das Anliegen der weltweiten Klimastreik-Bewegung wird von zahlreichen Unterstützungsorganisationen, wie insbesondere den „Scientists for Future" und den „Entrepreneurs for Future", befürwortet.

GEMEINWOHL-ÖKONOMIE

Die Gemeinwohl-Ökonomie ist ein alternatives ethisches Wirtschaftsmodell oder Konzept, das sich am Grundsatz des Gemeinwohls orientiert. Das grundlegende Anliegen ist ein Aufbruch zu einer ethischen Marktwirtschaft und vertritt u.a. die gemeinwohl-fördernden Werte Menschenwürde, Solidarität, ökologische Nachhaltigkeit, soziale Gerechtigkeit und demokratische Partizipation. Sie versteht sich als ergebnisoffener, partizipativer, lokal wachsender Prozess.

GENERATIONENGERECHTIGKEIT

Im Kontext der Nachhaltigkeitsdiskussion ist Generationengerechtigkeit die gerechte Verteilung von Ressourcen unter den derzeit lebenden Generationen und zukünftigen Generationen. Das jetzige Leben und Wirtschaften soll die Chancen kommender Generationen nicht verringern, man spricht auch von „enkelgerecht".

GLOBAL REPORTING INITIATIVE (GRI)

Die GRI, die 1997 als gemeinnützige Stakeholder-Stiftung gegründet wurde, entwickelt Richtlinien für die Erstellung von Nachhaltigkeitsberichten in Großunternehmen, KMU, Regierungen und NGOs. Diese umfassenden Richtlinien finden weltweit Anwendung und haben sich international als Standard der nachhaltigen Berichterstattung etabliert. Die Prinzipien und Standards können die ökonomische, ökologische und soziale Leistung von Organisationen messen. Durch Transparenz soll Standardisierung und Vergleichbarkeit von Nachhaltigkeit in Unternehmen erreicht werden.

GREEN ECONOMY

Unter Green Economy versteht man eine Wirtschaftsweise, die sowohl auf ökonomische Profitabilität als auch auf ökologische und soziale Nachhaltigkeit ausgerichtet ist. Faktoren einer Green Economy sind: Ressourcen- und Energieeffizienz, Emissionsreduktion sowie die nachhaltige Gestaltung von Produkten, Versorgungssystemen und Infrastrukturen. Im Zuge der UN-Konferenz für nachhaltige Entwicklung in Rio (siehe auch Agenda 21) hat das Bundesumweltministerium zusammen mit dem Bundesministerium für Bildung und Forschung eine Agenda zur Green Economy gestartet.

GREEN FINANCE/SUSTAINABLE FINANCE

Grundlegend beschäftigt sich „Green Finance" mit der Frage, wie sich das Finanzsystem im Hinblick auf eine nachhaltige Entwicklung neu ausrichten muss. Konkreter wird unter „Green Finance" grüne Finanzierung verstanden, d. h. die Frage, was der Finanzsektor zum Erreichen der Klimaziele beitragen kann (Klimafinanzierung). (Privat-)Investoren sollen mithilfe gezielter Anreize animiert werden, verstärkt in „grüne Anlagen" zu investieren. Darüber hinaus fordern viele auch ein „Divestment", d.h. das Zurückziehen von Kapital aus z.B. nachweislich klimaschädlichen Technologien.

GRENZEN DES WACHSTUMS/LIMITS TO GROWTH

Unter dem Titel „Limits to Growth" stellten 1972 Dennis und Donella Meadows vom MIT eine international vielbeachtete Studie des Club of Rome vor, die bis heute als eines der Gründungsdokumente der Umweltbewegung gilt. Die Kernaussage der Studie ist, dass das ständige Wachstum der Weltbevölkerung, der Industrie, des Rohstoffverbrauchs, der Nahrungsmittelproduktion und der Umweltverschmutzung die Welt bereits in der Mitte des 21. Jahrhunderts an ihre Grenzen bringt und zum Kollaps führt.

ILO-KERNARBEITSNORMEN

Die International Labor Organization (ILO) der UN hat grundlegende Kernarbeitsnormen formuliert. Die Normen sind insgesamt acht internationale Übereinkommen zu grundlegenden Standards für Arbeitsbeziehungen und -bedingungen. Sie leiten sich aus vier Grundprinzipien ab, die erfüllt sein sollen: Vereinigungsfreiheit und Recht auf Kollektivverhandlungen, Abschaffung der Zwangsarbeit, Beseitigung von Kinderarbeit und Gleichheit.

KLIMANEUTRALITÄT

Als klimaneutral werden Handlungen und Prozesse bezeichnet, bei denen das atmosphärische Gleichgewicht nicht verändert wird, d.h. wenn keine klimarelevanten Gase entweichen oder bereits ausgestoßene Gase an anderer Stelle kompensiert werden. Grundlage für die Beurteilung sind die Emissionen klimarelevanter Gase, insbesondere CO_2, Methan und N_2O (Lachgas).

KLIMANOTSTAND

Parlamente oder Verwaltungen können den Klimanotstand ausrufen, um klarzustellen, dass die bisher ergriffenen Klimaschutz-Maßnahmen nicht ausreichen, um den voranschreitenden Klimawandel einzugrenzen. Der Beschluss erkennt den dringenden politischen und praktischen Handlungsbedarf an und beauftragt Regierung und Verwaltungen, weitere und wirksamere Maßnahmen auszuarbeiten. Die Erklärung kann auf unterschiedlichen Ebenen erfolgen (national, kommunal usw.) und sehr unterschiedliche Vorgaben enthalten. Der umstrittene Begriff „Notstand“ soll die hohe Priorität der Maßnahmen kennzeichnen.

KREISLAUFWIRTSCHAFT/CIRCULAR ECONOMY

Die Kreislaufwirtschaft ist ein Wirtschaftsmodell, das dem Gedanken „endlicher Ressourcen“ Rechnung trägt und ein Gegenmodell zur „Wegwerfgesellschaft“ bildet. Produkte werden so lange wie möglich genutzt, geteilt, wiederverwendet, repariert, aufgearbeitet und möglichst in Gänze recycelt. Auf diese Weise sollen Energie-, Stoff- und Materialkreisläufe in der Produktion und im Verbrauch weitgehend geschlossen und somit auch Rohstoffverbrauch, Abfallproduktion und Schadstoffemission reduziert werden.

LIEFERKETTENGESETZ

Ein Lieferkettengesetz soll Unternehmen verpflichten oder in Haftung nehmen, die international beschafften Güter oder Fertigerzeugnisse in jeder Phase der Lieferkette auf umweltschädigende oder gegen Menschenrechte oder Arbeitsnormen (siehe ILO-Kernarbeitsnormen) verstoßende Produktionsverfahren zurückzuverfolgen. Die Bundesregierung will ein Lieferkettengesetz (das sog. „Sorgfaltspflichtengesetz“) in den kommenden Monaten verabschieden. Es soll deutsche Unternehmen mit mehr als 500 Mitarbeitenden dafür verantwortlich machen, dass Lieferanten im Ausland soziale und ökologische Mindeststandards einhalten.

LIEFERKETTENMANAGEMENT/SUPPLY CHAIN MANAGEMENT

Die Lieferkette ist die mehrstufige Kette von Unternehmen, die von der ersten Wertschöpfungsstufe bis hin zum Endprodukt Leistungen oder Produkte erbringen. Ziel eines nachhaltigen Lieferkettenmanagements ist es, dass Unternehmen sich verpflichten, Sozial- und Umweltstandards in ihrer Lieferkette zu verankern und ihre Einhaltung zu überprüfen. Die wichtigsten Standards betreffen die Themen: Menschenrechte, Arbeitsnormen, Natur- und Klimaschutz sowie Korruptionsbekämpfung.

MIKROPLASTIK

Als Mikroplastik bezeichnet man mikroskopisch kleine feste und unlösliche Kunststoffteile (kleiner als 5 mm), die entweder durch Abrieb, Zerfall größerer Plastikgegenstände oder -fasern (sekundäres Mikroplastik) entstehen oder direkt in der Industrie, z.B. in der Kosmetikindustrie, eingesetzt werden (primäres Mikroplastik). Die Belastung der Ökosysteme insbesondere der Meere, Gewässer und des Bodens durch Mikroplastik rückt immer mehr in die Öffentlichkeit.

NACHHALTIGKEIT

Nachhaltige Entwicklung ist langfristig orientiert und berücksichtigt die Bedürfnisse kommender Generationen. Nachhaltigkeit ist mehr Leitidee und Norm als operative Zielvorgabe. Als konsensfähig gilt die Interpretation von Nachhaltigkeit im Sinne des 3-Säulen-Modells aus Ökologie, Ökonomie und Soziales.

NACHHALTIGKEITSBERICHT

Der Nachhaltigkeitsbericht ist ein wichtiger Bestandteil der Informationspolitik des Unternehmens. Er ist zugleich ein Steuerungsinstrument des eigenen Nachhaltigkeitsmanagements und der Kommunikation nach außen, gegenüber Stakeholdern, Kund*innen, etc. Unternehmen berichten darin zu ihren Leistungen hinsichtlich Umwelt, Gesellschaft, Arbeitnehmerinnen und Arbeitnehmern, Menschenrechten und Korruptionsbekämpfung. Seit 2017 ist der „nicht-finanzielle Bericht“ für mittelgroße und große Kapitalgesellschaften Pflicht.

NACHHALTIGKEITSMANAGEMENT/CSR-MANAGEMENT

Das Nachhaltigkeitsmanagement erweitert das ältere Konzept des Umweltmanagements (siehe EMAS) in Unternehmen um die Elemente Qualitäts-, Risikomanagement, die Wahrnehmung von Anliegen der Mitarbeiter, die sozial- und umweltverträgliche Ausrichtung der Zulieferkette und die Bekämpfung von Korruption. Ziel ist es, Nachhaltigkeits-Aspekte in allen Unternehmensbereichen zu implementieren, entsprechende Projekte voranzutreiben und die Kommunikation zu steuern.

NATIONALER AKTIONSPLAN WIRTSCHAFT UND MENSCHENRECHTE (NAP)

Im Juni 2011 haben die Vereinten Nationen Leitprinzipien für Wirtschaft und Menschenrechte verabschiedet. Sie sollen die Verletzung von Menschenrechten durch Wirtschaftsunternehmen verhindern und definieren die staatliche Schutzpflicht und die unternehmerische Verantwortung für die Achtung der Menschenrechte in globalen Lieferketten. Das Bundeskabinett hat daraufhin den NAP im Dezember 2016 verabschiedet, dessen Grundlage die UN-Leitprinzipien bilden. Neu ist die darin formulierte Erwartung an Unternehmen, sich systematisch mit ihren Auswirkungen auf die Menschenrechte entlang ihrer Liefer- und Wertschöpfungsketten zu befassen. Die Umsetzung des NAP ist freiwillig. Die Bundesregierung hat von 2018 bis 2020 in einem Monitoring überprüft, inwieweit in Deutschland ansässige Unternehmen mit über 500 MA die Kriterien des NAP erfüllen. Nicht einmal 20 Prozent der Befragten kommen demnach ihrer unternehmerischen Sorgfaltspflicht nach. Damit wurde der von der Bundesregierung gesetzte Zielwert von mindestens 50 Prozent „NAP-Erfüllern" deutlich verfehlt.

PARISER KLIMAABKOMMEN

Das Pariser Klimaabkommen wurde am 12. Dezember 2015 auf der UN-Klimakonferenz (COP 21) beschlossen. Die Länder einigten sich auf ein allgemeines weltweites Klimaschutzbündnis, das völkerrechtliche Pflichten für alle Staaten festlegt. Die Vereinbarung, in Nachfolge des Kyoto-Protokolls (COP 3, 1997), soll den Anstieg der Erderwärmung auf deutlich unter zwei Grad Celsius begrenzen. Um die Erfüllung der Ziele sicherzustellen, findet alle fünf Jahre eine globale Bestandsaufnahme statt.

PLANETARE BELASTUNGSGRENZEN/PLANETARY BOUNDARIES

Die „Planetary Boundaries" sind ein datengetriebenes, wissenschaftliches Verifizierungsmodell, mit dessen Hilfe die Belastung der Ökosysteme messbar gemacht wird. 2009 publizierte ein internationales Forschungsteam rund um Johan Rockström vom Stockholm Resilience Centre den Artikel „A safe operating space for humanity" und definierte darin neun zentrale Parameter des Ökosystems und deren Grenzwerte, deren Überschreitung die Lebensgrundlage der Menschheit gefährde. Die neun Belastungsgrenzen sind: Klimakrise, Ozeanversauerung, Ausdünnung der Ozonschicht, Stickstoff- und Phosphorkreislauf, Süßwasserverbrauch, Abholzung und andere Landnutzungsarten, Artensterben,

Partikelverschmutzung der Atmosphäre und Verschmutzung durch Chemikalien. Ein Großteil der Belastungsgrenzen gilt heutzutage global und auch regional als überschritten.

RESSOURCENEFFIZIENZ

Ressourceneffizienz bedeutet die schonende Nutzung von technisch-wirtschaftlichen und natürlichen Ressourcen. Insbesondere im Zusammenhang mit der steigenden Rohstoffknappheit ist der sinnvolle Einsatz von Ressourcen nicht nur Teil des konkreten Umweltschutzes, sondern auch eines weiterführenden Nachhaltigkeits-Konzepts, das die Bedürfnisse kommender Generationen berücksichtigt.

SOCIAL ENTREPENEURSHIP/SOZIALES UNTERNEHMERTUM

Das wirtschaftliche Handeln im sozialen Unternehmertum ist auf sozialen Mehrwert ausgerichtet, nicht auf Gewinnmaximierung. Es geht darum, sinnhafte unternehmerische Lösungen für gesellschaftliche Herausforderungen zu finden, bzw. Missstände ganz zu beheben – insbesondere in den Bereichen Armut, Bildung, Gesundheit, Zugang zu Technologien oder Umweltschutz. Social Enterprises verwenden marktwirtschaftliche Methoden und erzielen Einkünfte unabhängig von Fördermitteln und Spenden. Profite werden in der Regel für soziale oder ökologische Zwecke reinvestiert. Der Erfolg von Social Entrepreneurship wird anhand des gesellschaftlichen Nutzens (Social Impact) bewertet.

STAKEHOLDER-DIALOGE

Der Stakeholder-Dialog ist ein Instrument des CSR-Managements in Unternehmen und Institutionen. Medien, Kunden, Geschäftspartner, Umwelt- und Sozialverbände, Politiker und Investoren prüfen mehr und mehr, ob Unternehmen verantwortlich handeln. Für Vertreter des Unternehmens kann ein offener Dialog mit den verschiedenen Anspruchsgruppen daher eine sinnvolle Maßnahme sein, die eigenen CSR-Leistungen auf Glaubwürdigkeit, Transparenz und Umfang zu prüfen.

UN GLOBAL COMPACT

Der UN Global Compact ist eine Vereinbarung, die zwischen Unternehmen und den Vereinten Nationen geschlossen wird. In der Vereinbarung erklärt ein Unternehmen seinen Willen, bestimmte soziale und ökologische Mindeststandards einzuhalten. Die Standards sind in zehn Prinzipien formuliert. Unternehmen sollen: Menschenrechte schützen, sich nicht an Menschenrechtsverletzungen mitschuldig machen, die Rechte ihrer Beschäftigten, sich gewerkschaftlich zu betätigen, respektieren, für die Beseitigung aller Formen von Zwangsarbeit, Kinderarbeit und Diskriminierung eintreten, Initiativen ergreifen, um größeres Umweltbewusstsein zu fördern und umweltfreundliche Technologien vorantreiben und gegen jede Art der Korruption eintreten.

UN KLIMARAHMENKONVENTION/UNFCCC

Die Klimarahmenkonvention (United Nations Framework Convention on Climate Change/UNFCCC) ist ein multilaterales Klimaabkommen. Sie wurde auf der Konferenz für Umwelt und Entwicklung (UNCED) in Rio de Janeiro 1992 verabschiedet und trat 1994 in Kraft. Sie ist mittlerweile von 195 Staaten ratifiziert worden, darunter auch von den Hauptverursachern der Treibhausgasemissionen: den USA, Russland, der Europäischen Union, China und Indien. Mit der Konvention verpflichten sich alle Vertragspartner regelmäßig über ihre aktuellen Treibhausgasemissionen zu berichten und Klimaschutzmaßnahmen umzusetzen. Höchstes Gremium ist die Conference of the Parties (kurz COP), auch UN-Klimakonferenz oder Weltklimagipfel genannt, die jährlich zusammentritt. Das Sekretariat der UNFCCC sitzt in Bonn.

UN SUSTAINABLE DEVELOPMENT GOALS (SDGS)

Die 17 Ziele für eine nachhaltige Entwicklung der Vereinten Nationen sind am 1. Januar 2016 in Kraft getreten und gelten für 15 Jahre. Die SDGs skizzieren eine ehrgeizige weltweite Agenda, um Armut und Hunger zu reduzieren, die Gesundheits- und Trinkwasserversorgung zu verbessern, Bildungschancen zu erhöhen, Gleichberechtigung zu ermöglichen, den Klimaschutz voranzutreiben, das Ökosystem der Meere zu erhalten und vieles mehr.

Register